高等职业教育机电类专业系列教材

UG NX11.0 CAD/CAM 技术教程

主　编　李东君
副主编　张颖利　滕文建
参　编　李明亮　刘银龙

机械工业出版社

本书以培养学生 UG NX 软件三维数字建模、创建工程图、装配及数控自动编程等的操作与应用能力为核心，依据国家相关行业的知识与技能要求，按照职业岗位能力需求编写。本书以优选的 25 个企业经典案例为载体，按照任务描述、知识链接、任务实施的顺序编写，案例丰富翔实，来自企业一线，涵盖应用软件 CAD 与 CAM 模块主要知识技能要求，强化训练学生的综合技能。

本书分模型设计、UG 自动编程两篇，共 9 个项目、25 个任务。第 1 篇主要介绍草图、曲线、实体建模、曲面、工程图设计、装配设计等内容，共 6 个项目、19 个任务；第 2 篇主要介绍 UG 自动编程，包括平面铣、型腔铣及数控车共 3 个项目、6 个任务。

全书案例经典，操作步骤翔实，内容一目了然，以表格形式编写，所有案例操作全程配套微课视频辅助介绍，可扫码进行观看，并提供源文件。

本书可作为高职高专、五年制高职、技师学院、职业中专等相关职业院校机械制造与自动化、机电一体化技术、模具设计与制造、数控技术等专业的教学用书，也可作为从事机械类设计与加工制造的工程技术人员的参考书及培训用书。

图书在版编目（CIP）数据

UG NX11.0 CAD/CAM 技术教程/李东君主编. —北京：机械工业出版社，2020.6（2025.1 重印）

高等职业教育机电类专业系列教材

ISBN 978-7-111-65284-7

Ⅰ.①U… Ⅱ.①李… Ⅲ.①计算机辅助设计-应用软件-高等职业教育-教材 Ⅳ.①TP391.72

中国版本图书馆 CIP 数据核字（2020）第 063315 号

机械工业出版社（北京市百万庄大街 22 号　邮政编码 100037）
策划编辑：王英杰　责任编辑：王英杰　陈　宾
责任校对：刘雅娜　封面设计：张　静
责任印制：邓　博
北京盛通数码印刷有限公司印刷
2025 年 1 月第 1 版第 7 次印刷
184mm×260mm·17.5 印张·429 千字
标准书号：ISBN 978-7-111-65284-7
定价：49.80 元

电话服务　　　　　　　　　网络服务
客服电话：010-88361066　　机　工　官　网：www.cmpbook.com
　　　　　010-88379833　　机　工　官　博：weibo.com/cmp1952
　　　　　010-68326294　　金　书　网：www.golden-book.com
封底无防伪标均为盗版　　　机工教育服务网：www.cmpedu.com

➡ 前 言 ⬅

　　本书以高职高专人才培养目标为依据编写，结合教育部关于专业紧缺型人才培养要求，注重教材的基础性、实践性、科学性、先进性和通用性。本书融理论教学、技能操作、典型项目案例为一体。本书的设计以项目引领、过程导向、典型工作任务为驱动，按照相关职业岗位（UG 建模与数控编程等）的工作内容及工作过程，参照相关行业职业岗位对核心能力的要求，设置了 9 个项目、25 个任务。本书综合了工业产品零件的工艺设计、自动编程和仿真加工操作，直接生成了企业生产中可以直接应用的数控程序。本书案例丰富，注重直观性，具有极强的可操作性，同时安排了大量的技能训练，方便读者进行实战训练，以满足企业对一线设计与制造行业人员的职业素质需要。

　　本书具有以下特点：在"学习资源"板块中，突出创新思想、大国工匠精神，落实党的二十大报告中提出的"立德树人"这一根本任务；以项目引领、任务驱动，工作任务优选企业典型案例并进行教学化处理，案例丰富，统领整个教学内容；内容强化职业岗位技能和综合技能的培养，方便教师在"教中做"、学生在"做中学"，符合当今职业教育理念。本书参考学时为82 学时，建议采用理实一体教学模式，各项目参考学时见下表。

项　　目		任　　务	建议学时(82)
第 1 篇　模型设计	项目 1　草图	任务 1　创建碗形草图曲线	2
		任务 2　创建复杂草图曲线	2
	项目 2　曲线	任务 3　创建简单曲线	2
		任务 4　创建吊钩曲线	2
	项目 3　实体建模	任务 5　创建半圆头铆钉	2
		任务 6　螺母建模	2
		任务 7　支撑座建模	4
		任务 8　螺杆建模	4
		任务 9　支架建模	4
		任务 10　泵盖建模	4
		任务 11　创建艺术印章	4
	项目 4　曲面	任务 12　创建五角星片体	1
		任务 13　创建茶壶	4
		任务 14　创建塑料瓶	4
		任务 15　创建花瓶	1
	项目 5　工程图设计	任务 16　凸台零件工程图设计	6
		任务 17　长轴零件工程图设计	6
	项目 6　装配设计	任务 18　机械手装配	4
		任务 19　台虎钳装配	6

（续）

项　　目		任　　务	建议学时(82)
第2篇　UG 自动编程	项目7　UG 平面铣	任务20　加工凹槽	2
		任务21　加工轮毂凸模	2
		任务22　加工文字	2
	项目8　UG 型腔铣	任务23　加工烟灰缸	3
		任务24　加工鼠标凸模	3
	项目9　UG 数控车	任务25　车削阶梯轴	6

　　为了推进教育数字化，主编还建设了在线开放课程，网址为 https://mooc1.chaoxing.com/courseans/ps/89194226。

　　本书由南京交通职业技术学院李东君任主编，南京信息职业技术学院张颖利、山东交通职业技术学院滕文建任副主编，盐城工业职业技术学院李明亮、南京乔丰汽车工装技术开发有限公司刘银龙参与了部分项目的编写。编写过程中得到了南京伟亿精密机械制造有限公司的大力支持，在此表示感谢。编写过程中参考和借鉴了大量相关资料、文献，在此一并向相关作者表示诚挚感谢！

　　由于编者水平和经验有限，书中难免有错误疏漏之处，敬请读者不吝赐教，以便及时修正，使之日臻完善。

编　者

二维码清单

名称	图形	名称	图形	名称	图形
01-创建碗形草图曲线		02-创建复杂草图曲线		03-创建简单曲线	
04-创建吊钩曲线		05-创建半圆头铆钉		06-螺母建模	
07-支撑座建模		08-螺杆建模		09-创建支架零件	
10-创建泵盖零件		11-创建艺术印章		12-创建五角星片体	
13-1创建茶壶		14-创建塑料瓶		15-创建花瓶	
16-创建凸台零件工程图		17-创建长轴零件工程图		18-机械手装配	
19-台虎钳装配		20-凹槽平面铣		21-轮毂凸模平面铣	
22-加工文字		23-烟灰缸型腔铣		24-鼠标凸模型腔铣	
25-车削阶梯轴					

目 录

前言
二维码清单

第1篇　模型设计

项目1　草图 ································· 2
　任务1　创建碗形草图曲线 ··········· 2
　　1.1　知识链接 ····················· 2
　　1.2　创建碗形草图曲线任务实施 ··· 6
　任务2　创建复杂草图曲线 ··········· 9
　　1.3　创建复杂草图曲线任务实施 ··· 10
项目2　曲线 ······························· 14
　任务3　创建简单曲线 ··············· 14
　　2.1　知识链接 ····················· 14
　　2.2　创建简单曲线任务实施 ······· 16
　任务4　创建吊钩曲线 ··············· 20
　　2.3　创建吊钩曲线任务实施 ······· 20
项目3　实体建模 ························· 24
　任务5　创建半圆头铆钉 ············· 24
　　3.1　知识链接 ····················· 24
　　3.2　创建半圆头铆钉任务实施 ····· 35
　任务6　螺母建模 ····················· 37
　　3.3　螺母建模任务实施 ············· 38
　任务7　支撑座建模 ··················· 42
　　3.4　支撑座建模任务实施 ··········· 42
　任务8　螺杆建模 ····················· 47
　　3.5　螺杆建模任务实施 ············· 47
　任务9　支架建模 ····················· 52
　　3.6　支架建模任务实施 ············· 52
　任务10　泵盖建模 ··················· 58
　　3.7　泵盖建模任务实施 ············· 58

　任务11　创建艺术印章 ··············· 63
　　3.8　创建艺术印章任务实施 ········· 63
项目4　曲面 ······························· 69
　任务12　创建五角星片体 ············· 69
　　4.1　知识链接 ····················· 69
　　4.2　创建五角星片体任务实施 ····· 73
　任务13　创建茶壶 ··················· 76
　　4.3　创建茶壶任务实施 ············· 77
　任务14　创建塑料瓶 ················· 84
　　4.4　创建塑料瓶任务实施 ··········· 84
　任务15　创建花瓶 ··················· 94
　　4.5　创建花瓶任务实施 ············· 94
项目5　工程图设计 ····················· 99
　任务16　凸台零件工程图设计 ······· 99
　　5.1　知识链接 ···················· 100
　　5.2　凸台零件工程图设计任务实施 · 118
　任务17　长轴零件工程图设计 ······ 125
　　5.3　长轴零件工程图设计任务实施 · 125
项目6　装配设计 ······················ 131
　任务18　机械手装配 ················ 131
　　6.1　知识链接 ···················· 132
　　6.2　机械手装配任务实施 ········· 140
　任务19　台虎钳装配 ················ 144
　　6.3　台虎钳装配任务实施 ········· 145
第1篇　小结 ··························· 158
技能训练 ······························· 158

第2篇　UG自动编程

项目7　UG平面铣 ······················ 172
　任务20　加工凹槽 ·················· 172
　　7.1　知识链接 ···················· 173
　　7.2　加工凹槽任务实施 ··········· 185
　任务21　加工轮毂凸模 ············· 196
　　7.3　加工轮毂凸模任务实施 ······ 196
　任务22　加工文字 ·················· 207
　　7.4　加工文字任务实施 ··········· 207
项目8　UG型腔铣 ······················ 221
　任务23　加工烟灰缸 ················ 221

　　8.1　加工烟灰缸任务实施 ········· 222
　任务24　加工鼠标凸模 ············· 233
　　8.2　加工鼠标凸模任务实施 ······ 233
项目9　UG数控车 ······················ 253
　任务25　车削阶梯轴 ················ 253
　　9.1　知识链接 ···················· 253
　　9.2　车削阶梯轴任务实施 ········· 257
第2篇　小结 ··························· 269
技能训练 ······························· 270
参考文献 ································· 272

1

第1篇 模型设计

知识目标

1. 掌握草图曲线及曲线功能，精确绘制各种曲线。

2. 熟练使用建模命令进行产品三维实体建模，会输出二维图形，并能够装配爆炸等。

3. 掌握各种曲面命令，完成中等复杂程度曲面建模。

技能目标

1. 能熟练应用软件曲线、建模、装配、工程图等功能，完成中等复杂程度产品的实体建模、装配、工程图输出等。

2. 能完成中等复杂程度产品曲面造型。

素养目标

1. 培养学生积极主动和创新精神。

2. 培养学生勤于思考、刻苦钻研、勇于探索的良好作风。

3. 坚持德技并修，进一步培养学生德才兼备，培养社会主义新时期建设人才。

学习资源：自学《创新中国》《大国重器》等案例。可在中国工信新闻网（https://www.cnii.com.cn/）、中华人民共和国工业和信息化部网（https://wap.miit.gov.cn/）、央视网（www.cctv.com）等网站上搜索观看。

草图

知识目标	能力目标
（1）熟悉绘制草图环境并熟悉其正确设置方法； （2）掌握草图曲线绘图命令的含义及使用方法； （3）掌握几何约束命令及尺寸约束命令的含义和使用方法； （4）掌握草图绘制几何曲线的基本流程。	（1）能够熟练进入及退出绘制草图环境并会调用各种绘制草图工具； （2）能够应用各种绘制草图工具绘制草图曲线； （3）能够熟练应用常见的尺寸与几何约束工具对草图曲线进行约束； （4）会分析曲线绘制流程，并能熟练应用绘制草图工具绘制出各种复杂草图曲线。

任务1　创建碗形草图曲线

任务描述	图解
绘制如图1-1所示的碗形草图曲线。	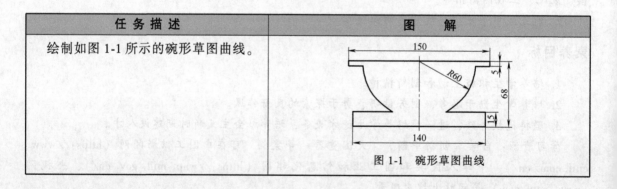 图1-1　碗形草图曲线

1.1　知识链接

1. 绘制草图环境

草图是建模的基础，根据草图所建的模型非常容易修改。单击"菜单"→"插入"→"草图"或"在任务环境下绘制草图"按钮，打开如图1-2所示的"创建草图"对话框，选择合适的平面后即进入"主页"选项卡下的"任务环境下绘制草图"环境，如图1-3所示，完成草图绘制后，可单击"完成草图"按钮（或按快捷键〈Ctrl+Q〉），返回到建模环境中，同时显示绘制好的草图曲线；也可以单击"直接草图"工具栏中的"直接草图"按钮绘制草图。

<table>
<tr><td>图 1-2 "创建草图"对话框</td><td>图 1-3 "主页"选项卡下的"任务环境下绘制草图"环境</td></tr>
</table>

2. 草图工具栏

在"任务环境下绘制草图"环境中,"主页"选项卡下的草图工具栏如图 1-4 所示,主要包含了"轮廓""矩形""直线""圆弧""圆""点""艺术样条""多边形""椭圆""二次曲线""偏置曲线""阵列曲线""镜像曲线""交点""相交曲线""投影曲线""派生曲线""拟合曲线"等曲线绘图命令,以及"快速修剪""快速延伸""圆角""倒斜角""制作拐角""修剪配方曲线"等曲线编辑命令。

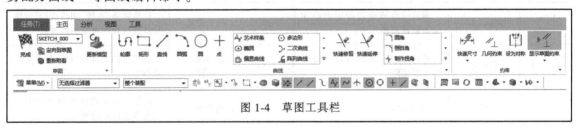

图 1-4 草图工具栏

约束工具栏中主要有"快速尺寸""几何约束"等命令按钮。单击"快速尺寸"按钮,显示"快速尺寸"下拉菜单,如图 1-5 所示,它主要包含"快速尺寸""线性尺寸""径向尺寸""角度尺寸""周长尺寸"等尺寸约束命令,可对选定的对象创建尺寸约束。单击"几何约束"按钮,弹出如图 1-6 所示的对话框,约束命令主要有"重合""点在曲线上""相切""平行""垂直""水平""竖直""水平对齐""竖直对齐""中点""共线""同心""等长""等半径"

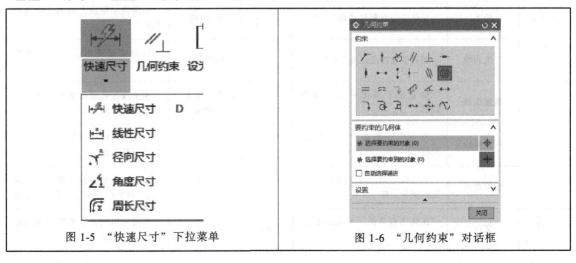

<table>
<tr><td>图 1-5 "快速尺寸"下拉菜单</td><td>图 1-6 "几何约束"对话框</td></tr>
</table>

"固定""完全固定""定角""定长""点在线串上""与线串相切""垂直于线串""非均匀比例""均匀比例""曲线的斜率"等，进行几何约束时，首先确定"选择要约束的对象"，再确定"选择要约束到的对象"，即可完成相应约束。

"草图"工具栏主要按钮及其对应的命令和功能含义见表1-1。

表1-1　"草图"工具栏主要按钮及其对应的命令和功能含义

按钮	命令 （快捷键）	功能	按钮	命令 （快捷键）	功能
	轮廓(Z)	以线串模式创建一系列连接的直线和或圆弧		相交曲线	在面和草图平面之间创建相交曲线
	矩形(R)	用三种方法中的一种创建矩形		投影曲线	沿草图平面的法向将曲线、边或点（草图外部）投射到草图上
	直线(L)	用约束自动判断创建直线		派生直线	在两条平行直线之间创建一条与另一直线平行的直线，或者在两条不平行直线之间创建一条平分线
	圆弧(A)	通过三点或通过指定中心和端点创建圆弧		拟合曲线	创建样条、直线、圆或椭圆，方法是将其拟合到指定的数据点
	圆(C)	通过三点或通过指定中心和直径创建圆		添加现有曲线	将现有的共面曲线和点添加到草图中
	点	创建草图点		快速修剪(T)	以任一方向将曲线修剪到最近的交点或选定的曲线
	艺术样条(S)	通过拖放定义点或极点并在定义点指定斜率或曲率的约束，动态创建和编辑样条		快速延伸(E)	将曲线延伸到另一相邻曲线或选定的曲线
	多边形(P)	创建具有指定数量边的多边形		圆角	在2条或3条曲线之间创建圆角
	椭圆	根据中心点和尺寸创建椭圆		倒斜角	对两条草图线之间的尖角进行倒斜角
	二次曲线	创建通过指定点的二次曲线		制作拐角	延伸或修剪两条曲线以制作拐角
	偏置曲线	偏置位于草图平面上的曲线链		修剪配方曲线	相关地按选定的边界修剪投影或相交配方曲线
	阵列曲线	阵列位于草图平面上的曲线链		移动曲线	移动一组曲线并调整相邻曲线以适应其变化
	镜像曲线	创建位于草图平面上的曲线链的镜像图样		偏置移动曲线	按指定的偏置距离移动一组曲线，并调整相邻曲线以适应其变化
	交点	在曲线和草图平面之间创建一个交点		缩放曲线	缩放一组曲线并调整相邻曲线以适应其变化

（续）

按钮	命令（快捷键）	功能	按钮	命令（快捷键）	功能
	调整曲线尺寸	通过更改半径或直径调整一组曲线的尺寸，并调整相邻曲线以适应其变化		水平对齐	约束两个或多个选定的点或顶点，使之水平对齐
	调整倒斜角曲线尺寸	通过更改偏置，调整一个或多个同步倒斜角的尺寸		竖直对齐	约束两个或多个选定的点或顶点，使之竖直对齐
	删除曲线	删除一组曲线并调整相邻曲线以适应其变化		中点	约束一个选定的点或顶点，使之与一条线或圆弧的中点对齐
	快速尺寸（D）	通过基于选定的对象和光标的位置自动判断尺寸类型来创建尺寸约束		共线	约束两条或多条选定的直线，使之共线
	线性尺寸	在两个对象或点位置之间创建线性距离约束		同心	约束两条或多条选定的曲线，使之同心
	径向尺寸	创建圆形对象的半径或直径约束		等长	约束两条或多条选定的直线，使之等长
	角度尺寸	在两条不平行的直线之间创建角度约束		等半径	约束两条或多条选定的圆弧，使之半径相等
	周长尺寸	创建周长约束以控制选定直线或圆弧的集体长度		固定	约束一条或多条选定的曲线，或约束一个或多个顶点，使之固定
	几何约束（C）	将几何约束添加到几何图形中。这些约束指定并保持用于草图几何图形，或者草图几何图形之间的条件		完全固定	约束一条或多条选定的曲线和一个或多个顶点，使之固定
	重合	约束两个或多个选定的点或顶点，使之重合		定角	约束一条或多条选定的直线，使之具有定角
	点在曲线上	约束一个选定的点或顶点，使之位于一条曲线上		定长	约束一条或多条选定的直线，使之具有定长
	相切	约束两条选定的曲线，使之相切		点在线串上	约束一个选定的点或顶点，使之位于一连串曲线（如投影或相交配方曲线）上
	平行	约束两条或多条选定的曲线，使之平行		与线串相切	约束一条选定的曲线，使之与一连串曲线（如投影或相交配方曲线）相切
	垂直	约束两条选定的曲线，使之垂直		垂直于线串	约束一条选定的曲线，使之与一连串曲线（如投影或相交配方曲线）垂直
	水平	约束两条或多条选定的曲线，使之水平		非均匀比例	约束一个选定的样条，沿样条长度按比例缩放定义点
	竖直	约束两条或多条选定的曲线，使之竖直		均匀比例	约束一个样条，沿两个方向缩放定义点，从而保持样条形状

（续）

按钮	命令 （快捷键）	功能	按钮	命令 （快捷键）	功能
	曲线的斜率	约束定义点处选定与原有样条（UG NX11.0之前的版本）的相切方向，使之与一条曲线平行		动画演示尺寸	在指定的范围内变化给出的尺寸，并动态显示或动画演示其对草图的影响
	设为对称	将两个点或曲线约束为相对于草图上的对称线对称		转换至/自参考对象	将草图曲线或草图尺寸从活动转换为参考，或者反过来。下游命令（如拉伸）不使用参考曲线，并且参考尺寸不控制草图几何图形
	显示草图约束	显示活动草图的几何约束		备选解	备选尺寸或几何约束的解算方案
	显示草图自动尺寸	显示活动草图的所有尺寸		自动判断约束和尺寸	控制在尺寸构造过程中自动判断哪些约束或尺寸
	自动约束	设置自动施加于草图的几何约束类型		创建自动判断约束	在曲线构造过程中启用自动判断约束
	自动标注尺寸	根据设置的规则在曲线上自动创建尺寸		连续自动标注尺寸	在曲线构造过程中启用标注尺寸
	关系浏览器	查询草图对象并报告其关联约束、尺寸及外部应用			

1.2 创建碗形草图曲线任务实施

1. 新建文件

实施步骤 1　新建文件	
说明	**图解**
启动 UG NX 软件，输入文件名："碗形曲线.prt"，选择合适的文件夹，如图 1-7 所示，单击"确定"按钮，进入建模环境。 注意：UG NX 10.0 及之后的版本，文件名及文件夹等保存路径可以使用中文命名。	图 1-7　新建文件

2. 进入草图环境

实施步骤 2 进入草图环境	
说明	单击"菜单"→"插入"→"任务环境中的草图"按钮，打开"创建草图"对话框，默认选择基准坐标系 XOY 基准平面，单击"确定"按钮，进入草图环境，如图 1-8 所示。
图解	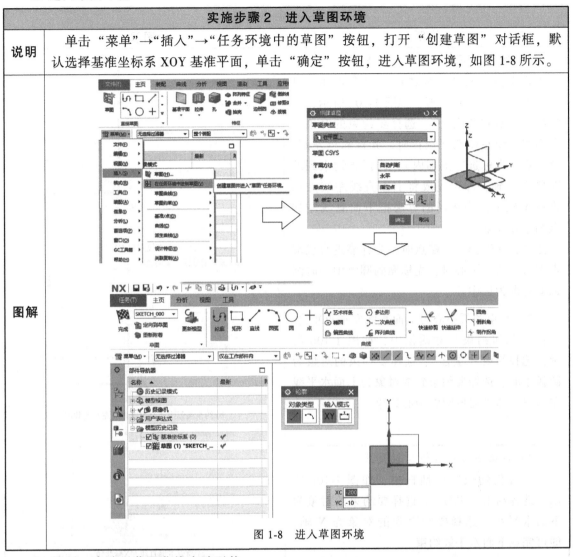 图 1-8　进入草图环境

3. 绘制一半碗形草图曲线大致形状

实施步骤 3　绘制一半碗形草图曲线大致形状	
说明	图解
进入草图环境后，默认"轮廓"命令，绘制如图 1-9 所示一半碗形草图曲线的大致形状，点按鼠标滚轮两次即可。 　注意：通常在绘制草图曲线时，先选择单击"　创建自动判断约束"按钮（一般默认），关闭"　连续自动标注尺寸"按钮。关闭时，该按钮处于白亮状态。并且，尽量在第一象限完成曲线绘制。	图 1-9　绘制一半碗形草图曲线大致形状

4. 创建几何约束

实施步骤 4　创建几何约束	
说明	图解
（1）约束上下直线左端点在 Y 轴上 　　单击草图工具"几何约束"命令按钮，打开"几何约束"对话框，如图 1-10a 所示，选择约束"点在曲线上"、选择要约束的对象为上面水平线左端点（选择时，光标靠近左端，使端点在光标选中范围内）、选择要约束到的对象为 Y 轴，即可完成将上面直线左端点约束在 Y 轴上。用相同的方法把下面直线左端点约束在 Y 轴上。 　　注意：在选择直线端点时，光标靠近直线端点即可，选择圆心时，光标靠到圆弧中心时圆弧变亮即为选中。	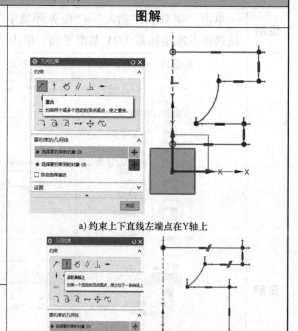 a) 约束上下直线左端点在Y轴上
（2）约束圆弧中心与上面直线左端点重合 　　在"几何约束"对话框中，如图 1-10b 所示，选择约束"重合"、选择要约束的对象为圆弧中心、选择要约束到的对象为上面水平线左端点，即可完成圆弧中心约束。	b) 约束圆弧中心与上面直线左端点共点
（3）约束下面直线与 X 轴共线 　　在"几何约束"对话框中，如图 1-10c 所示，选择约束"共线"、选择要约束的对象为下面水平线、选择要约束到的对象为 X 轴，即可完成下面水平线约束。	c) 约束下面直线与X轴共线 图 1-10　创建几何约束

5. 创建尺寸约束

实施步骤 5　创建尺寸约束	
说明	图解
单击草图工具栏中的"快速尺寸"按钮，分别选中直线或圆弧的两个端点，输入相应的尺寸数字，按〈Enter〉键，即可完成尺寸约束的创建，如图 1-11 所示。	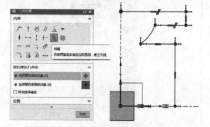 图 1-11　创建尺寸约束

6. 镜像曲线

	实施步骤 6　镜像曲线
说明	单击草图工具栏中的"镜像曲线"按钮，打开其对话框，如图 1-12a 所示，选择曲线为绘制的 7 条草图曲线、中心线为 Y 轴，单击"确定"按钮，完成镜像曲线，如图 1-12b 所示。
图解	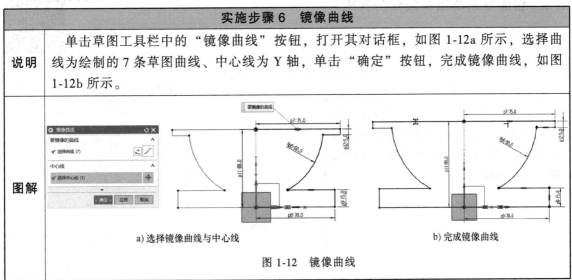 a) 选择镜像曲线与中心线　　　　　　b) 完成镜像曲线 图 1-12　镜像曲线

7. 完成草图曲线

实施步骤 7　完成草图曲线	
说明	**图解**
单击"主页"选项卡中的"完成草图"按钮或按快捷键〈Ctrl+Q〉，即可退出草图环境，返回建模环境。保存文件，完成碗形草图曲线的绘制，如图 1-13 所示。	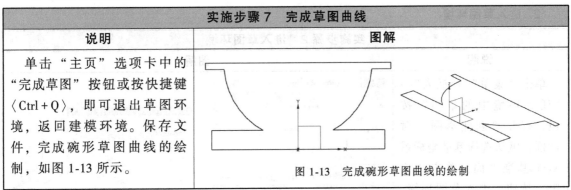 图 1-13　完成碗形草图曲线的绘制

任务 2　创建复杂草图曲线

任务描述	图解
复杂草图曲线实例：创建如图 1-14 所示的复杂草图曲线。	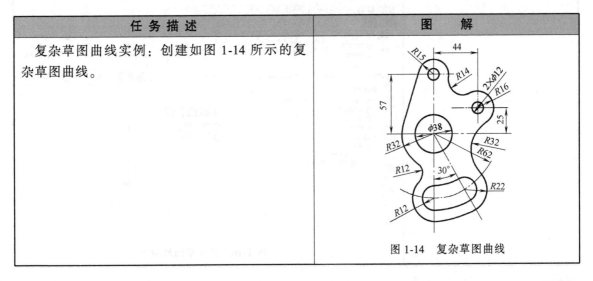 图 1-14　复杂草图曲线

1.3 创建复杂草图曲线任务实施

1. 新建文件

实施步骤 1　　新建文件	
说明	图解
启动 UG NX 软件，输入文件名："复杂草图曲线 . prt"，选择合适的文件夹，如图 1-15 所示，单击"确定"按钮，进入建模环境。	图 1-15　新建文件

2. 进入草图环境

实施步骤 2　　进入草图环境	
说明	图解
单击"菜单"→"插入"→"任务环境中的草图"按钮，打开"创建草图"对话框，默认选择基准坐标系 XOY 基准平面，单击"确定"按钮，进入草图环境，如图 1-16 所示。	图 1-16　进入草图环境

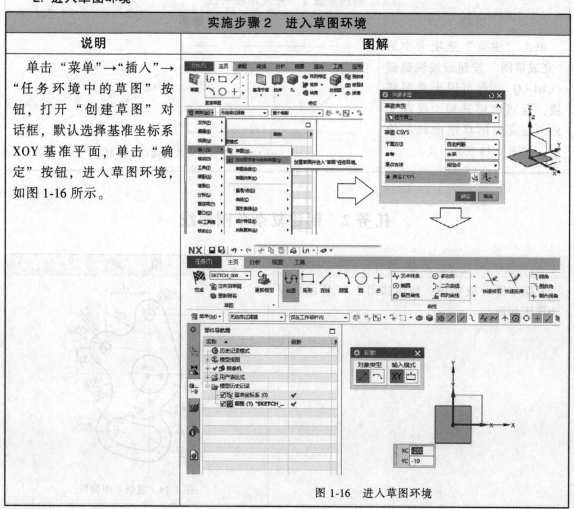

3. 创建内部曲线

(1) 创建内部圆与辅助线

实施步骤3　创建内部圆与辅助线	
说明	图解
1）创建圆与辅助线 进入草图环境后，关闭"轮廓"命令，单击"圆"按钮，打开"圆"对话框，绘制如图1-17a所示的3个圆，随后利用"直线"和"圆弧"命令绘制2段辅助直线与圆弧草图曲线，点按鼠标滚轮确认，即可完成圆与辅助线的创建。	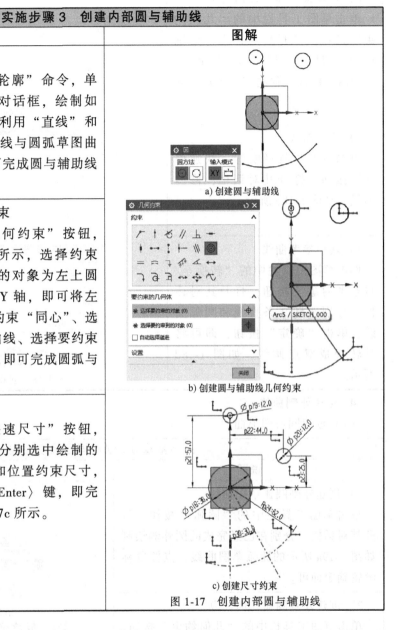
2）创建圆与辅助线几何约束 单击草图工具栏中的"几何约束"按钮，打开其对话框，如图1-17b所示，选择约束"点在曲线上"、选择要约束的对象为左上圆心、选择要约束到的对象为Y轴，即可将左上圆心约束在Y轴上；选择约束"同心"、选择要约束的对象为辅助圆弧曲线、选择要约束到的对象为坐标原点上的圆，即可完成圆弧与圆同心约束。	a) 创建圆与辅助线 b) 创建圆与辅助线几何约束
3）创建尺寸约束 单击草图工具栏中的"快速尺寸"按钮，打开"快速尺寸"对话框，分别选中绘制的圆、圆弧等的形状约束尺寸和位置约束尺寸，输入相应的要求尺寸并按〈Enter〉键，即完成尺寸约束的创建，如图1-17c所示。	c) 创建尺寸约束 图1-17　创建内部圆与辅助线

(2) 创建腰形曲线

实施步骤4　创建腰形曲线	
说明	图解
1）创建腰形草图曲线 分别单击草图工具栏中的"圆"和"圆弧"按钮，打开其对话框，在辅助直线与圆弧的交点绘制如图1-18a所示的2个圆，并绘制2段圆弧，点按鼠标滚轮确认。	a) 创建腰形草图曲线 图1-18　创建腰形曲线

说明	图解
2）创建腰形曲线几何约束 单击草图工具栏中的"几何约束"按钮，打开其对话框，分别应用"相切""同心约束"命令，完成腰形曲线几何约束的创建，如图1-18b所示。	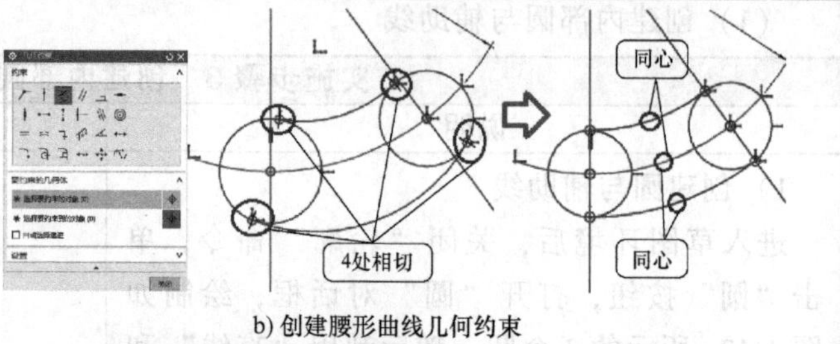 b）创建腰形曲线几何约束
3）修剪曲线 单击草图工具栏中的"快速修剪"按钮，打开其对话框，修剪曲线，如图1-18c所示。	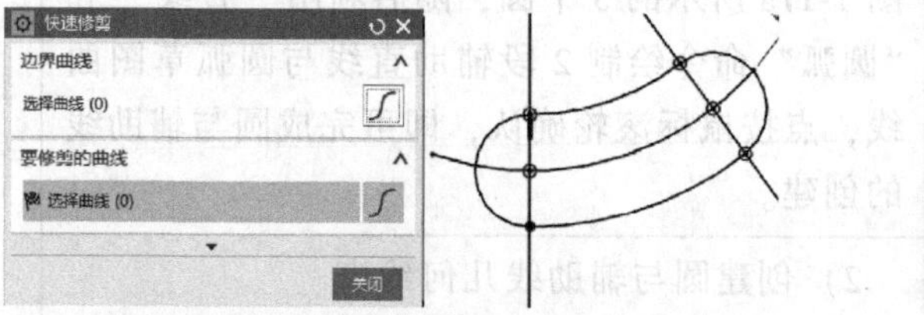 c）修剪曲线
4）转换参考曲线 单击草图工具栏中的"转换至/自参考对象"按钮，打开其对话框，分别选择2条直线和圆弧曲线，单击"确定"按钮，即可将其转换成双点画线，如图1-18d所示。	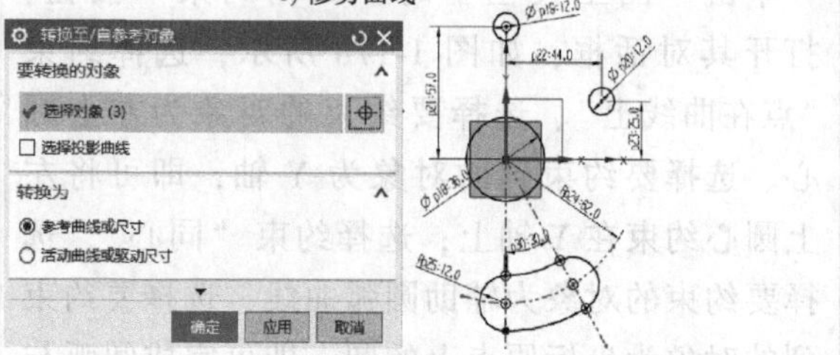 d）转换参考曲线 图1-18 创建腰形曲线（续）

4. 创建外侧曲线

（1）创建同心圆弧曲线

实施步骤5 创建同心圆弧曲线	
说明	图解
1）创建外侧圆弧草图曲线 单击草图工具栏中的"圆弧"按钮，打开其对话框，分别在已经完成的圆外侧绘制如图1-19a所示的圆弧草图曲线，点按鼠标滚轮确定即可。	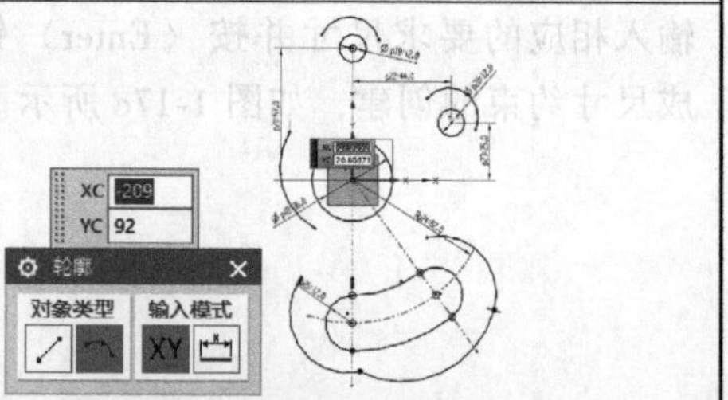 a）创建外侧圆弧草图曲线
2）创建外侧圆弧几何约束 单击草图工具栏中的"几何约束"按钮，打开其对话框，选择约束"同心"、选择要约束的对象为绘制的圆弧草图、选择要约束到的对象为各段圆弧相应的内部圆或圆弧曲线，最后选择"相切"约束，使下面三段圆弧相切，如图1-19b所示，单击"关闭"按钮，即可取消"几何约束"命令。	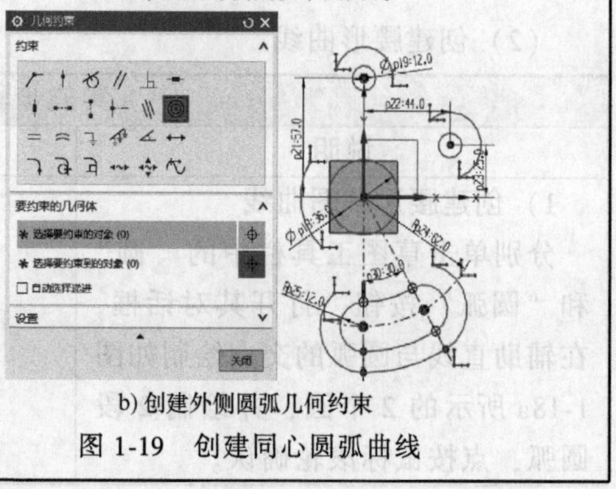 b）创建外侧圆弧几何约束 图1-19 创建同心圆弧曲线

说明	图解
3）创建外侧圆弧尺寸约束 　　单击草图工具栏中的"快速尺寸"按钮，打开"快速尺寸"对话框，分别选中外侧圆弧，创建外侧圆弧尺寸约束，如图1-19c所示。	c）创建外侧圆弧尺寸约束 图1-19　创建同心圆弧曲线（续）

（2）创建外侧连接曲线

	实施步骤6　创建外侧连接曲线
说明	1）创建外侧连接草图曲线 　　分别单击草图工具栏中的"直线"和"圆弧"按钮，分别打开其对话框，顺次首尾连接草图曲线，如图1-20a所示，连接完成后，点按鼠标滚轮确认。 　2）创建连接曲线几何约束 　　单击草图工具栏中的"几何约束"按钮，打开其对话框，应用"相切"约束，光滑连接所有外侧曲线，创建几何约束，如图1-20b所示。 　3）创建连接曲线尺寸约束 　　单击草图工具栏中的"快速尺寸"按钮，打开"快速尺寸"对话框，分别选中外侧连接圆弧，创建连接曲线尺寸约束，如图1-20c所示。
图解	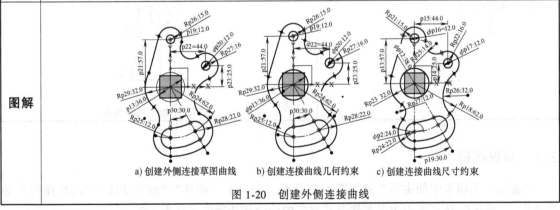 a）创建外侧连接草图曲线　　b）创建连接曲线几何约束　　c）创建连接曲线尺寸约束 图1-20　创建外侧连接曲线

5. 完成草图曲线

	实施步骤7　完成草图曲线
说明	**图解**
单击"主页"选项卡中的"完成"按钮，或按快捷键〈Ctrl+Q〉，即可退出草图环境，返回建模环境。保存文件，完成复杂草图曲线的绘制，如图1-21所示。	图1-21　绘制复杂草图曲线

→ 项目❷←

曲线

知 识 目 标	能 力 目 标
（1）熟悉曲线及曲线编辑工具命令的设置与查找方法；	（1）能正确设置与查找曲线及曲线编辑工具命令；
（2）掌握"直线""圆弧""矩形"等曲线命令及曲线编辑命令的含义和使用方法；	（2）能够熟练应用"直线""圆弧""矩形"等命令工具绘制、编辑基本几何图形；
（3）掌握绘制曲线的基本流程。	（3）会分析几何图形曲线的绘制流程，并能绘制出各种复杂曲线。

任务3 创建简单曲线

任 务 描 述	图　　解
要求利用曲线功能完成图1-22所示简单曲线的绘制。	 图1-22 绘制简单曲线

2.1 知识链接

"曲线"选项卡中的主要工具如图1-23所示，包含了"曲线""派生曲线""编辑曲线"等工具栏，"曲线"选项卡中主要按钮及其对应的命令和功能含义见表1-2。

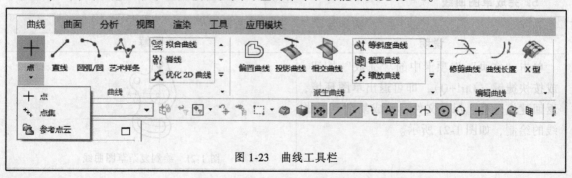

图1-23 曲线工具栏

表1-2 "曲线"选项卡中主要按钮及其对应的命令和功能含义

按钮	命令	功能	按钮	命令	功能
	点	创建点		偏置曲线	偏置曲线链
	点集	使用现有几何体创建点集		镜像曲线	穿过基准平面或平的曲面创建镜像曲线
	参考点云	根据点数据文件的引用创建参考点云		投影曲线	将曲线、边或点投影至面或平面
	直线	创建直线特征		相交曲线	创建两个对象之间的相交曲线
	圆弧/圆	创建圆和圆弧特征		桥接曲线	创建两个对象之间的相切圆角曲线
	艺术样条	通过拖放定义点或极点并在定义点指派斜率或曲率的约束,动态创建和编辑样条		在面上偏置曲线	沿曲线所在的面偏置曲线
	矩形	通过选择两个对角来创建矩形		复合曲线	创建其他曲线或边的关联复制
	基本曲线	提供备选但非关联的曲线创建和编辑工具		偏置3D曲线	垂直于参考方向偏置3D曲线
	多边形	创建具有指定边数的多边形		等斜度曲线	在拔模角恒定的面上创建曲线
	椭圆	创建具有指定中心和尺寸的椭圆		截面曲线	通过平面与体、面或曲线相交来创建曲线和点
	倒斜角	对两条共面直线之间的尖角进行倒斜角		缩放曲线	缩放曲线、边或点
	抛物线	创建具有指定边点和尺寸的抛物线		简化曲线	从曲线链创建一串最佳拟合直线和圆弧
	双曲线	创建具有指定顶点和尺寸的双曲线		缠绕/展开曲线	将曲线从平面缠绕至圆锥或圆柱面,或将曲线从圆锥或圆柱面展开至平面
	文本	通过读取文本字符串并生成字符轮廓的线条和样条,来创建文本作为设计元素		抽取曲线	从体的边和面来创建曲线
	曲面上的曲线	在面上直接创建曲面样条特征		抽取虚拟曲线	从面的旋转轴、倒圆中心线和虚拟交线创建曲线
	一般二次曲线	通过使用各种放样二次曲线方法或一般二次曲线方程来创建二次曲线截面		圆形圆角曲线	创建两个曲线链之间具有指定方向的圆形圆角曲线
	规律曲线	通过使用规律函数(如常数、线性、三次和方程)来创建样条		修剪曲线	将曲线修剪或延伸至选定的边界对象
	拟合曲线	创建样条、线、圆或椭圆,方法是将其拟合到指定的数据点		曲线长度	在线的每一端延长或缩短一段长度,或使其达到某个曲线总长
	脊线	创建经过起点且垂直于一系列指定平面的曲线		X型	编辑样条和曲面的极点和点
	优化2D曲线	优化2D线框几何体		等参数曲线	沿某个面的恒定U或V参数创建曲线

说明:UG NX 11.0版本软件应用命令有许多办法,可以通过依次单击"菜单"→"插入"按钮的方式,进行命令调用,如图1-24所示。也可通过单击快捷图标工具调用命令。但是也有许多命令是隐藏的,比如曲线工具栏中的"基本曲线""矩形"等命令,读者可根据需要在软件右上角搜索框内直接输入命令名称查询,并把该命令添加到快捷工具栏中。图1-25所示为添加"基本曲线"命令到"曲线"选项卡中。

图 1-24　通过单击"菜单"→"插入"按钮调用命令　　图 1-25　添加"基本曲线"命令到"曲线"选项卡中

2.2　创建简单曲线任务实施

1. 新建文件

实施步骤 1　新建文件	
说明	图解
启动 UG NX 软件，输入文件名："曲线1.prt"，选择合适的文件夹，如图1-26所示，单击"确定"按钮，进入建模环境。	图 1-26　新建文件

2. 绘制三段直线

实施步骤 2　绘制三段直线	
说明	在建模环境下，按〈Ctrl+Alt+T〉（俯视图）组合键，将视图转入 XY 工作平面。单击"曲线"选项卡中的"直线"命令按钮，打开"直线"对话框，如图1-27a所示，单击起点选项卡中的"点"对话框按钮，输入起点坐标（-31，15，0），单击"确定"按钮，返回"直线"对话框。再单击终点或方向选项卡中的"点对话框"按钮，输入终点坐标（-31，0，0），如图1-27b所示，单击"确定"按钮，返回"直线"对话框，最后单击"应用"按钮，完成第一段直线的绘制，如图1-27c所示。继续应用相同的命令，绘制后面的直线。在绘制第二段直线时，起点坐标可直接捕捉第一段直线的终点坐标，并直接在跟踪条中输入水平长度"62"并按〈Enter〉键即可。用同样的方法，完成右侧第三段竖直长度为15的直线的绘制，三段直线绘制完成，如图1-27d所示。

图解	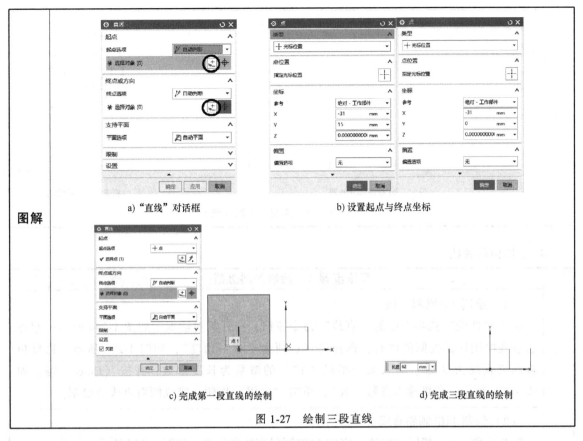

a)"直线"对话框　　　　　　b)设置起点与终点坐标

c)完成第一段直线的绘制　　　　　d)完成三段直线的绘制

图 1-27　绘制三段直线

3. 绘制三个圆

实施步骤3　绘制三个圆	
说明	单击"曲线"选项卡中的"基本直线"命令按钮，打开其对话框，单击对话框中的"圆"命令按钮，选择点方法为"点构造器"，打开其对话框，如图 1-28a 所示，输入坐标（0，70，0），单击"确定"按钮并按"返回"按钮，如图 1-28b 所示，在跟踪条中输入半径"25"并按〈Enter〉键，关闭命令，完成 φ50mm 圆的绘制。当然，也可以直接在跟踪条中输入坐标及半径参数，完成圆的绘制，注意：在输入参数的过程中，使用〈Tab〉键变换参数格，而且光标不可离开跟踪条。继续采用相同的方法绘制 R17mm 和 R12mm 的圆，完成三个圆的绘制，如图 1-28c 所示。
图解	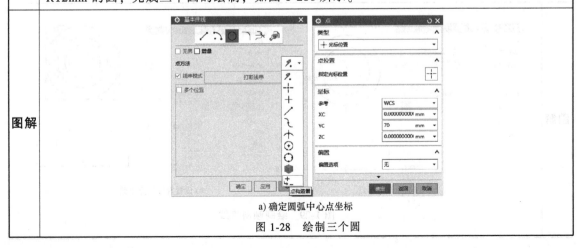 a)确定圆弧中心点坐标 图 1-28　绘制三个圆

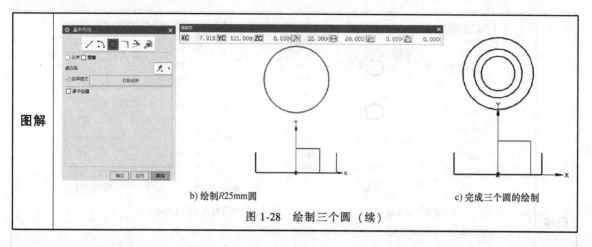

b) 绘制R25mm圆　　　　　　　c) 完成三个圆的绘制

图 1-28　绘制三个圆（续）

4. 绘制倾斜直线

实施步骤 4　绘制倾斜直线	
说明	（1）绘制 70°倾斜直线 单击"曲线"选项卡中的"直线"命令按钮，打开其对话框，如图 1-29a 所示，起点直接在绘图区捕捉圆的圆心，选择终点选项为"成一角度"，如图 1-29b 所示，选择角度约束直线为 X 轴、输入大于半径"17"的参数为长度参数，并按〈Enter〉键，如图 1-29c 所示，角度输入参数"70"，单击"应用"按钮，完成倾斜直线的绘制。
	（2）绘制 110°倾斜直线 按与步骤（1）相同的方法，完成 110°倾斜直线的绘制，如图 1-29d 所示。
	（3）修剪曲线 单击"曲线"选项卡中的"修剪曲线"命令按钮，打开其对话框，如图 1-29e 所示，选择"输入曲线"为"隐藏"。如图 1-29f 所示，修剪 70°直线：要修剪的曲线为 70°倾斜直线（选中时，光标靠近要剪掉的一端）、"边界对象 1"为 R17mm 的圆、"边界对象 2"为 R12mm 的圆（有时只有一个边界，在选好一个边界后，点按鼠标滚轮确认即可），单击"应用"按钮，完成两端的修剪。用同样的方法修剪剩余的直线、圆弧，修剪结果如图 1-29g 所示。
图解	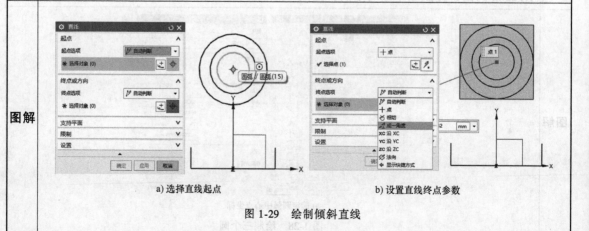 a) 选择直线起点　　　　　　　b) 设置直线终点参数 图 1-29　绘制倾斜直线

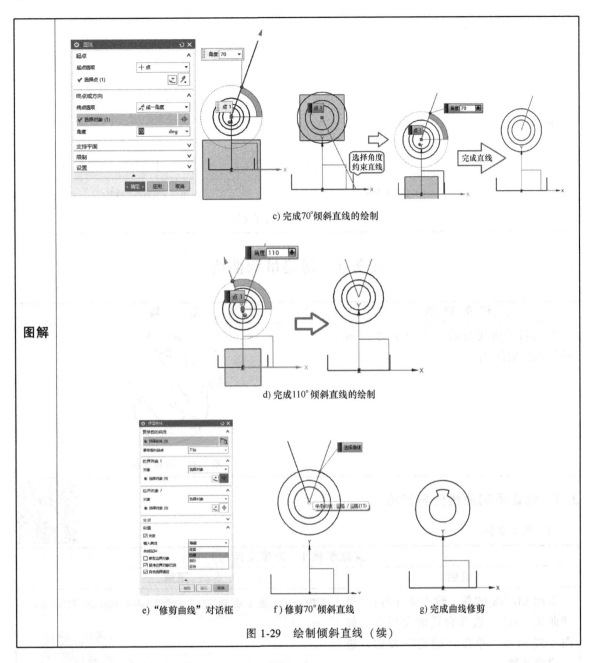

c) 完成70°倾斜直线的绘制

d) 完成110°倾斜直线的绘制

e) "修剪曲线"对话框　　f) 修剪70°倾斜直线　　g) 完成曲线修剪

图 1-29　绘制倾斜直线（续）

图解

5. 绘制连接圆弧

实施步骤5　绘制连接圆弧

说明

单击"曲线"选项卡中的"圆弧/圆"命令按钮，打开其对话框，如图 1-30a 所示，类型选择"三点画圆弧"，起点在绘图区直接捕捉右侧竖直线上端点，终点选择"相切"，并在大圆右下方选择一点，输入半径"50"，并按〈Enter〉键，单击"应用"按钮，完成右侧 R50mm 连接圆弧的绘制。

继续用相同的方法绘制左侧 R50mm 连接圆弧，最后应用"修剪曲线"命令，修剪 R25mm 圆（以两侧绘制好的圆弧为边界），如图 1-30b 所示。单击"保存"按钮，完成所有曲线的绘制。

图解	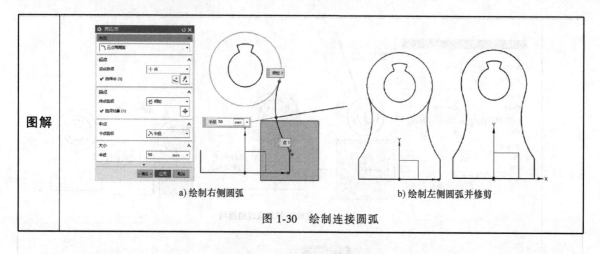

a) 绘制右侧圆弧　　　　　　　　b) 绘制左侧圆弧并修剪

图 1-30　绘制连接圆弧

任务4　创建吊钩曲线

任务描述	图　解
要求利用曲线功能完成图 1-31 所示吊钩曲线的绘制。	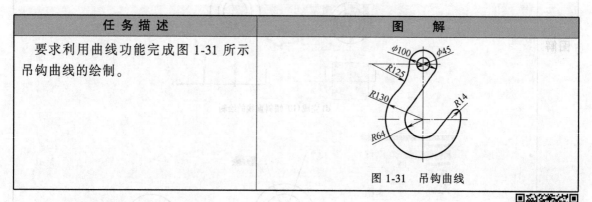 图 1-31　吊钩曲线

2.3　创建吊钩曲线任务实施

1. 新建文件

实施步骤 1　新建文件	
说明	图解
启动 UG NX 软件，输入文件名："吊钩曲线 .prt"，选择合适的文件夹，如图 1-32 所示，单击"确定"按钮，进入建模环境。	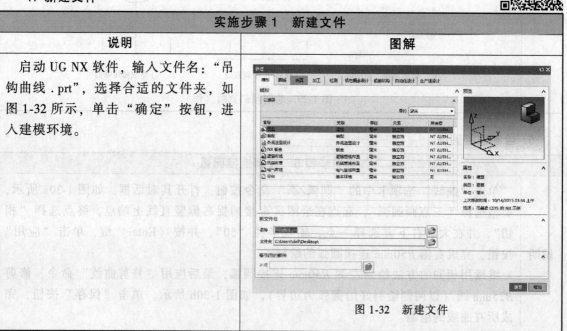 图 1-32　新建文件

2. 绘制 φ45mm、φ100mm 同心圆及 φ250mm 圆

	实施步骤 2　绘制 3 个圆
说明	在模型环境下，按〈Ctrl+Alt+T〉组合键，将视图转入 XY 工作平面。 单击"曲线"选项卡中的"基本直线"命令按钮，打开其对话框，单击对话框中的"圆"命令按钮，如图 1-33a 所示，在跟踪条中依次输入坐标（0，0，0）、直径"45"并按〈Enter〉键，关闭命令，完成 φ45mm 圆的绘制。继续用相同的方法，在坐标（0，0，0）处绘制 φ100mm 的圆，在坐标（-175，0，0）处绘制 φ250mm 的圆，完成 3 个圆的绘制，如图 1-33b 所示。
图解	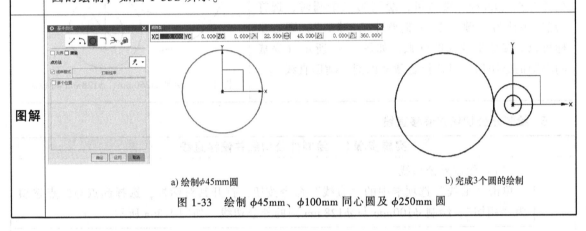 a) 绘制 φ45mm 圆　　　　　　　　　　　　b) 完成 3 个圆的绘制 图 1-33　绘制 φ45mm、φ100mm 同心圆及 φ250mm 圆

3. 绘制辅助线

	实施步骤 3　绘制辅助线
说明	（1）绘制辅助圆 单击"曲线"选项卡中的"基本直线"命令按钮，打开其对话框，单击对话框中的"圆"命令按钮，选择"点方法"为圆弧中心/椭圆中心/球心，打开其对话框，如图 1-34a 所示，圆心坐标捕捉 φ250mm 圆的圆心，同时在跟踪条中输入半径"255"并按〈Enter〉键，关闭命令，完成 φ510mm 圆的绘制。 （2）绘制辅助直线 单击"曲线"选项卡中的"直线"命令按钮，打开"直线"对话框，如图 1-34b 所示，起点选择点，捕捉坐标原点，设置终点选项为"YC 沿 YC"，竖直向下绘制一段直线（超过 R255mm 圆即可），单击"确定"按钮，完成辅助直线的绘制。
图解	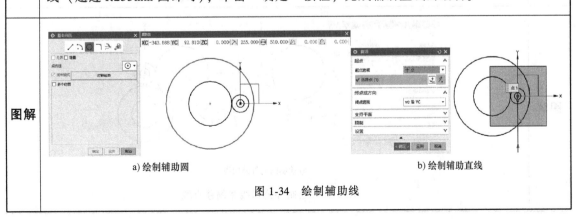 a) 绘制辅助圆　　　　　　　　　　　　b) 绘制辅助直线 图 1-34　绘制辅助线

4. 绘制 φ260mm、φ128mm 同心圆

实施步骤 4　绘制 φ260mm、φ128mm 同心圆	
说明	**图解**
应用实施步骤 2 的方法，在辅助圆与辅助直线交点处绘制 φ260mm、φ128mm 同心圆。需注意：绘制第一个圆时，选择"点"方法为"交点"，即选择辅助直线与辅助圆的交点作为圆心，在跟踪条中输入直径尺寸并按〈Enter〉键即可；绘制第二个圆时，选择"点"方法为"圆弧中心/椭圆中心/球心"，圆心坐标可以直接捕捉前面的圆弧，如图 1-35 所示（完成同心圆的绘制后，可选择隐藏辅助圆与辅助直线）。	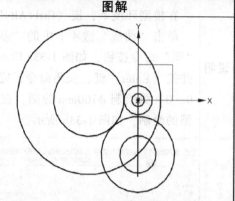 图 1-35　绘制 φ260mm、φ128mm 同心圆

5. 绘制外公切线并偏移直线

实施步骤 5　绘制外公切线并偏移直线	
说明	（1）绘制外公切线 　　单击"曲线"选项卡中的"直线"命令按钮，打开其对话框，选择起点与终点选项为"相切"，绘制 φ100mm 与 φ128mm 圆的外公切线，如图 1-36a 所示。 （2）偏移曲线 　　单击"曲线"选项卡的"偏置曲线"命令按钮，打开其对话框，偏置类型选择"距离"，曲线选择外公切线，输入偏置距离"128"，其余默认，在公切线左上方任意位置单击，单击"确定"按钮，即完成外公切线的偏置，如图 1-36b 所示。 （3）修剪曲线 　　单击"曲线"选项卡中的"修剪曲线"命令按钮，打开其对话框，如图 1-36c 所示，在"设置"选项卡下的"输入曲线"列表框中选择"隐藏"，其余默认。选择要修剪的曲线及两个边界即可完成曲线修剪，如图 1-36d 所示。 　　注意：1）一般用光标选择曲线时，注意光标点选的位置，单击要去除的曲线段；2）修剪时，若只有一个边界，选择一个边界后直接按鼠标滚轮确定即可；3）初学者每完成一段线的修剪，最好把修剪曲线命令关闭后，再重新打开。
图解	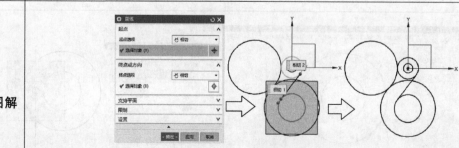 a) 绘制圆的外公切线 图 1-36　绘制外公切线并偏移直线

图解	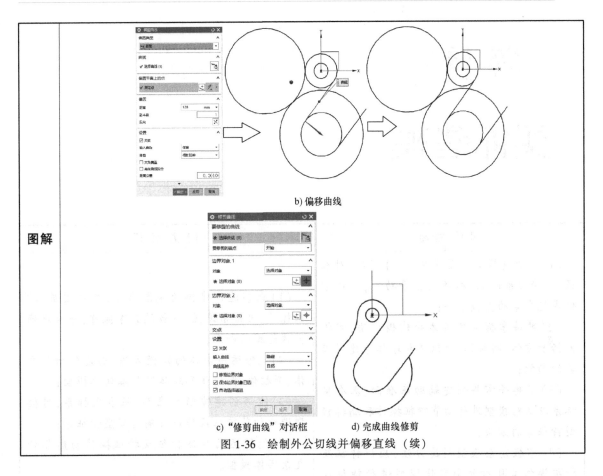

b) 偏移曲线

c)"修剪曲线"对话框　　　　d) 完成曲线修剪

图 1-36　绘制外公切线并偏移直线（续）

6. 绘制连接圆弧

<table>
<tr><th colspan="2" style="text-align:center">实施步骤 6　绘制连接圆弧</th></tr>
<tr><th style="text-align:center">说明</th><th style="text-align:center">图解</th></tr>
<tr>
<td>
　　单击"曲线"选项卡中的"圆弧/圆"命令按钮，打开其对话框，如图 1-37a 所示，"类型"选择"三点画圆弧"，起点与终点选项选择"相切"，在绘图区起点与终点分别捕捉偏置直线与圆弧上的点，输入半径"14"，并按〈Enter〉键，单击"确定"按钮，完成 R14mm 连接圆弧的绘制。打开"修剪曲线"命令，修剪直线和圆弧（以绘制好的 R14mm 圆弧为边界），完成修剪后的效果如图 1-37b 所示。单击"保存"按钮，完成所有曲线的绘制。
</td>
<td>
a) 绘制 R14mm 连接圆弧　　　　b) 完成修剪后的效果
图 1-37　绘制连接圆弧
</td>
</tr>
</table>

项目 ③

实体建模

知识目标	能力目标
（1）掌握建模的视图布局、工作图层、对象操作、坐标系设置、参数设置等功能，以及零件常见命令的查找方法； （2）熟练掌握简单实体的建模方法，掌握包括长方体、圆柱体、圆锥体和球体等建模工具的功能； （3）了解并掌握创建辅助基准面、基准坐标系以及对模型进行细节特征操作和编辑模型特征等的方法； （4）掌握复杂模型创建方法，应用特征及特征操作工具对复杂实体模型进行特征操作，以及特征编辑的方法。	（1）能够进行建模的视图布局、工作图层、对象操作、坐标系设置、参数设置等操作，并能正确查找隐藏的命令； （2）能够运用实体的建模方法，创建包括长方体、圆柱体、圆锥体和球体等基本实体模型； （3）能够创建辅助基准面、基准坐标系，对模型进行细节特征操作以及编辑模型特征等； （4）能够运用实体特征及特征操作创建各种复杂实体模型。

任务5　创建半圆头铆钉

任 务 描 述	图　　解
半圆头铆钉为标准件，代号为铆钉 GB 863.1-86-20×50，如图 1-38a 所示，其公称尺寸：$d = 20$mm，$d_k(\max) = 36.4$mm，$K(\max) = 14.8$mm，$R \approx 18$mm，$r = 0.8$mm，铆钉长度为 32～150mm，本例 $l = 50$mm，具体尺寸如图 1-38b 所示，创建该半圆头铆钉实体模型。	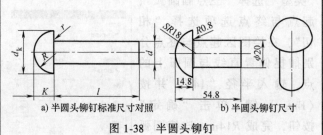 a) 半圆头铆钉标准尺寸对照　　b) 半圆头铆钉尺寸 图 1-38　半圆头铆钉

3.1　知识链接

1. 常用工具命令

（1）坐标系

坐标系是用来确定对象的方位的。建模时，一般使用两种坐标系：绝对坐标系（ACS）和工作坐标系（WCS）。绝对坐标系的原点是永远不变的，在 UG NX 软件中是看不到的，绝对坐标是一个很抽象的概念，就是在空间中设定一个固定的点，然后所有的参数都是以它来进行参考，在 UG NX 软件中你可以理解为 UG NX 软件空间中有一个永远固定不动的点，这个点看不见，在实际建模中一般也不需要去管它；工作坐标系是系统提供给用户的坐标系，其坐标原点和方位都可以重新设置，方便建模。

"工具"选项卡中的"实用工具"区域包含了如图 1-39 所示的工作坐标系命令按钮，主要包含了"WCS 动态""WCS 原点""旋转 WCS""WCS 定向""WCS 设为绝对""更改 WCS XC方向""更改 WCS YC 方向""显示 WCS""保存 WCS"等工作坐标系命令，工作坐标系工具主要按钮及其对应的命令和功能含义见表 1-3。

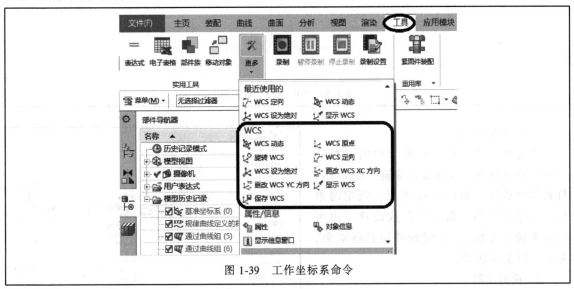

图 1-39　工作坐标系命令

表 1-3　工作坐标系主要按钮及其对应的命令和功能含义

按钮	命令	功　能	按钮	命令	功　能
	WCS 动态	动态移动和重定向 WCS		更改 WCS XC 方向	重新定向 WCS 的 XC 轴
	WCS 原点	移动 WCS 工作坐标系原点		更改 WCS YC 方向	重新定向 WCS 的 YC 轴
	旋转 WCS	使 WCS 绕其轴旋转		显示 WCS	显示 WCS（工作坐标系），它定义 XC-YC 平面，大部分几何体在此平面上创建
	WCS 定向	重定向 WCS 到新的坐标系		保存 WCS	按当前 WCS 的原点和方位创建坐标系对象
	WCS 设为绝对	将 WCS 移动到绝对坐标系的位置和方向			

（2）表达式

表达式是对模型的特征进行定义的运算和条件公式语句。利用表达式定义公式的字符串，通过编辑公式，可以编辑参数模型。表达式用于控制部件的特性，定义模型的尺寸。单击"工具"选项卡中的"表达式"命令按钮，或者按快捷键〈Ctrl+E〉，打开如图 1-40 所示的"表达式"对话框，可输入表达式的名称，选择量纲、单位、类型等参数，在"公式"文本框中输入数值或字符串。当需输入多个公式时，每完成一个公式的输入，需单击"应用"按钮，所有公式输入完成后，单击"确定"按钮，即可关闭对话框，完成表达式的定义。

图 1-40 "表达式"对话框

（3）移动对象

通过单击"工具"选项卡中的"移动对象"命令按钮，或者按快捷键〈Ctrl+T〉，打开其对话框，如图 1-41 所示，选定对象后，可通过距离、角度等参数设置（也可以动态设置参数），来精确移动目标对象，并且可以复制移动。

2. 视图工具

"视图"选项卡中主要包含了"方位""可见性""样式""可视化"等工具栏，如图 1-42 所示。

"方位"工具栏中主要有"视图表达工具""视图移动""视图旋转""透视显示""视图布局"等工具命令。

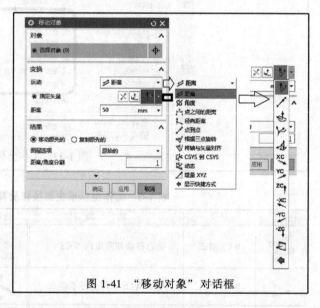

图 1-41 "移动对象"对话框

图 1-42 "视图"选项卡中的工具

"可见性"工具栏中主要有"显示和隐藏""图层设置""编辑截面""显示栅格"等工具命令。"显示和隐藏"命令的功能非常强大，可以单独隐藏点、线、片体、实体等。"图层设置"用于在空间使用不同的层次来放置几何体。在整个建模过程中最多可以设置 256 个图层。用多个图层来表示设计模型，每个图层上存放模型中的部分对象，所有图层叠加起来就构成了模型的所有对象。用户可以根据自己的需要通过设置图层来显示或隐藏对象。在组件的所有图层中，只有一个图层是当前工作图层，所有工作只能在工作图层上进行。可以设置其他图层的可见性、可选择性等属性来辅助建模工作。如果要在某图层中创建对象，则应在创建前使该图层成为当前工作图层。

"样式"工具栏中主要有"视图着色"与"边框显示"等工具命令。

"可视化"工具栏中主要有"首选项""编辑对象显示""小平面边"等工具命令。

"视图"选项卡中的主要按钮及其对应的命令和功能含义见表1-4。

表1-4 "视图"选项卡中的主要按钮及其对应的命令和功能含义

按钮	命令(快捷键)	功 能	按钮	命令(快捷键)	功 能
	正三轴测图(Home)	定位工作视图以同正三轴测图对齐		更新显示	更新显示以反映旋转或比例更换
	俯视图(Ctrl+Alt+T)	定位工作视图以同俯视图对齐		重新生成所有视图	重新布局生成布局中的每个视图，从而擦除临时显示的对象并更新以修改的几何体显示
	正等测图(end)	定位工作视图以同正等测图对齐		替换视图	替换布局中的视图
	左视图(Ctrl+Alt+L)	定位工作视图以同左视图对齐		删除布局	删除用户定义的任何不活动的布局
	前视图左视图(Ctrl+Alt+F)	定位工作视图以同前视图对齐		保存布局	保存当前布局设置
	右视图左视图(Ctrl+Alt+R)	定位工作视图以同右视图对齐		另存布局	用其他名称保存当前布局
	后视图	定位工作视图以同后视图对齐		放大/缩小(Ctrl+MB2/MB1+MB2)	通过按下MB1并上下移动鼠标可以放大或缩小视图，也可以使用MB1+MB2，或者Ctrl+MB2执行此命令，直接滚动MB2也有相同的效果
	仰视图	定位工作视图以同仰视图对齐		显示和隐藏(Ctrl+W)	根据类型显示和隐藏对象
	缩放(F6)	按下MB1，画一个矩形后，松开MB1，放大视图中的某一个特定区域		立即隐藏(Ctrl+Shift+I)	一旦选定对象后就立即隐藏它们
	适合窗口(Ctrl+F)	调整视图的中心和比例以显示所有对象		隐藏(Ctrl+B)	使选定的对象在显示中不可见
	平移(MB2+MB3/Shift+MB2)	通过按下MB1并拖动鼠标可以平移视图，也可以使用MB2+MB3，或者Shift+MB2执行此命令		显示(Ctrl+Shift+K)	使选定的对象在显示中可见
	透视	将工作视图从平行投影改为透视投影		显示所有此类对象	显示指定类型的所有对象
	透视图选项	控制透视图中从摄像机到目标的距离		全部显示(Ctrl+Shift+U)	显示可选图层上的所有对象
	根据选择调整视图	使工作视图适合当前选定的对象		按名称显示	显示具有指定名称的所有对象
	适合所有视图	调整所有视图的中心和比例以在每个视图的边界内显示所有对象		反转(Ctrl+Shift+B)	反转可选图层上所有对象的隐藏状态
	旋转(F7/MB2)	通过按下MB1并拖动鼠标可以旋转视图，也可以使用MB2执行此命令		显示隐藏时适合	除"立即隐藏"外的所有"显示"或"隐藏"操作后满窗口显示视图
	新建布局(Ctrl+Shift+N)	以六种布局模式之一创建包含九个视图的布局	 1 ▼	工作图层	定义创建时对象所在的图层
	打开布局(Ctrl+Shift+O)	调用五个默认布局中的任何一种或任何先前创建的布局		移动至图层	将对象从一个图层移动到另一图层

（续）

按钮	命令（快捷键）	功　能	按钮	命令（快捷键）	功　能
	图层设置 （Ctrl+L）	设置工作图层、可见和不可见 图层、并定义图层类别的名称		艺术外观	根据指派的基本材料、纹理和光 逼真地渲染工作视图中的面
	视图中可见 图层	设置视图的可见和不可见 图层		面分析	用曲面分析数据渲染工作视图 中的面分析面，用边几何元素渲染 剩余的面
	图层类别	创建命名的图层组		可视化首选项 （Ctrl+Shift+V）	设置图像窗口特性,如部件渲染 样式、选择效果和取消着重颜色以 及线条反锯齿
	复制图层	将对象从一个图层复制到另 一图层		编辑对象显示 （Ctrl+J）	修改对象的图层、颜色、线型、线 宽、栅格数量、透明度、着色和分析 显示状态
	编辑截面 （Ctrl+H）	编辑工作视图截面或者在没 有截面的情况下创建新的截面。 装配导航器列出所有现有截面	PNG ▶	导出 PNG	捕捉图形窗口的图像并将其导 出为 PNG 文件
	剪切截面	启用视图剖切	JPEG ▶	导出 JPEG	捕捉图形窗口的图像并将其导 出为 JPEG 文件
	新建截面	创建新的动态截面对象并在 工作视图中激活它	GIF ▶	导出 GIF	捕捉图形窗口的图像并将其导 出为 GIF 文件
	显示栅格	在工作平面 XC-YC 中显示栅 格图样	TIFF ▶	导出 TIFF	捕捉图形窗口的图像并将其导 出为 TIFF 文件
	对齐栅格	在工作平面 XC-YC 中将选择 点对齐到栅格位置		面的边	显示工作视图中着色面的边
	带边着色	用光顺着色和打光渲染工作 视图中的面并显示面的边		小平面边	显示为着色渲染的三角形小平 面的边或轮廓
	着色	用光顺着色和打光渲染工作视 图中的面(不显示面的边)		小平面设置	调整公差用于小平面,以显示在 图形窗口中
	局部着色	用光顺着色和打光渲染工作 视图中的局部着色面,用边几何 元素渲染剩余的面		浅色背景	将着色视图背景设置为浅色
	带有隐藏边 的线框	按边几何元素渲染(工作视图 的)面,使隐藏边不可见,并在旋 转视图时动态更新面		渐变浅灰色 背景	将着色视图背景设置为渐变浅 灰色
	带有淡化边 的线框	按边几何元素渲染(工作视图 的)面,使隐藏边淡化,并在旋转 视图时动态更新面		渐变深灰色 背景	将着色视图背景设置为渐变深 灰色
	静态线框	按边几何元素渲染(工作视图 的)面(旋转视图后,必须用"更新 显示"来矫正隐藏边和轮廓线)		深色背景	将着色视图背景设置为深色

3. 分析工具

"分析"选项卡中主要包含"测量"与"面形状"等工具栏,如图 1-43 所示。"分析"选项卡中的主要按钮及其对应的命令和功能含义见表 1-5。

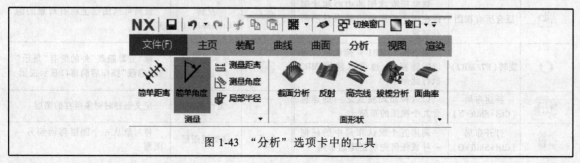

图 1-43　"分析"选项卡中的工具

表1-5 "分析"选项卡中的主要按钮及其对应的命令和功能含义

按钮	命令	功 能	按钮	命令	功 能
	简单距离	计算两个对象的间距		截面分析	通过动态显示面上平的横截面和曲率梳分析曲面形状和质量
	简单角度	计算两个对象的夹角		反射分析	仿真曲面上的反射光,以分析美观性并检测缺陷
	测量距离	测量两个对象之间的距离、曲线长度,或者圆弧、圆周边或圆柱面的半径		高亮线	在曲面上生成一组高亮线以辅助评估曲面质量
	测量角度	计算两个对象之间或者由三点定义的两直线之间的夹角		拔模分析	分析模型的反拔模斜度状况
	局部半径	计算曲线、边和面上选定点的几何属性		面曲率	可视化面上所有点的曲率,以检测拐点、变化和缺陷
	简单长度	测量一条或多条曲线长度		测量体	计算实体的属性,如质量、体积和惯性矩等
	简单半径	测量圆弧、圆形边或圆柱面的半径		用曲线计算面积	计算投影到 XC-YC 平面的封闭曲线串的几何属性
	简单直径	测量圆弧、圆形边或圆柱面的直径		用曲线和片体计算质量	计算3D对象的几何属性,该对象由一组片体组成,或是通过平移或旋转一个封闭曲线串而形成

4. 建模主页工具

创建实体模型的主要工具都在"主页"选项卡上,如图1-44所示。"主页"选项卡中的工具栏主要有"特征""同步建模""齿轮""弹簧""GC工具箱"等。由于"主页"选项卡中的工具命令较多,故将其列于菜单条中,方便读者调用。建模时,从"主页"选项卡标签工具中选择合适的命令,单击按钮,直接打开有关命令的对话框,设置合适的参数,并单击"应用"或"确定"按钮,即可完成建模。建模的主要方法有:1)利用基本特征如长方体、圆柱体、圆锥体、球体等进行建模,同时可以对建好的模型进行求和、求差与求交等布尔操作;2)在创建好的模型上创建凸台、垫块等(不需做布尔操作);3)通过对已创建的曲线进行拉伸、回转、扫掠等方式创建复杂规律的实体;4)利用已有的模型进行阵列、镜像等操作以创建多个实体特征等;5)同步建模;6)利用齿轮、弹簧、GC工具箱等创建实体模型。完成建模后,可以在已有的模型上进行边倒圆、倒斜角、拔模等细节操作,也可以进行阵列、镜像、修剪、延伸、缩放等操作。在所有操作中,需进行对话框的类型选择、参数设置等操作。当然,创建模型时,方法不是孤立的,可以是上述任意方法的组合,读者可以通过对实体模型的分析,多实践,找出更便捷高效的方法。

图1-44 "主页"选项卡中的工具

(1)特征工具

如图1-44所示,"主页"选项卡中的特征工具栏主要包含了"基准/点下拉菜单","设计特征下拉菜单""组合下拉菜单"、"倒圆下拉菜单"、"更多"等工具命令。由于在特征工具栏中无法列出所有命令,大部分命令一般列在图1-45所示的"更多"下拉菜单中,主要包含了"细节特征""设计特征""关联复制""修剪"和"偏置/缩放"等工具命令,实体建模的主要命令均可以在此找到。需要注意的是，"更多"下拉菜单中仍然有许多命令按钮没有显示，这时，可以单击特征工具栏右下方的黑三角形"▼"，选择需要的命令，勾选添加，如图 1-46 所示。特征工具栏中主要按钮及其对应的命令和功能含义见表 1-6。

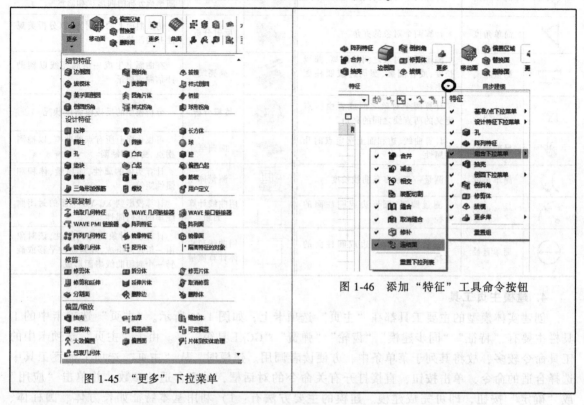

图 1-45 "更多"下拉菜单

图 1-46 添加"特征"工具命令按钮

表 1-6 特征工具栏中主要按钮及其对应的命令和功能含义

按钮	命令(快捷键)	功能	按钮	命令(快捷键)	功能
□	基准平面	创建一个基准平面，用于构建其他特征		孔	通过沉头孔、埋头孔和螺纹孔选项向部件或装配中的一个或多个实体添加孔
↑	基准轴	创建一根基准轴，用于构建其他特征		凸台	在实体的平面上添加一个圆柱形凸台
⬉	基准 CSYS	创建一个基准坐标系，用于构建其他特征		腔	从实体移除材料，或用沿矢量对截面进行投影生成的面来修改片体
＋	点	创建点		垫块	向实体添加材料，或用沿矢量对截面进行投影生成的面来修改片体
▥	拉伸(X)	沿矢量拉伸一个截面以创建特征		凸起	用沿着矢量投影截面形成的面修改体，可以选择端盖位置和形状
▦	旋转	通过绕轴旋转截面来创建特征		偏置凸起	通过根据点或曲线偏置面，从而修改体
▱	长方体	通过定义拐角位置和尺寸来创建长方体		键槽	以直槽形状添加一条通道，使其通过实体，或在实体内部
▥	圆柱	通过定义轴位置和尺寸来创建圆柱体		槽	将一个外部或内部的槽添加到实体的圆柱形或锥形面
△	圆锥	通过定义轴位置和尺寸来创建圆锥体		筋板	通过拉伸一个平的截面以与实体相交来添加薄壁筋板或网格筋板
●	球	通过定义中心位置和尺寸来创建球体		三角形加强筋	沿组合的相交曲线添加三角形加强筋特征

（续）

按钮	命令(快捷键)	功　　能	按钮	命令(快捷键)	功　　能
	螺纹刀	将符号或详细螺纹添加到实体的圆柱面		抽取几何特征	为同一部件中的体、面、曲线、点和基准创建关联副本,并为体创建关联镜像副本
	阵列特征	将特征复制到许多阵列或布局(线形、圆形、多边形等)中,并有对应阵列边界、实例方位、旋转和变化的各种选项		阵列几何特征	将几何体复制到许多阵列或布局(线形、圆形、多边形等)中,并带有对应阵列边界、实例方位、旋转和删除的各种选项
	抽壳	通过应用壁厚并打开选定的面修改实体		镜像特征	复制特征并跨平面进行镜像
	合并	将两个或多个实体的体积合并为单个体		镜像几何体	复制几何体并跨平面进行镜像
	减去	从一个体减去另一个体的体积,留下一个空体		修剪体	用面或基准面修剪掉一部分体
	相交	创建一个体,它包含两个不同体的共用体积		拆分体	用面、基准面或另一几何体将一个体分为多个体
	缝合	通过将公共边缝合起来组合片体,或通过缝合公共面来组合实体		修剪片体	用曲线、面或基准平面修剪片体的一部分
	取消缝合	取消缝合体中的面		修剪和延伸	按距离或与另一组面的交点修剪或延伸一组面
	修补	修改实体或片体,方法是将面替换为另一片体的面		延伸片体	将片体延伸一个偏移增量,或延伸后与其他体相交
	连结面	将面合并到一个体上		取消修剪	移除修剪过的边界以形成边界自然的面
	边倒圆	对面之间的锐边进行倒圆,半径可以是常数或变量		分割面	用曲线、面或基准平面将一个面分为多个面
	面倒圆	在选定面组之间添加相切的圆角面,圆角形状可以是圆形、二次曲线或规律控制		删除边	删除片体中的内边或边链,以移除内部或外部的边界
	倒斜角	对面之间的锐边进行倒斜角		删除体	创建可删除一个或多个体的特征
	拔模	通过更改相对于脱模方向的角度来修改面		加厚	通过为一组面增加厚度来创建实体
	拔模体	在分型面的两侧添加并匹配拔模,用材料自动填充底切区域		缩放体	缩放实体或片体
	圆角片体	在两个面之间创建常数或可变半径的圆角片体		包容体	创建与选定面、边或曲线或小平面体关联的方块
	桥接	创建合并两个面的片体		偏置曲面	通过偏置一组曲面来创建实体
	倒圆拐角	创建一个补片以替换倒圆的拐角处的现有面部分,或替换部分交互圆角		偏置面	使一组面偏离当前位置
	样式拐角	在即将产生的三个弯曲面的投影点创建一个精确、美观、一流的质量拐角		片体到实体助理	从一组未缝合的片体中形成实体
	球形拐角	从三个壁创建球形拐角		包裹几何体	通过计算实心包络体将其包围起来简化模型

（2）编辑特征工具

编辑特征主要用于在完成特征创建后,对不满意处进行各种操作,包括编辑参数、编辑位置、特征移动、特征重排序、替换特征、抑制、取消抑制特征等。"主页"选项卡中没有显示编辑特征的工具命令，可以通过搜索查找将其添加到"主页"选项卡中，如图1-47a所示。也可以通过单击"菜单"→"编辑"→"特征"按钮到工具菜单中调用，如图1-47b所示。"特征"工具菜单主要按钮及其对应的命令和功能含义见表1-7。

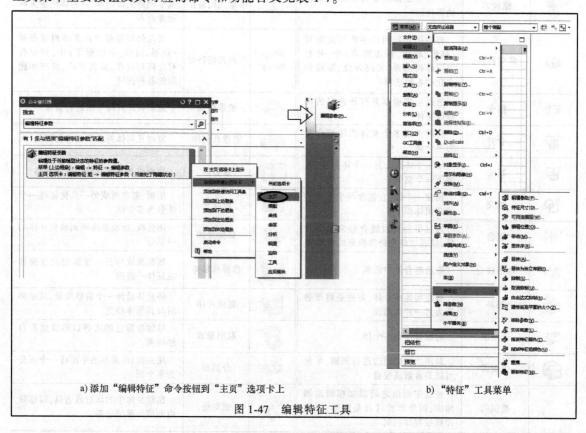

a) 添加"编辑特征"命令按钮到"主页"选项卡上　　　　b) "特征"工具菜单

图 1-47　编辑特征工具

表 1-7　"特征"工具菜单主要按钮及其对应的命令和功能含义

按钮	命令	功能	按钮	命令	功能
	编辑参数	编辑当前处于模型状态的特征参数	P4	由表达式抑制	使用表达式来抑制特征
	特征尺寸	编辑选定的特征尺寸		调整基准平面的大小	调整基准平面的大小
	可回滚编辑	回滚到特征之前的模型状态，以编辑该特征		移除参数	从实体或片体移除所有参数，形成一个非关联的体
	编辑位置	通过编辑特征的定位尺寸来移动特征		实体密度	更改实体的密度和密度的单位
	移动	将非关联的特征移至所需的位置		指派特征颜色	为某个特征产生的面指派颜色
	重排序	更改特征应用到模型时的顺序		指派特征组颜色	为组的新成员特征或现有成员特征指派颜色
	替换	将一个特征替换为另一个并更新相关特征		重播	按特征逐一审核模型是如何创建的
	替换为独立草图	将链接的曲线特征替换为独立草图		延迟模型更新	在选中"更新模型"之前，一直不更新模型
	抑制	从模型上临时移除一个特征		更新模型	更新模型的显示，以反映"延迟模型更新"打开时所作的编辑
	取消抑制	恢复抑制的特征			

（3）同步建模工具

同步建模技术能够快速地在用户思考创意的时候就将其捕捉下来，使设计速度提高。设计人员能够有效地进行尺寸驱动的直接建模，而不用像先前一样必须考虑相关性及约束等情况，在创建或编辑阶段能自己定义选择的尺寸、参数和设计规则，可以在几秒钟内自动完成预先设定好的或未做设定的设计变更。

"主页"选项卡中的同步建模工具栏如图1-48所示，同步建模工具栏主要包括"移动面""偏置区域""替换面""删除面"等命令，"更多"菜单有"移动""细节特征""重用""关联""优化""无历史记录"等工具命令，其主要按钮及其对应的命令和功能含义见表1-8。

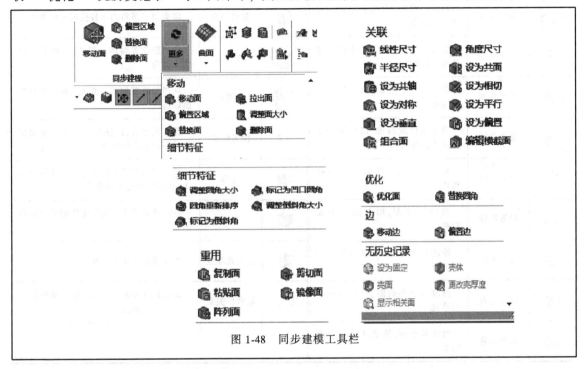

图1-48 同步建模工具栏

表1-8 同步建模工具栏中主要按钮及其对应的命令和功能含义

按钮	命令	功能	按钮	命令	功能
	移动面	移动一组面并调整要适应的相邻面		标记为凹口圆角	将面识别为凹口圆角，以在使用同步建模命令时将它重新倒圆
	拉出面	从模型中抽取面以添加材料，或将面抽取到模型中以去除材料		圆角重新排序	将凸角相反的两个交互圆角的顺序从"B超过A"改为"A超过B"
	偏置区域	使一组面偏离当前位置，调节相邻圆角面以适应		调整倒斜角大小	更改倒斜角面的大小，而不考虑它的特征历史记录
	调整面大小	更改圆柱面或球面的直径，调整相邻圆角面以适应		标记为倒斜角	将面识别为倒斜角，以在使用同步建模命令时对它进行更新
	替换面	将一组面替换为另一组面		复制面	复制一组面
	删除面	将实体删除一个/一组面，并调整要适应的其他面		剪切面	剪切一组面，并从模型中删除它们
	调整圆角大小	更改圆角面的半径，而不考虑它的特征历史记录		粘贴面	通过增加或减少片体的面来修改实体

（续）

按钮	命令	功　　能	按钮	命令	功　　能
	镜像面	复制一组面并跨平面镜像		组合面	将多个面收集为一组
	阵列面	在矩形或圆形阵列中复制一组面，或者将其镜像并添加到体中		编辑横截面	与一个面集和一个面相交，然后通过修改截面曲线来修改模型
	线性尺寸	移动一组面，方法是添加尺寸并更改其值		优化面	通过简化曲面类型、合并、提高边精度及识别圆角来优化面
	角度尺寸	移动一组面，方法是添加尺寸并更改其值		替换圆角	将类似于圆角的面替换成滚球倒圆
	半径尺寸	修改一个面，方法是添加尺寸并更改其值		移动边	从当前位置移动一组边，并调整相邻面以适应
	设为共面	修改一个平的面，以与另一个面共面		偏置边	从当前位置偏置一组边，并调整相邻面以适应
	设为共轴	修改圆柱或圆锥，以与另一个圆柱或圆锥共轴		设为固定	固定某个面，以便在使用同步建模命令时不对它进行更改
	设为相切	修改一个面，以与另一个面相切		壳体	通过应用壁厚并打开选定面来修改实体，修改模型时保持壁厚
	设为对称	修改一个面，以与另一个面对称		壳面	将面添加到具有现有壳体的模型的壳体中
	设为平行	修改一个平的面，以与另一个面平行		更换壳厚度	更改现有的壳体壁厚
	设为垂直	修改一个平的面，以与另一个面垂直		显示相关面	显示具有关系的面，并允许浏览以审核单个面上的关系
	设为偏置	修改某个面，使之从另一个面偏置			

（4）GC 工具箱

NX GC 工具箱是 Siemens PLM Software 为了更好地满足中国用户贯彻执行国家标准（GB）的要求，缩短 NX 导入周期，专为中国用户开发使用的工具箱，主要提供了：1）GB 标准定制（GB Standard Support），主要包括常用中文字体、定制的三维模型模板和工程图模板、定制的用户默认设置、GB 制图标准、GB 标准件库、GB 螺纹；2）GC 工具箱（GC Toolkits），主要包括：模型设计质量检查工具、属性填写工具、标准化工具、视图工具、制图（注释、尺寸）工具、齿轮建模工具、弹簧建模、加工准备工具。图 1-49a 所示为"齿轮建模-GC 工具箱"，图 1-49b 所示为"弹簧工具-GC 工具箱"，应用工具栏中的命令可以十分便捷地进行圆柱齿轮、锥齿轮、圆柱压缩弹簧、圆柱拉伸弹簧、碟簧等的实体建模。

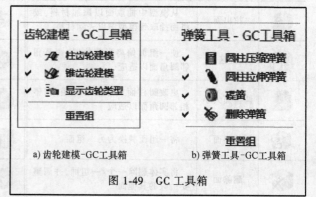

图 1-49　GC 工具箱

3.2 创建半圆头铆钉任务实施

1. 新建文件

实施步骤1 新建文件	
说明	图解
启动 UG NX 软件，输入文件名："铆钉.prt"，选择合适的文件夹，如图 1-50 所示，单击"确定"按钮，进入建模环境。	 图 1-50 新建文件

2. 创建球体

实施步骤2 创建球体	
说明	图解
单击"主页"→"设计特征"→"球"命令按钮，打开"球"对话框，默认类型为"中心点和直径"，并输入直径"36"，如图 1-51 所示，单击中心一点选项组中的"点对话框"命令按钮，打开"点"对话框，输入坐标（0，0，18），单击"确定"按钮，返回"球"对话框，再次单击"确定"按钮，完成球体的创建。	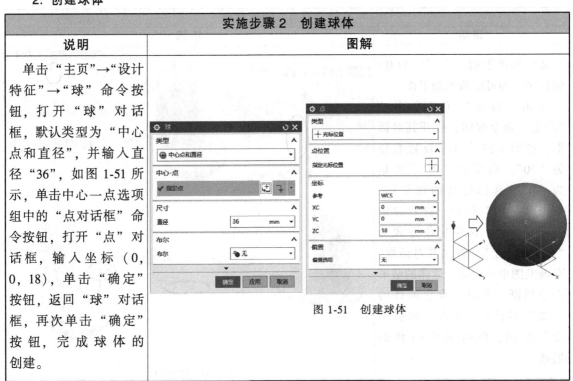 图 1-51 创建球体

3. 修剪球体

实施步骤 3　修剪球体	
说明	图解
（1）创建辅助平面 　单击特征工具栏中的"基准/点"下拉菜单中的"基准平面"命令按钮，打开其对话框，如图 1-52a 所示，选择模型图中基准坐标系 XOY 平面，并输入偏置距离"14.8"，其余默认，单击"确定"按钮，创建辅助平面。	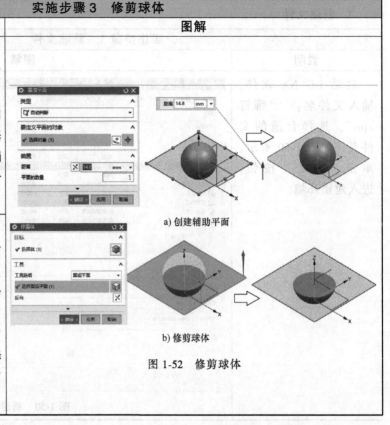
（2）修剪球体 　单击特征工具栏中的"修剪体"命令按钮，打开其对话框，如图 1-52b 所示，选择目标为球体模型、默认"面或平面"工具选项，并选择"面或平面"为辅助平面（如方向不对选择"反向"按钮），单击"确定"按钮，完成球体的修剪。	a) 创建辅助平面 b) 修剪球体 图 1-52　修剪球体

4. 创建凸台

实施步骤 4　创建凸台	
说明	图解
选中辅助平面，按〈Ctrl+B〉快捷键，即可隐藏辅助平面。 　单击"特征"工具栏中的"凸台"命令按钮，打开其对话框，如图 1-53 所示，设置直径为"20"、高度为"40"、锥角为"0"，选择球体的截平面，单击"应用"按钮，打开"定位"对话框，选中定位方式为"点落在点上"，弹出其对话框，在模型图中选中剩余球体的截平面边线圆，弹出"设置圆弧的位置"对话框，单击"圆弧中心"按钮，即可完成凸台的创建。	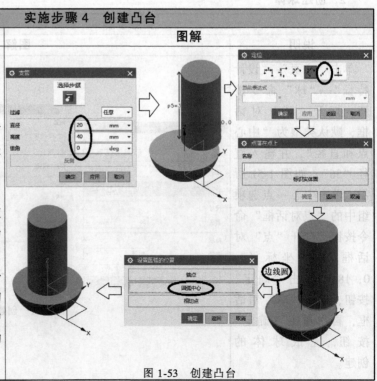 图 1-53　创建凸台

5. 边倒圆

实施步骤5 边倒圆	
说明	图解
单击"特征"工具栏中的"边倒圆"命令按钮，打开其对话框，如图 1-54 所示，输入"半径 1"为"0.8"，选中模型图中铆钉的凸台与球的交线圆即可，单击"确定"按钮，完成边倒圆。	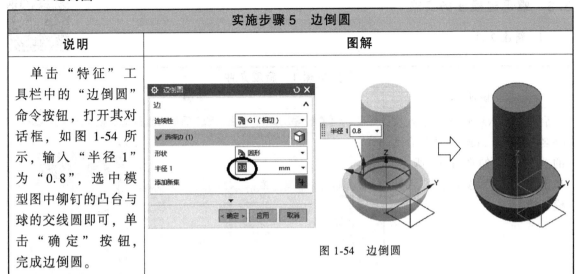 图 1-54　边倒圆

6. 保存文件

实施步骤6 保存文件	
说明	图解
选中基准坐标系并按〈Ctrl+B〉快捷键，即可隐藏基准坐标系，显示如图 1-55 所示效果，单击"保存"命令按钮，完成铆钉的创建。	 图 1-55　铆钉效果图

任务6 螺母建模

任务描述	图　　解
螺母为标准件，标记为螺母 GB/T 6170 M10，如图 1-56 所示，其公称尺寸：大径 $D=10\text{mm}$，小径 $D_1=8.376\text{mm}$，螺距 $P=1.5\text{mm}$，$s=16\text{mm}$，$m=8.4\text{mm}$，如图 1-56 所示，创建螺母实体模型。	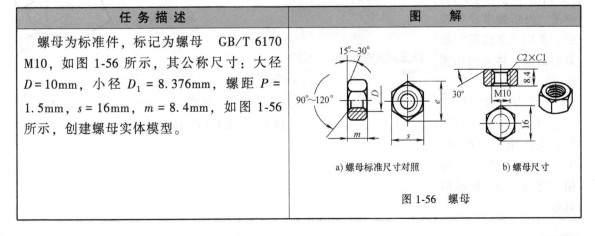 a) 螺母标准尺寸对照　　b) 螺母尺寸 图 1-56　螺母

3.3 螺母建模任务实施

1. 新建文件

实施步骤 1　新建文件	
说明	**图解**
启动 UG NX 软件，输入文件名："螺母 . prt"，选择合适的文件夹，如图 1-57 所示，单击"确定"按钮，进入建模环境。	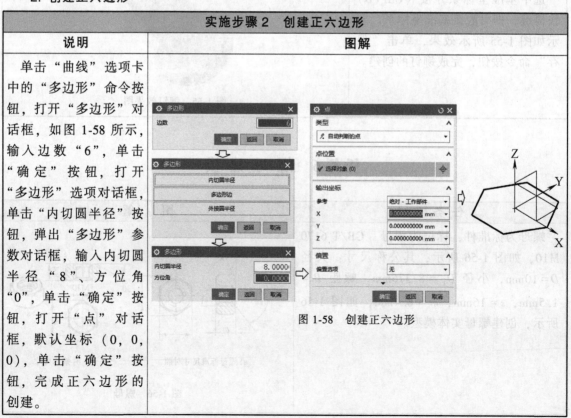 图 1-57　新建文件

2. 创建正六边形

实施步骤 2　创建正六边形	
说明	**图解**
单击"曲线"选项卡中的"多边形"命令按钮，打开"多边形"对话框，如图 1-58 所示，输入边数"6"，单击"确定"按钮，打开"多边形"选项对话框，单击"内切圆半径"按钮，弹出"多边形"参数对话框，输入内切圆半径"8"、方位角"0"，单击"确定"按钮，打开"点"对话框，默认坐标（0，0，0），单击"确定"按钮，完成正六边形的创建。	图 1-58　创建正六边形

3. 绘制底面辅助圆

实施步骤 3　绘制底面辅助圆	
说明	图解
单击"曲线"选项卡中的"基本曲线"命令按钮，打开其对话框，单击"圆"命令按钮，如图1-59所示，在跟踪条中依次输入坐标（0，0，0），输入直径为"16"并按〈Enter〉键，关闭命令，完成 $\phi16\text{mm}$ 圆的绘制。	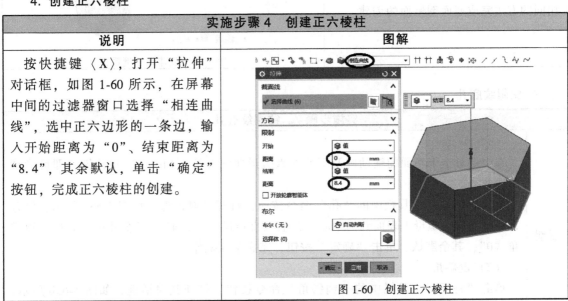 图 1-59　绘制底面辅助圆

4. 创建正六棱柱

实施步骤 4　创建正六棱柱	
说明	图解
按快捷键〈X〉，打开"拉伸"对话框，如图1-60所示，在屏幕中间的过滤器窗口选择"相连曲线"，选中正六边形的一条边，输入开始距离为"0"、结束距离为"8.4"，其余默认，单击"确定"按钮，完成正六棱柱的创建。	图 1-60　创建正六棱柱

5. 绘制顶面辅助圆

实施步骤 5　绘制顶面辅助圆	
说明	图解
单击"曲线"选项卡中的"基本曲线"命令，打开其对话框，单击"圆"命令按钮，如图1-61所示，在跟踪条中依次输入坐标（0，0，8.4），输入直径"16"并按〈Enter〉键，关闭命令，完成顶面 $\phi16\text{mm}$ 圆的绘制。	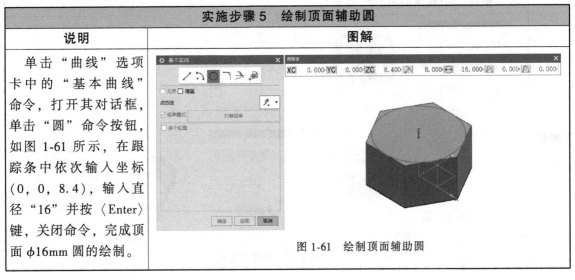 图 1-61　绘制顶面辅助圆

6. 创建螺母倒锥面

实施步骤 6　创建螺母倒锥面	
说明	图解
按快捷键〈X〉，打开"拉伸"对话框，如图 1-62 所示，选中顶面辅助圆，单击指定矢量中的"反向"按钮（矢量方向向下时，不用单击"反向"按钮），输入开始距离为"0"、结束距离为"8.4"，选择布尔操作为"相交"、拔模为"从起始限制"，输入角度"-60"，其余默认，单击"确定"按钮，完成螺母上面倒锥面的创建。采用相同的方法完成底面倒锥面的创建。	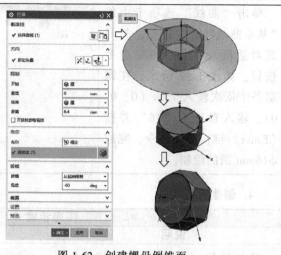 图 1-62　创建螺母倒锥面

7. 钻螺纹底孔

实施步骤 7　钻螺纹底孔	
说明	（1）钻孔 　选中螺母上下平面的辅助圆及下面的六边形曲线并按〈Ctrl+B〉快捷键，即可隐藏所选曲线。 　单击"特征"工具栏中的"孔"命令按钮，打开其对话框，如图 1-63a 所示，位置选择模型图中螺母上表面圆的中心，并输入直径尺寸"8.4"、深度尺寸"8.4"、顶锥角"0"，其余默认，单击"确定"按钮，完成钻孔操作。 （2）倒斜角 　单击"特征"工具栏中的"倒斜角"命令按钮，打开其对话框，如图 1-63b 所示，分别选择螺纹底孔上下平面的边线圆，输入对称横截面偏置距离为"1"，单击"确定"按钮，完成倒斜角。
图解	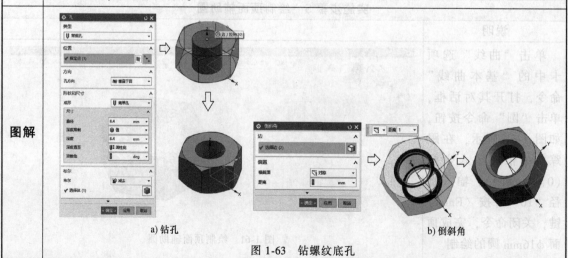 a) 钻孔　　　　　　　b) 倒斜角 图 1-63　钻螺纹底孔

8. 创建螺纹

	实施步骤8　创建螺纹
说明	单击"特征"工具栏中的"螺纹"命令按钮，打开其对话框，如图1-64a所示，选择螺纹类型为"详细"，默认旋向为"右旋"，选择创建螺纹的圆柱面为模型内孔表面，弹出"螺纹"起始面选择对话框，如图1-64b所示，选择螺母模型的上环面，又弹出"螺纹"轴向对话框，如图1-64c所示，若模型中的箭头向下（相反时，需单击"螺纹轴反向"按钮），默认向下方向，单击"确定"按钮，返回初始"螺纹"对话框，设置长度参数为"8.4"、螺距为"1.5"、角度为"60"，完成螺纹参数设置，如图1-64d所示，单击"确定"按钮，完成螺纹的创建。
图解	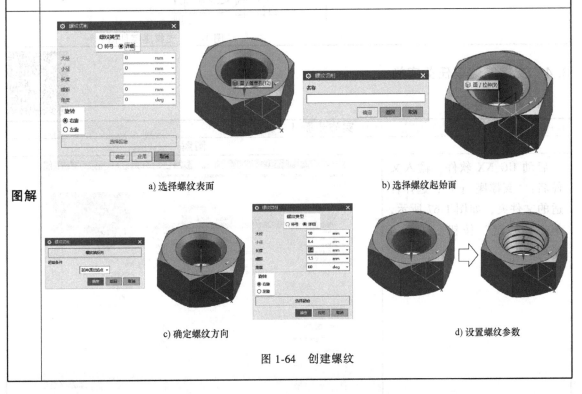 a) 选择螺纹表面　　　　b) 选择螺纹起始面 c) 确定螺纹方向　　　　d) 设置螺纹参数 图1-64　创建螺纹

9. 保存文件

实施步骤9　保存文件	
说明	图解
选中基准坐标系并按〈Ctrl+B〉快捷键，即可隐藏基准坐标系，显示如图1-65所示效果，单击"保存"按钮，完成螺母的创建。	图1-65　螺母最终效果图

任务7 支撑座建模

任 务 描 述	图 解
根据图 1-66 所示的支撑座零件图,创建其实体模型。	 图 1-66 支撑座零件图

3.4 支撑座建模任务实施

1. 新建文件

实施步骤 1 新建文件	
说明	**图解**
启动 UG NX 软件,输入文件名:"支撑座.prt",选择合适的文件夹,如图 1-67 所示,单击"确定"按钮,进入建模环境。	图 1-67 新建文件

2. 创建圆柱体

实施步骤 2 创建圆柱体	
说明	**图解**
单击"特征"工具栏中的"圆柱"命令按钮,打开其对话框,如图 1-68 所示,默认类型为"轴、直径和高度",并输入直径为"45"、高度为"36",设置"指定矢量"为 ZC、"指定点"为坐标原点,其余默认,单击"确定"按钮,完成圆柱体的创建。	图 1-68 创建圆柱体

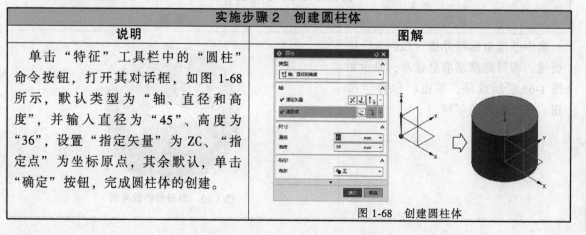

3. 创建底板

	实施步骤 3　创建底板
说明	单击"特征"工具栏中的"长方体"命令按钮，打开其对话框，如图 1-69 所示，默认类型为"原点和边长"，并输入长度尺寸为"44"、宽度尺寸为"45"、高度为尺寸为"18"，选择布尔操作为"合并"，并默认选择体，单击原点选项区中指定点中的"点对话框"命令按钮，打开"点"对话框，输入 YC 坐标为"−22.5"，单击"确定"按钮，返回"长方体"对话框，再次单击"确定"按钮，完成底板的创建。
图解	 图 1-69　创建底板

4. 创建支撑耳基体

	实施步骤 4　创建支撑耳基体
说明	单击"特征"工具栏中的"长方体"命令按钮，打开其对话框，如图 1-70 所示，默认类型为"原点和边长"，并输入长度（XC）为"44"、宽度（YC）为"20"、高度（ZC）为"24"，选择布尔操作为"合并"，并默认选择体，单击原点选项区中指定点中的"点对话框"命令按钮，打开"点"对话框，输入坐标（−44，−10，12），单击"确定"按钮，返回"长方体"对话框，再次单击"确定"按钮，完成支撑耳基体的创建。
图解	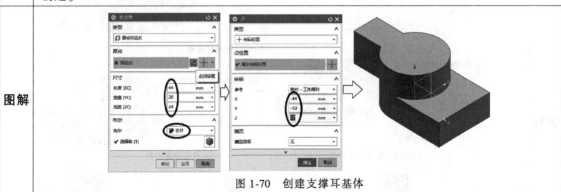 图 1-70　创建支撑耳基体

5. 钻孔

	实施步骤 5　钻孔
说明	单击"特征"工具栏中的"孔"命令按钮，打开其对话框，如图 1-71 所示，捕捉选择模型图中圆柱上表面圆心，并输入直径尺寸为"28"、深度尺寸为"36"、顶锥角为"0"，其余默认，单击"确定"按钮，完成钻孔操作。

图解	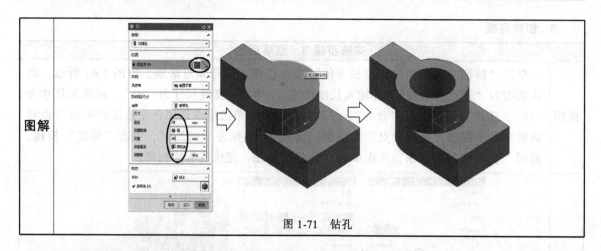

图 1-71　钻孔

6. 创建键槽

	实施步骤 6　创建键槽
说明	单击"特征"工具栏中的"键槽"命令按钮，打开其对话框，如图 1-72a 所示，选择"矩形槽"类型，单击"确定"按钮，打开"矩形键槽"对话框，如图 1-72b 所示，选中支撑耳基体前端面为放置面，弹出"水平参考"对话框，如图 1-72c 所示，选中 Z 轴或与 Z 轴平行的棱边，选中后弹出"矩形键槽"参数对话框，如图 1-72d 所示，输入长度为"100"、宽度为"8"、深度为"44"，单击"确定"按钮，打开"定位"对话框，如图 1-72e 所示，选择"线落在线上"定位形式，弹出其对话框，如图 1-72f 所示，先选中 Z 轴，接着选择键模型长中心线为定位对齐线，返回"定位"对话框，单击"确定"按钮，完成键槽的创建，如图 1-72g 所示。
图解	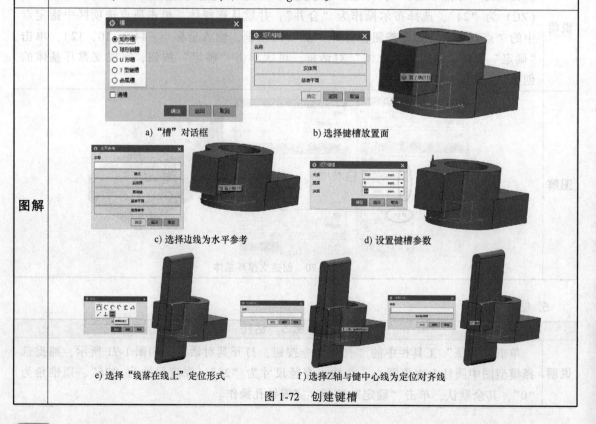 a)"槽"对话框　　　　　b) 选择键槽放置面 c) 选择边线为水平参考　　　　d) 设置键槽参数 e) 选择"线落在线上"定位形式　　　f) 选择Z轴与键中心线为定位对齐线

图 1-72　创建键槽

图解	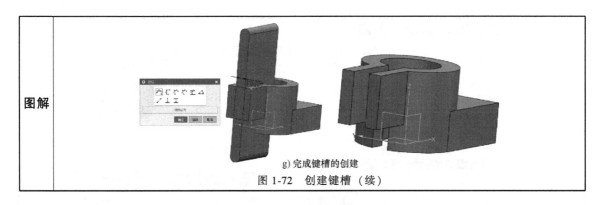

g) 完成键槽的创建

图 1-72　创建键槽（续）

7. 创建支撑孔

实施步骤 7　创建支撑孔	
说明	图解
（1）边倒圆 　单击"特征"工具栏中的"边倒圆"命令按钮，打开其对话框，如图 1-73a 所示，输入"半径 1"为"12"，选中模型图中支撑耳的 4 条短棱边，单击"确定"按钮，完成边倒圆。 （2）钻孔 　单击特征工具栏中的"孔"命令按钮，打开其对话框，如图 1-73b 所示，选择模型图中支撑耳前面的圆弧中心，并输入直径为"14"、深度为"20"、顶锥角为"0"，其余默认，单击"确定"按钮，完成钻孔操作，如图 1-73c 所示。	a) 边倒圆 b) 钻孔　　　c) 完成钻孔 图 1-73　创建支撑孔

8. 创建燕尾槽

实施步骤 8　创建燕尾槽	
说明	单击"特征"工具栏中的"键槽"命令按钮，打开其对话框，如图 1-74a 所示，选择"燕尾槽"类型，单击"确定"按钮，打开"燕尾槽"对话框，如图 1-74b 所示，选中底板右端面为放置面，弹出"水平参考"对话框，如图 1-74c 所示，选中 Z 轴或与 Z 轴平行的棱边，选中后弹出"燕尾槽"参数对话框，如图 1-74d 所示，输入宽度为"20"、深度为"10"、角度为"60"、长度为"50"，单击"确定"按钮，弹出"定位"对话框，如图 1-74e 所示，选择"线落在线上"定位形式，弹出"线落在线上"对话框，如图 1-74f 所示，先选中 Z 轴，接着选择燕尾槽模型长中心线，返回"定位"对话框，单击"确定"按钮，完成燕尾槽的创建，如图 1-74g 所示，最后单击"取消"按钮，关闭对话框。

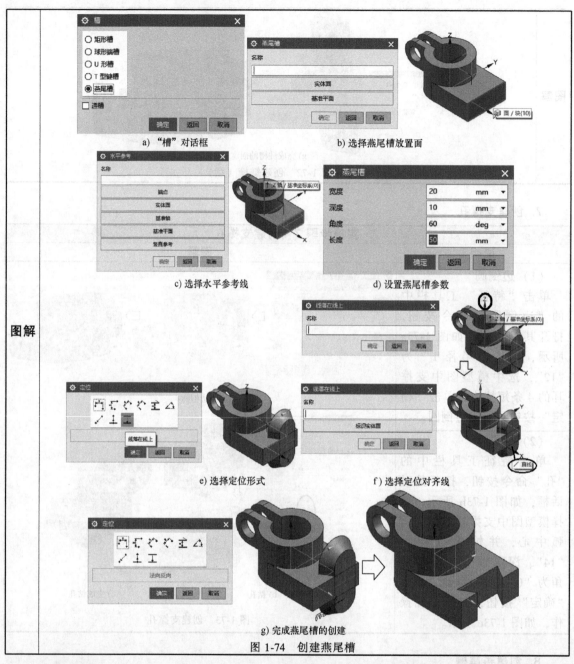

a) "槽"对话框　　　b) 选择燕尾槽放置面

c) 选择水平参考线　　　d) 设置燕尾槽参数

e) 选择定位形式　　　f) 选择定位对齐线

g) 完成燕尾槽的创建

图 1-74　创建燕尾槽

9. 保存文件

实施步骤9　保存文件	
说明	图解
选中坐标系并按〈Ctrl+B〉快捷键，即可隐藏辅助坐标系，显示如图 1-75 所示的效果，单击"保存"按钮，完成支撑座的创建。	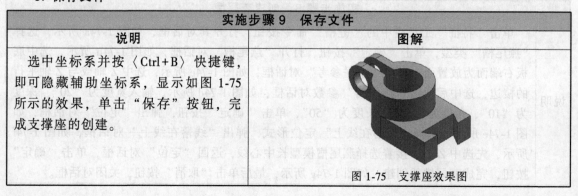 图 1-75　支撑座效果图

任务8 螺杆建模

任务描述	螺杆零件尺寸如图1-76所示，创建其实体模型。
图解	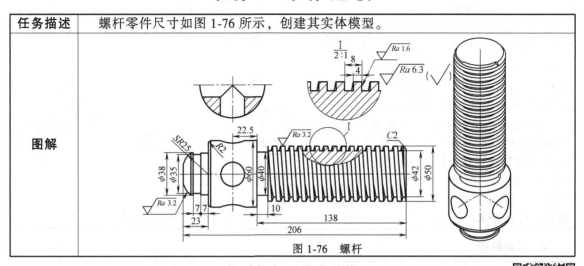 图1-76 螺杆

3.5 螺杆建模任务实施

1. 新建文件

实施步骤1 新建文件	
说明	**图解**
启动UG NX软件，输入文件名："螺杆.prt"，选择合适的文件夹，如图1-77所示，单击"确定"按钮，进入建模环境。	图1-77 新建文件

2. 创建圆柱体

实施步骤2 创建圆柱体	
说明	**图解**
单击"特征"工具栏中的"圆柱"命令按钮，打开其对话框，如图1-78所示，默认类型为"轴、直径和高度"，并输入直径为"38"、高度为"9"，设置"指定矢量"为ZC轴、"指定点"为坐标原点，其余默认，单击"确定"按钮，完成圆柱体的创建。	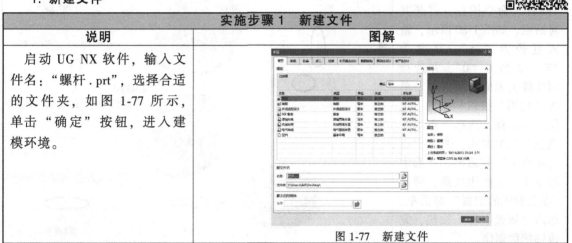 图1-78 创建圆柱体

3. 创建球体部分

实施步骤3　创建球体部分	
说明	图解
单击"特征"工具栏中的"球"命令按钮，打开"球"对话框，默认类型为"中心点和直径"，并输入直径为"50"，选择布尔操作为"相交"，默认布尔选体为圆柱体，如图1-79所示，单击中心一点选项区中指定点的"点对话框"命令按钮，打开"点"对话框，输入ZC坐标为"23"，单击"确定"按钮，返回"球"对话框，再次单击"确定"按钮，完成球体的创建。	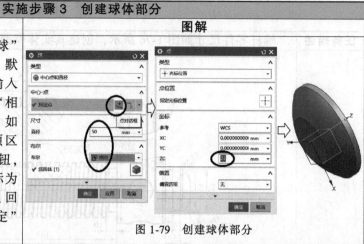 图1-79　创建球体部分

4. 创建轴槽

实施步骤4　创建轴槽	
说明	图解
单击"特征"工具栏中的"凸台"命令按钮，打开其对话框，如图1-80所示，输入直径为"35"、高度为"7"、锥角为"0"，并选择圆柱体上表面为放置面，单击"应用"按钮，打开"定位"对话框，选择"点落在点上"定位方式，弹出"点落在点上"对话框，并选中模型图上表面边线圆，弹出"设置圆弧的位置"对话框，单击"圆弧中心"按钮，完成轴槽的创建。	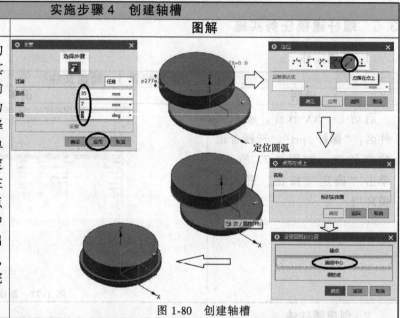 图1-80　创建轴槽

5. 创建螺杆基本体其余部分

实施步骤5　创建螺杆基本体其余部分	
说明	图解
按照与实施步骤4同样的操作方法，创建螺杆其余部分，创建结果如图1-81所示。	图1-81　创建螺杆基本体其余部分

6. 创建十字相交孔

实施步骤6　创建十字相交孔	
说明	**图解**
（1）创建两个辅助平面 单击"特征"工具栏中的"基准平面"命令按钮，打开其对话框，如图1-82a所示，选择"要定义平面的对象"为XOZ基准面，输入偏置距离为"30"，单击"确定"按钮，完成一个辅助平面的创建。采用相同的方法，创建YOZ基准面的辅助平面（偏置距离为30mm）。创建辅助平面时，可以按住辅助平面的球形控点，调整辅助平面的大小及位置，尽量让辅助平面覆盖ϕ60mm的那段圆柱。 （2）创建十字相交孔 单击"特征"工具栏中的"孔"命令按钮，打开其对话框，如图1-82b所示，参数设置如下：类型为"常规孔"，孔方向"垂直于面"，成形为"简单"，直径为"22"，深度为"60"，顶锥角为"0"，布尔为"减去"，默认"选择体"。单击"指定点"按钮，选中YOZ基准面的偏移面，打开"草图点"对话框，如图1-82c所示。在"草图点"对话框中，在大致的孔位置绘制一点，同时，关闭"草图点"对话框，双击草图位置尺寸并修改：与Z轴距离尺寸为"0"、与X轴距离尺寸为"45.5"，单击"完成草图"命令按钮，返回"孔"对话框，如图1-82d所示，单击"确定"按钮，完成一个孔的创建。用同样的方法创建另外一个孔。	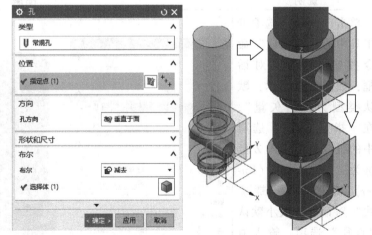 a) 创建两个辅助平面 b) 确定孔位置平面点　　　c) 创建孔的草图位置 d) 完成十字相交孔的创建 图1-82　创建十字相交孔

7. 创建倒斜角与边倒圆

实施步骤7　创建倒斜角与边倒圆	
说明	图解
（1）倒斜角 单击"特征"工具栏中的"倒斜角"命令按钮，打开其对话框，如图1-83a所示，选择螺杆上表面的边线圆，输入偏置距离参数为"2"、单击"确定"按钮，完成倒斜角。 （2）边倒圆 单击"特征"工具栏中的"边倒圆"命令按钮，打开其对话框，如图1-83b所示，输入"半径1"为"2"，选中ϕ60mm螺杆下面的边线圆，单击"确定"按钮，完成边倒圆。	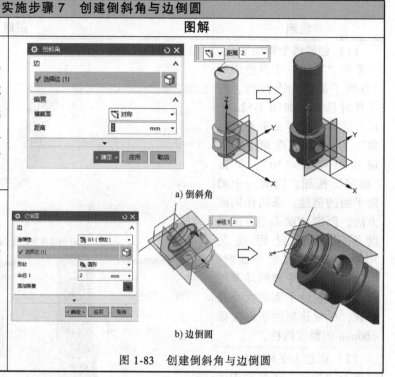 a）倒斜角 b）边倒圆 图1-83　创建倒斜角与边倒圆

8. 创建矩形螺纹

（1）创建螺旋线

实施步骤8　创建螺旋线	
说明	图解
单击"曲线"选项卡工具中的"螺旋线"命令按钮，打开其对话框，如图1-84所示，默认类型为"沿矢量"，在"指定CSYS"选项中的跟踪条中输入Z坐标为"73"，并按〈Enter〉键，返回"螺旋线"对话框。大小默认"直径"选项，输入值为"50"；螺距值为"8"；长度方法选择"圈数"，输入圈数为"17"；其余默认。单击"确定"按钮，完成螺旋线的创建。	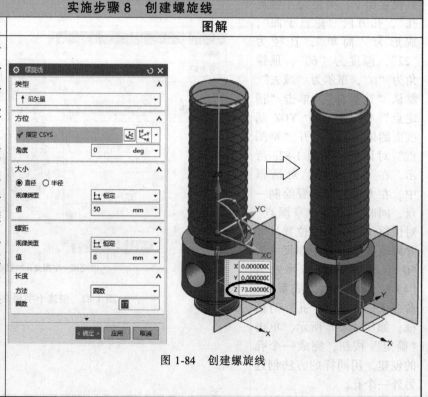 图1-84　创建螺旋线

（2）创建螺纹牙槽截面草图

	实施步骤9　创建螺纹牙槽截面草图
说明	单击"菜单"→"插入"→"任务环境中的草图"命令按钮，打开"创建草图"对话框，默认选择基准坐标系 XOZ 为基准平面，单击"确定"按钮，进入草图环境，如图1-85a 所示，应用草图命令绘制如图1-85b 所示螺纹牙槽草图，单击"完成草图"按钮，完成绘制。
图解	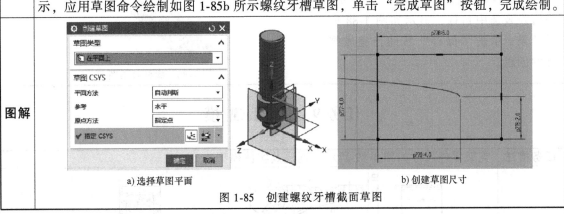 a) 选择草图平面　　　　　　　　　b) 创建草图尺寸 图1-85　创建螺纹牙槽截面草图

（3）创建扫掠体

实施步骤10　创建扫掠体	
说明	图解
单击"曲面"选项卡中的"扫掠"命令按钮，打开其对话框，如图1-86a 所示，选择截面曲线为"矩形草图曲线"，引导线为"螺旋线"，定位方向为"面的法向"，选择面为"螺杆外圆柱面，单击"确定"按钮，完成螺旋体扫掠，效果如图1-86b 所示。	a) "扫掠"对话框　　　　b) 扫掠效果图 图1-86　创建扫掠体

（4）创建螺旋槽

实施步骤11　创建螺旋槽	
说明	图解
单击"主页"选项卡中的"减去"命令按钮，打开其对话框，选择目标选择体为螺杆基本体，工具选择体为扫掠螺旋体，单击"确定"按钮，完成螺旋槽的创建，如图1-87所示。	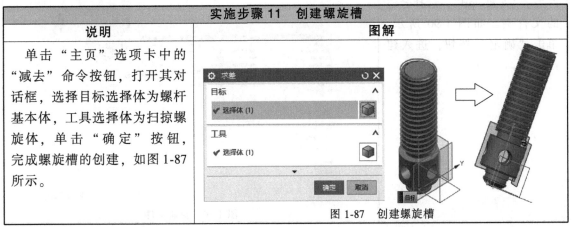 图1-87　创建螺旋槽

9. 保存文件

实施步骤 12 保存文件	
说明	图解
选中基准坐标系、辅助平面、草图曲线、螺旋线等并按〈Ctrl+B〉快捷键，即可隐藏选中目标，显示如图 1-88 所示效果，单击"保存"按钮，完成螺杆的创建。	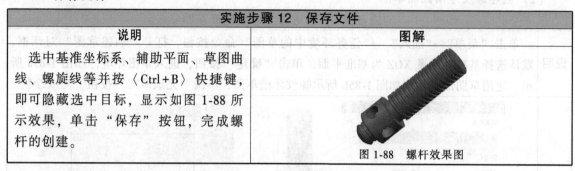 图 1-88 螺杆效果图

任务9   支 架 建 模

任务描述	支架零件尺寸如图 1-89 所示，创建其实体模型。
图解	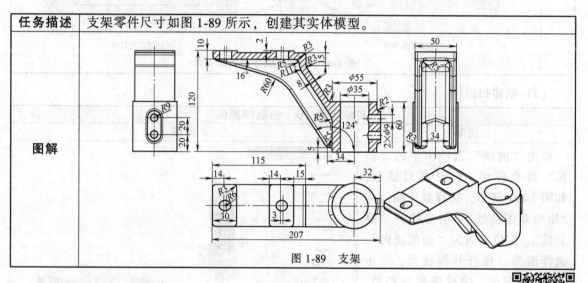 图 1-89 支架

3.6   支架建模任务实施

1. 新建文件

实施步骤 1 新建文件	
说明	图解
启动 UG NX 软件，输入文件名："支架.prt"，选择合适的文件夹，如图 1-90 所示，单击"确定"按钮，进入建模环境。	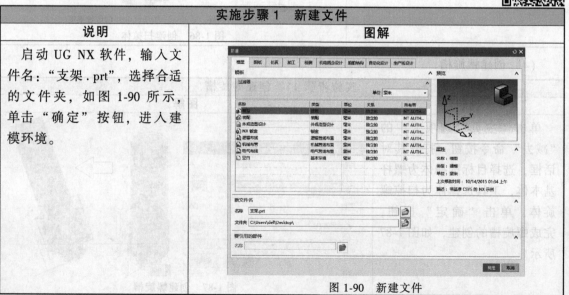 图 1-90 新建文件

2. 创建圆柱体

实施步骤 2　创建圆柱体	
说明	图解
单击"特征"工具栏中的"圆柱"命令按钮,打开其对话框,如图 1-91 所示,默认类型为"轴、直径和高度",并输入直径为"55"、高度为"60",设置"指定矢量"为 ZC 轴、"指定点"为坐标原点,其余默认,单击"确定"按钮,完成圆柱体的创建。	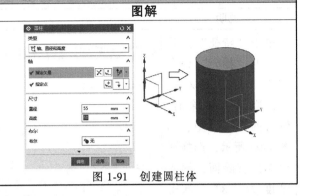 图 1-91　创建圆柱体

3. 绘制支撑结构拉伸草图曲线

实施步骤 3　绘制支撑结构拉伸草图曲线	
说明	单击"菜单"→"插入"→"任务环境中的草图"命令按钮,打开"创建草图"对话框,如图 1-92a 所示,草图平面选择基准坐标系 YOZ 为基准面,单击"确定"按钮,进入草图环境,默认"轮廓"命令为绘制命令,创建如图 1-92b 所示支撑结构拉伸草图曲线,单击"完成草图"按钮即可。
图解	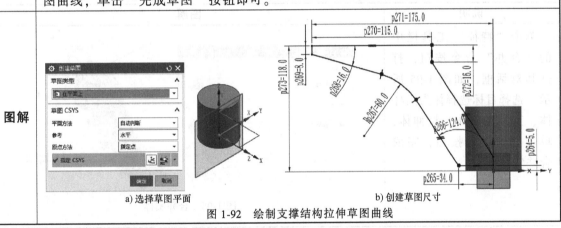 a) 选择草图平面　　　　　　　　　　　b) 创建草图尺寸 图 1-92　绘制支撑结构拉伸草图曲线

4. 创建支撑主体结构

实施步骤 4　创建支撑主体结构	
说明	图解
按快捷键〈X〉,打开"拉伸"对话框,如图 1-93 所示,选中草图曲线,选择限制为"对称值",输入距离为"25",选择布尔操作为"无",其余参数默认,单击"确定"按钮,完成支撑主体结构的创建。	 图 1-93　创建支撑主体结构

5. 支撑结构抽壳

实施步骤 5　支撑结构抽壳	
说明	**图解**
单击"特征"工具栏中的"抽壳"命令按钮，打开其对话框，默认"移除面，然后抽壳"类型，如图1-94所示，选择图示3处移除面，输入厚度为"8"，单击"确定"按钮，完成支撑结构抽壳。	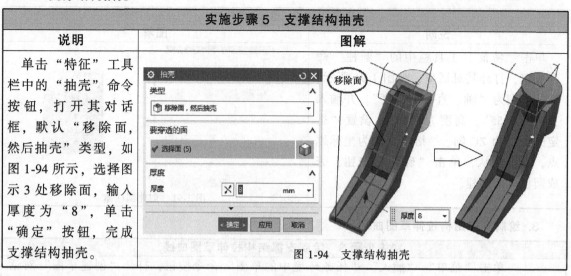 图 1-94　支撑结构抽壳

6. 合并实体

实施步骤 6　合并实体	
说明	**图解**
单击"特征"工具栏中的"合并"命令按钮，打开其对话框，如图1-95所示，选择目标选择体为圆柱体、工具选择体为拉伸体，单击"确定"按钮，完成合并实体操作。	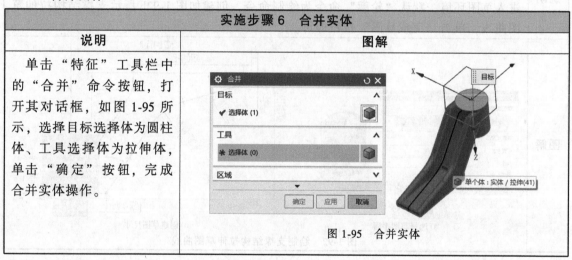 图 1-95　合并实体

7. 创建边倒圆

实施步骤 7　创建边倒圆	
说明	**图解**
单击特征工具栏中的"边倒圆"命令按钮，打开其对话框，如图1-96所示，按要求分别输入"半径1"为"2""3""5""11"，选中相应的边，并单击"确定"按钮，完成创建边倒圆。	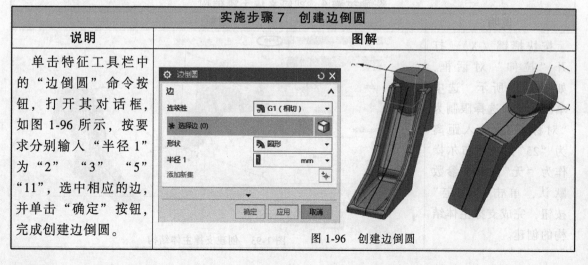 图 1-96　创建边倒圆

8. 创建支撑凸台

实施步骤8　创建支撑凸台	
说明	图解
单击"特征"工具栏中的"垫块"命令按钮，打开其对话框，如图 1-97a 所示，单击"矩形"按钮，弹出"矩形垫块"对话框，选择支架底面为放置面后，弹出"水平参考"对话框，选中支架底面短边或 X 轴为水平参考后，弹出"矩形垫块"参数对话框，输入矩形垫块长度为"50"、宽度为"30"、高度为"2"、拐角半径为"3"、锥角为"0"，单击"确定"按钮，垫块落在底面上并弹出"定位"对话框，两次选择"线落在线上"，分别以支架底面两条边线为定位基准线，完成左侧凸台的创建。用同样的方法创建另外一个凸台，只是凸台定位时，一个方向选择"垂直"定位，满足图样中凸台右边线到支架底面右边线尺寸为 15mm 的要求，另一方向选择"线落在线上"定位，创建右侧支撑凸台，如图 1-97b 所示。	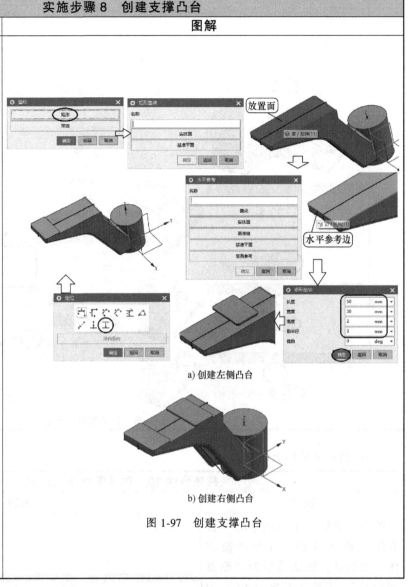 a) 创建左侧凸台 b) 创建右侧凸台 图 1-97　创建支撑凸台

9. 创建安装键槽孔

实施步骤9　创建安装键槽孔	
说明	单击"特征"工具栏中的"键槽"命令按钮，打开其对话框，如图 1-98 所示，选择"矩形槽"，单击"确定"按钮，弹出"矩形键槽"放置面对话框，选中左侧支撑面为放置面后，弹出"水平参考"对话框，选中左侧支撑面短棱边为水平参考后，弹出"矩形键槽"参数对话框，输入长度为"15"、宽度为"12"、深度为"10"，单击"确定"按钮，弹出"定位"对话框，选择"垂直"定位形式，分别选中左侧支撑面短棱边和键槽的长中心线，并在弹出的"创建表达式"对话框中输入定位为"25"，单击"确定"按钮，返回"定位"对话框，继续选择"垂直"定位形式，定位支撑面左侧长棱边到键槽短中心线距离为"15"，单击"确定"按钮，返回"定位"对话框，最后，单击"确定"按钮，完成左侧键槽的创建。用同样的方法按照图样尺寸创建右侧键槽。

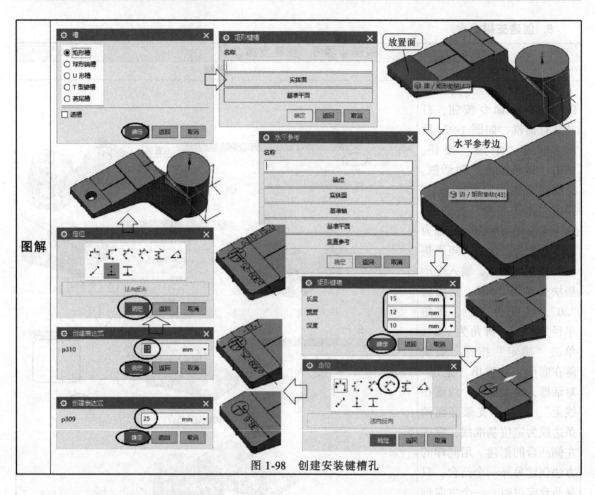

图 1-98　创建安装键槽孔

10. 创建圆柱体上凸缘

实施步骤 10　创建圆柱体上凸缘	
说明	图解
单击"特征"工具栏中的"长方体"命令按钮，打开"长方体"对话框，默认类型为"原点和边长"，并输入长度（XC）为"18"、宽度（YC）为"32"、高度（ZC）为"38"，选择布尔操作为"合并"，并默认选择体，如图 1-99 所示，单击原点选项组中指定点中的"点"命令按钮，打开"点"对话框，输入坐标为（-9，0，11），单击"确定"按钮，返回"块"对话框，选择布尔操作为"合并"，默认"选择体"，单击"确定"按钮，完成圆柱体上凸缘的创建。	图 1-99　创建圆柱体上凸缘

11. 创建凸缘圆弧面

实施步骤 11　创建凸缘圆弧面	
说明	图解
单击"特征"工具栏中的"边倒圆"命令按钮，打开其对话框，如图 1-100 所示，输入"半径 1"为"9"，分别选择相应的 4 条棱边，单击"确定"按钮，完成凸缘圆弧面的创建。	图 1-100　创建凸缘圆弧面

12. 创建孔

实施步骤 12　创建孔	
说明	图解
（1）创建圆柱体中的孔 单击"特征"工具栏中的"孔"命令按钮，打开其对话框，如图 1-101a 所示，参数设置如下：设置类型为"常规孔"、孔方向为"垂直于面"、成形为"简单孔"、直径为"35"、深度为"60"、顶锥角为"0"、布尔操作为"减去"，默认"选择体"，最后单击"绘制截面"按钮，选择孔的中心位置为圆柱体上表面圆心，单击"确定"按钮，完成圆柱体中孔的创建。	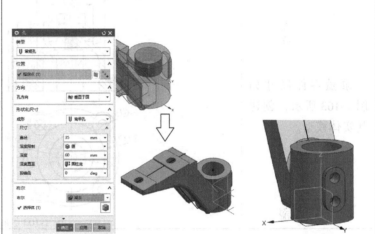 a) 创建圆柱体上的孔　　　b) 创建凸缘上的两个小孔
（2）创建凸缘上的两个小孔 应用（1）的方法，分别在圆柱体凸缘上两圆弧中心处应用"孔"命令创建两个 $\phi 9mm$ 小孔，如图 1-101b 所示。 （3）凸缘与圆柱体交线边倒圆 单击"特征"工具栏中的"边倒圆"命令按钮，打开其对话框，如图 1-101c 所示，在窗口中间状态栏中，选择过滤器为"相连曲线"，按要求分别输入"半径 1"为"2"，选中相应的边，并单击"确定"按钮，完成边倒圆。	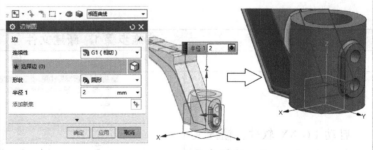 c) 凸缘与圆柱体交线边倒圆 图 1-101　创建孔

13. 保存文件

实施步骤 13　保存文件	
说　明	**图　解**
选中基准坐标系和草图曲线并按〈Ctrl+B〉快捷键，即可隐藏选中目标，显示如图1-102所示效果，单击"保存"按钮，完成支架的创建。	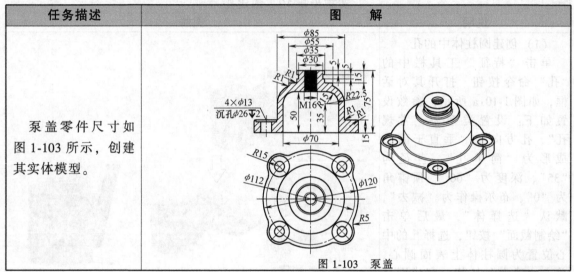 图 1-102　支架效果图

任务 10　泵 盖 建 模

任务描述	图　解
泵盖零件尺寸如图1-103所示，创建其实体模型。	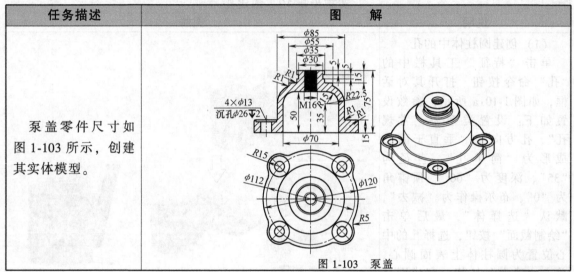 图 1-103　泵盖

3.7　泵盖建模任务实施

1. 新建文件

实施步骤 1　新建文件	
说　明	**图　解**
启动 UG NX 软件，输入文件名："泵盖.prt"，选择合适的文件夹，如图1-104所示，单击"确定"按钮，进入建模环境。	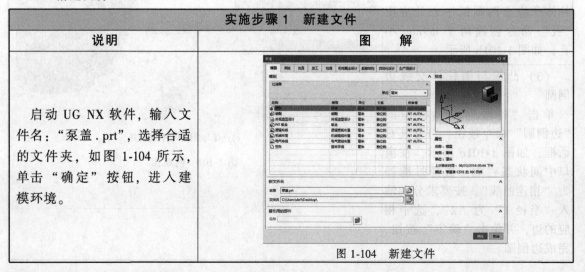 图 1-104　新建文件

2. 绘制泵盖回转截面曲线

	实施步骤2　绘制泵盖回转截面曲线
说明	单击"菜单"→"插入"→"任务环境中的草图"命令按钮，打开"创建草图"对话框，如图 1-105 所示，草图平面选择基准坐标系 YOZ 为基准面，单击"确定"按钮，进入草图环境，默认选择"轮廓"命令，创建如图 1-105 右侧所示泵盖回转截面草图曲线，单击"完成草图"按钮即可。
图解	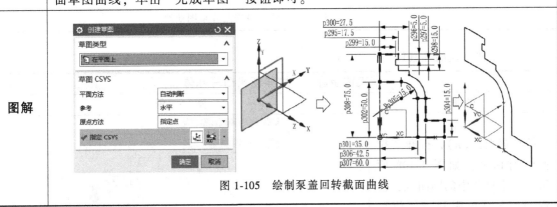　　　图 1-105　绘制泵盖回转截面曲线

3. 创建泵盖主体

实施步骤3　创建泵盖主体	
说明	**图　　解**
单击"特征"工具栏中的"旋转"命令按钮，打开其对话框，如图 1-106 所示。设置截面线为"草图曲线"、指定矢量为"ZC"，开始为"值"、角度为"0"、结束为"值"、角度为"360"，单击"指定点"命令按钮，捕捉并选中坐标原点，单击"确定"按钮，完成泵盖主体的创建。	图 1-106　创建泵盖主体

4. 创建凸耳

（1）绘制泵盖凸耳草图曲线

	实施步骤4　绘制泵盖凸耳草图曲线
说明	单击"菜单"→"插入"→"任务环境中的草图"命令按钮，打开"创建草图"对话框，如图 1-107 所示，草图平面选择基准坐标系 XOY 为基准面，单击"确定"按钮，进入草图环境，默认选择"轮廓"命令，绘制如图 1-107 右侧所示的凸耳草图曲线，单击"完成草图"按钮即可。

图解	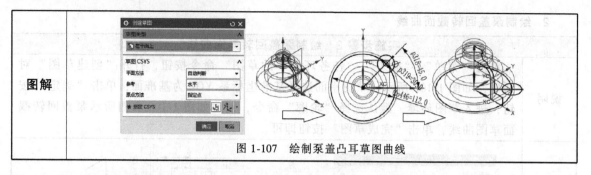

图 1-107　绘制泵盖凸耳草图曲线

（2）拉伸创建凸耳基体

实施步骤 5　拉伸创建凸耳基体	
说明	图　　解
按快捷键，〈X〉，打开"拉伸"对话框，如图 1-108 所示，选中草图中的圆曲线，设置开始与结束限制为"值"、开始距离为"0"、结束距离为"15"、布尔操作为"无"，其余参数默认，单击"确定"按钮，完成凸耳基体的拉伸创建。	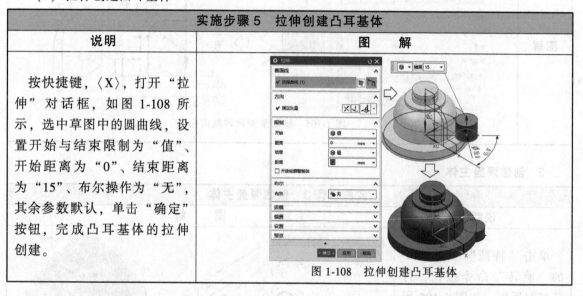 图 1-108　拉伸创建凸耳基体

（3）阵列创建凸耳基体

实施步骤 6　阵列创建凸耳基体	
说明	图　　解
1）阵列特征。 　　单击"特征"工具栏中的"阵列特征"命令按钮，打开其对话框，如图 1-109a 所示，选择凸耳拉伸体为阵列特征，参数设置如下：布局为"圆形"、阵列矢量为"ZC"轴、间距为"数量和间隔"、数量为"4"、指定点为坐标系原点、节距角为"90"，其余参数默认，单击"确定"按钮，完成阵列特征操作	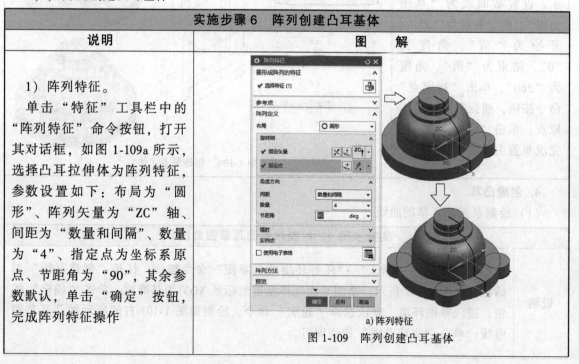 a）阵列特征 图 1-109　阵列创建凸耳基体

说　明	图　解
2）合并。 单击"特征"工具栏中的"合并"命令按钮，打开其对话框，选择目标"选择体"为泵盖回转体、工具"选择体"为 4 个凸耳拉伸体，单击"确定"按钮，完成合并实体操作，如图 1-109b 所示。	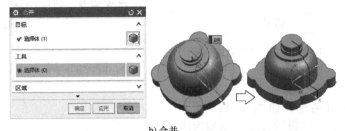 b) 合并 图 1-109　阵列创建凸耳基体（续）

（4）创建沉头孔

实施步骤 7　创建沉头孔

说　明	图　解
1）创建沉头孔。 单击"特征"工具栏中的"孔"命令按钮，打开其对话框，如图 1-110a 所示，选择位置中的"指定点"为凸耳圆弧中心，参数设置如下：类型为"常规孔"、孔方向为"垂直于面"、成形为"沉头"、沉头直径为"26"、沉头深度为"2"、直径为"13"、深度为"15"、顶锥角为"0"、布尔操作为"减去"，默认"选择体"，单击"确定"按钮，完成沉头孔的创建。	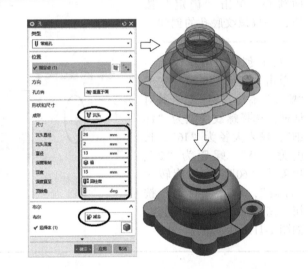 a) 创建沉头孔
2）阵列沉头孔。 单击"特征"工具栏中的"阵列特征"按钮，打开其对话框，如图 1-110b 所示，选择沉头孔为阵列特征，参数设置如下：布局为"圆形"、阵列矢量为"ZC"轴、间距为"数量和间隔"、数量为"4"、节距角为"90"（360/4），其余参数默认，最后单击指定点选项组中的"点对话框"按钮，打开"点"对话框，默认坐标参数为（0，0，0），单击"确定"按钮，返回"阵列特征"对话框，单击"确定"按钮，完成阵列操作。	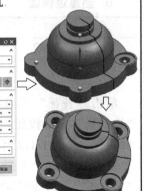 b) 阵列沉头孔 图 1-110　创建沉头孔

5. 创建螺纹

实施步骤 8　创建螺纹	
说　明	图　解
（1）创建螺纹底孔 单击"特征"工具栏中的"孔"命令按钮，打开其对话框，如图 1-111a 所示，参数设置如下：类型为"常规孔"、孔方向为"垂直于面"、成形为"简单孔"、直径为"13.835"、深度为"25"、顶锥角为"0"、布尔操作为"减去"，默认"选择体"，最后选择孔的位置指定点为泵体上表面圆心，单击"确定"按钮，完成螺纹底孔的创建。	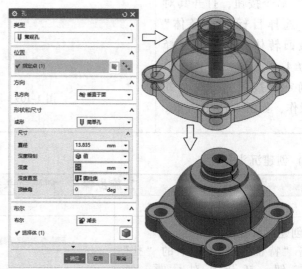 a) 创建螺纹底孔
（2）创建 M16 螺纹 单击"特征"工具栏中的"螺纹"命令按钮，打开其对话框，选择螺纹类型为"详细"，输入大径为"16"、长度为"25"、螺距为"2"、角度为"60"，选择旋转为"右旋"，单击"确定"按钮，完成 M16 螺纹的创建，如图 1-111b 所示。	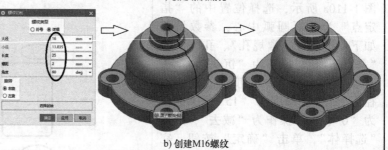 b) 创建M16螺纹 图 1-111　创建螺纹

6. 创建边倒圆

实施步骤 9　创建边倒圆	
说　明	图　解
单击"特征"工具栏中的"边倒圆"命令按钮，打开其对话框，如图 1-112 所示，按要求分别输入"半径 1"为"1""5"，选中相应的边，并单击"确定"按钮，完成创建边倒圆。	 图 1-112　创建边倒圆

7. 保存文件

实施步骤 10　保存文件	
说明	**图　　解**
选中基准坐标系、草图曲线并按〈Ctrl+B〉快捷键，即可隐藏选中目标，如图1-113所示，单击"保存"按钮，完成泵盖的创建。	 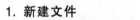 图1-113　泵盖效果图

任务11　创建艺术印章

任务描述	图　　解
艺术印章如图1-114所示，尺寸自拟，试创建其实体模型。	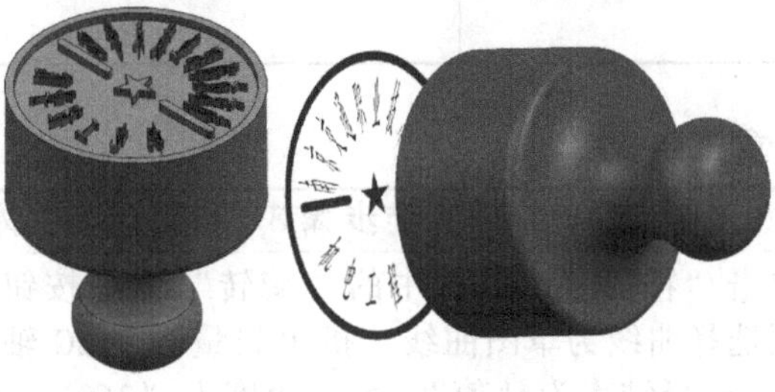 图1-114　艺术印章

3.8　创建艺术印章任务实施

1. 新建文件

实施步骤 1　新建文件	
说明	**图　　解**
启动 UG NX 软件，输入文件名："艺术印章.prt"，选择合适的文件夹，如图1-115所示，单击"确定"按钮，进入建模环境。	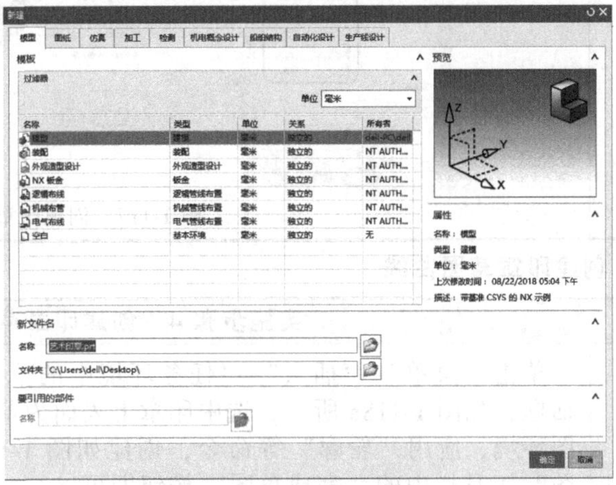 图1-115　新建文件

2. 绘制印章回转截面曲线

实施步骤 2 　绘制印章回转截面曲线	
说明	**图　解**
单击"菜单"→"插入"→"任务环境中的草图"命令按钮，打开"创建草图"对话框，如图 1-116 所示，选择基准坐标系 XOZ 基准面为草图平面，单击"确定"按钮，进入草图环境，默认选择"轮廓"命令，创建如图 1-116 所示印章回转截面草图曲线，单击"完成草图"按钮即可。	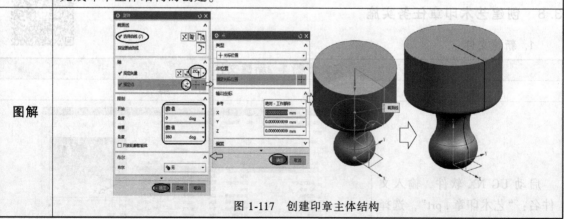 图 1-116　绘制印章回转截面曲线

3. 创建印章主体结构

实施步骤 3 　创建印章主体结构	
说明	单击"特征"工具栏中的"旋转"命令按钮，打开其对话框，如图 1-117 所示。截面选择曲线为草图曲线，指定矢量为"ZC 轴"，选择开始为"值"，输入角度为"0"，选择结束为"值"，输入角度为"360"，指定点捕捉并选择坐标原点，默认坐标为（0，0，0），单击"确定"按钮，返回"旋转"对话框，单击"确定"按钮，完成印章主体结构的创建。
图解	图 1-117　创建印章主体结构

4. 创建印章草图曲线

实施步骤 4 　创建印章草图曲线	
说明	单击"菜单"→"插入"→"任务环境中的草图"命令按钮，打开"创建草图"对话框，如图 1-118a 所示，选中印章上表面为草图平面，单击"确定"按钮，进入草图环境，应用"轮廓"等命令，创建如图 1-118b 所示的草图曲线，单击"直接草图"工具栏中的"完成草图"按钮即可。

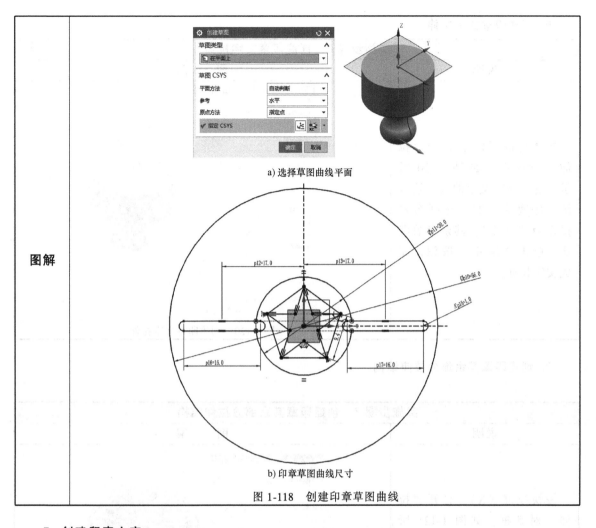

a) 选择草图曲线平面

b) 印章草图曲线尺寸

图 1-118 创建印章草图曲线

5. 创建印章文字

实施步骤5 创建印章文字	
说明	**图 解**
单击"曲线"选项卡中的"文字"命令按钮，打开"文本"对话框，如图 1-119 所示，选择类型为"曲线上"、定位方法为"自然"、线型为"楷体"，其余参数默认，选择上方半圆弧左侧端点为起点，单击"反向"按钮，并调整好字体大小与位置，单击"确定"按钮，即可完成印章上半部反向文字的创建。采用相同的方法创建印章下半部反向文字。	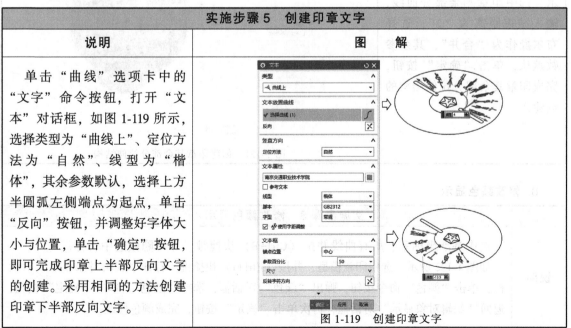 图 1-119 创建印章文字

6. 创建印章文字拉伸

实施步骤 6　创建印章文字拉伸	
说　明	图　解
按快捷键〈X〉，打开"拉伸"对话框，如图 1-120 所示，选中所有文字曲线，输入结束距离为"2"，选择布尔操作为"合并"，其余参数默认，单击"确定"按钮，完成文字拉伸。	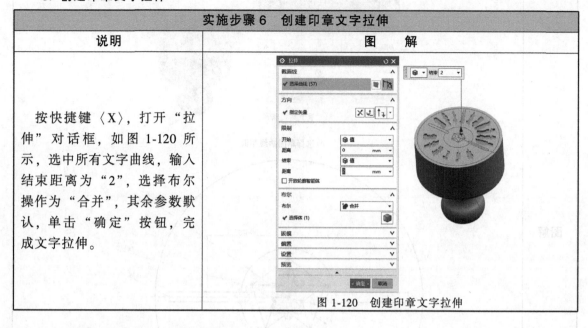 图 1-120　创建印章文字拉伸

7. 创建印章其余部分拉伸结构

实施步骤 7　创建印章其余部分拉伸结构	
说　明	图　解
按快捷键〈X〉，打开"拉伸"对话框，如图 1-121 所示，选中印章剩余部分曲线，输入结束距离为"2"，选择布尔操作为"合并"，其余参数默认，单击"确定"按钮，完成印章其余部分拉伸结构的创建。	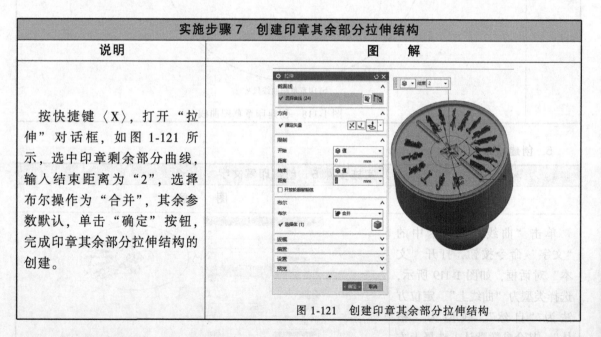 图 1-121　创建印章其余部分拉伸结构

8. 修改颜色显示

实施步骤 8　修改颜色显示	
说明	选中基准坐标系、所有曲线并按〈Ctrl+B〉快捷键，即可隐藏选中目标。 　　如图 1-122 所示，选中印章模型，并按〈Ctrl+J〉快捷键，打开"编辑对象显示"对话框，单击"颜色"命令按钮，弹出"颜色"对话框，选择"红色"，单击"确定"按钮，返回"编辑对象显示"对话框，再次单击"确定"按钮，完成颜色修改。

图解	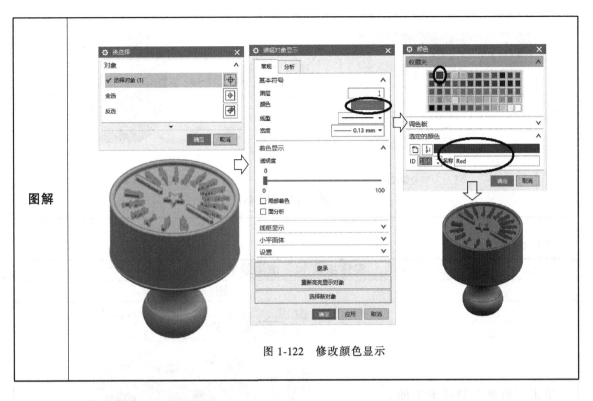 图 1-122 修改颜色显示

9. 创建抽取面

实施步骤9 创建抽取面	
说 明	**图 解**
单击"曲面"工具栏中的"抽取几何特征"命令按钮，打开其对话框，如图 1-123 所示，类型选择"面"、面选择"单个面"，接着选中印章上半部所有的面，单击"确定"按钮，完成抽取面的创建。	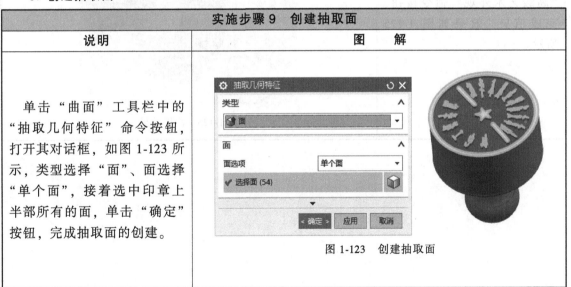 图 1-123　创建抽取面

10. 创建偏置面

实施步骤 10　创建偏置面	
说明	单击"曲面"工具栏中的"偏置面"命令按钮，打开其对话框，如图 1-124a 所示，输入偏置为"30"，选中所有偏置面，单击"确定"按钮，完成偏置面的创建。最后编辑偏置面为红色，显示效果如图 1-124b 所示。

图解	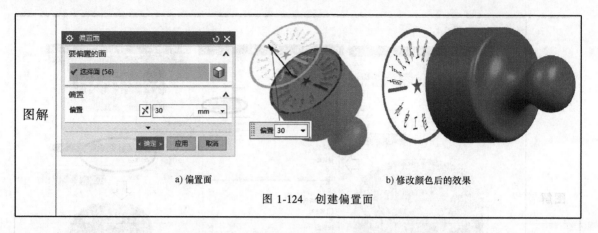

a) 偏置面   b) 修改颜色后的效果

图 1-124 　创建偏置面

11. 渲染效果

实施步骤 11 　渲染效果	
说　明	图　解
单击"渲染"选项卡中的"高级艺术外观"命令按钮，完成渲染，效果如图 1-125 所示。	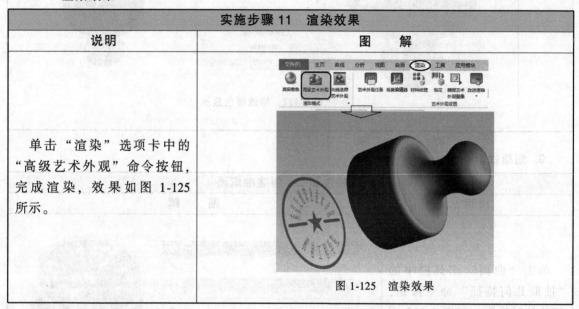 图 1-125 　渲染效果

项目 4

曲面

知 识 目 标	能 力 目 标
（1）掌握"曲面"常用工具栏中命令的查找与设置方法； （2）了解片体、实体的首选项设置与片体转换为实体的方法； （3）掌握"有界平面""拉伸""旋转""扫掠""直纹""通过曲线组""通过曲线网格"等命令的含义与创建曲面的方法； （4）掌握常见的"剪断曲面""缝合"等曲面编辑命令的含义及使用方法； （5）掌握常见的瓶体等曲面的创建与编辑方法。	（1）会查找与设置"曲面"常用工具栏中的命令； （2）会设置片体、实体的首选项设置并能对片体进行"加厚"创建实体； （3）能熟练应用"有界平面""拉伸""旋转""扫掠""直纹""通过曲线组""通过曲线网格"等命令创建曲面； （4）会使用"剪断曲面""缝合曲面"等命令进行曲面编辑； （5）能够综合应用曲面编辑的有关工具创建瓶体等曲面模型。

任务 12　创建五角星片体

任 务 描 述	图　解
创建如图 1-126 所示的五角星片体的实体模型。	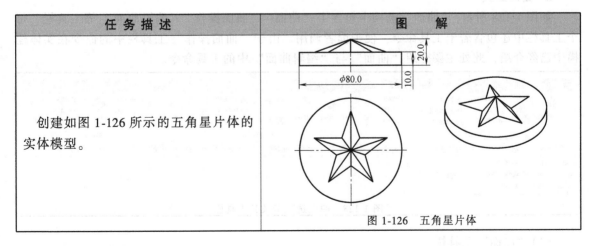 图 1-126　五角星片体

4.1　知识链接

1.创建曲面

（1）设置首选项

选择菜单栏中的"首选项"命令，打开"建模首选项"对话框，如图 1-127 所示，设置体类型为"片体"，单击"确定"按钮，即可完成设置。如通过"拉伸"等方法创建曲面时，可以在"拉伸"等对话框中将体类型选为"片体"。

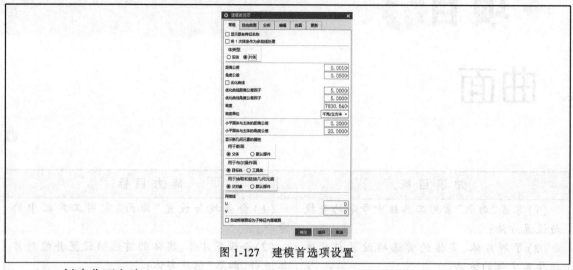

图 1-127　建模首选项设置

（2）创建曲面方法

在 UG NX 软件建模环境中，创建曲面通常用"拉伸""旋转""扫掠"等方式形成规律片体；也可直接应用"曲面"工具栏中的工具命令创建曲面。

（3）片体转换为实体

在 UG NX 软件的建模环境中，可以通过如下功能将片体转换为实体，最终可以创建具有自由形状的实体模型。

1）"缝合"命令：如果所选择的若干片体能够包围形成完全封闭的容器，则一旦缝合这些片体，容器便转换为实体；

2）"修补"命令：利用片体取代实体的一部分表面，在实体上形成自由形状的表面；

3）"加厚片体"命令：将片体直接加厚形成具有均匀厚度的自由形状的壳体。

2. 曲面工具

如图 1-128 所示，"曲面"选项卡包含了"曲面""曲面操作""编辑曲面"等工具栏，每个工具栏中还包含若干工具命令，便于读者调用。由于"曲面操作"工具栏中的命令在实体建模中已经介绍，此处主要介绍"曲面"与"编辑曲面"中的工具命令。

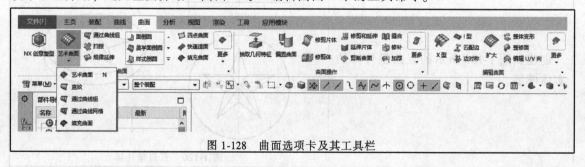

图 1-128　曲面选项卡及其工具栏

（1）"曲面"工具栏

"曲面"工具栏中主要包含"NX 创意塑型""艺术曲面""圆角库""更多"等工具按钮。"NX 创意塑型"命令的功能很强大而且实用，在工业设计中，给产品设计工程师带来了便捷，一些很复杂的模型通过"NX 创意塑型"这个工具做起来相当方便，其完全可以按照零件建模的思路，用曲面做实体、曲线做面、线框做面，然后加厚形成实体，而且跟其他所有工具都可以联系上。如图 1-129 所示"更多"工具命令的子菜单主要包含了"曲面""曲面网格划分""扫掠""弯边曲面""截面曲面""中面"等工具命令,"曲面"工具栏中各命令的含义见表 1-9。

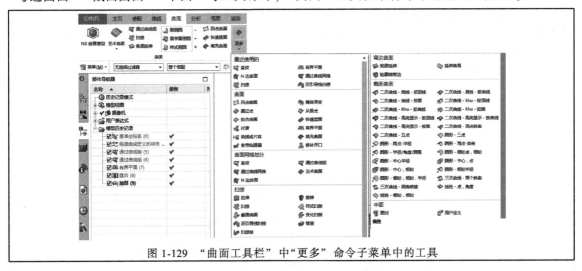

图 1-129 "曲面工具栏"中"更多"命令子菜单中的工具

表 1-9 "曲面"工具栏中主要按钮及其对应的命令和功能含义

按钮	命令(快捷键)	功能	按钮	命令	功能
	NX 创意塑型	启动"NX 创意塑型"任务环境		修补开口	创建片体,以将开口插入到一组面中
	艺术曲面(N)	用任意数量的截面和引导线串创建曲面		N 边曲面	创建由一组端点相连曲线封闭的曲面
	直纹	在直纹形状为线性转换的两个截面之间创建体		扫掠	通过沿一条或多条引导线扫掠截面来创建体,使用各种方法控制沿着引导线的形状
	通过曲线组	通过多个截面创建体,此时直纹形状改变以穿过各截面		样式扫掠	从一组曲线创建一个精确、光滑的一流质量曲面
	通过曲线网格	通过一个方向的截面网格和另一方向的引导线创建体,此时直纹形状匹配曲线网格		变化扫掠	通过沿路径扫掠横截面来创建体,此时横截面的形状沿路径改变
	填充曲面	根据一组边界曲线和或边创建曲面		沿引导线扫掠	通过沿引导线扫掠横截面来创建体
	四点曲面(Ctrl+4)	通过四个拐角来创建曲面		截面曲面	用二次曲线构造技法定义的截面创建体
	快速造面	从小平面体创建曲面模型		管道	通过沿曲线扫掠圆形横截面创建实体,可以选择外径和内径
	整体突变	通过拉长、折弯、歪斜、扭转和移位操作来创建曲面		扫掠体	使用各种选项沿着路径扫掠一个工具实体,来控制工具相对于路径的方向,然后从目标体中减去它或将其余目标体相交
	拟合曲面	可以通过将自由曲面、平面、球、圆柱或圆锥拟合到指定的数据点或小平面体来创建它们		规律延伸	动态地或基于距离和角度的规律,从基本片体创建一个规律控制的延伸
	过渡	在两个或多个截面形状的交点创建特征		延伸曲面	从基本片体创建延伸片体
	有界平面	创建由一组端点相连的平面曲线封闭的平面片体		轮廓线弯边	创建具备光顺边细节、最优化外观形状和斜率连续性的一流质量曲面
	条带构建器	沿矢量方向创建垂直于轮廓的片体		面对	创建薄壁实体对立面之间的连续曲面特征

（2）"编辑曲面"工具栏

"曲面"选项卡下的"编辑曲面"工具栏如图 1-130 所示，包含了"X 型""I 型""匹配边""边对称""扩大""整体变形""整修面""编辑 U/V 向"等工具命令，在"更多"子菜单中包含了"形状""边界""曲面"等编辑曲面的工具命令，"编辑曲面"工具栏中主要按钮及其对应的命令和含义见表 1-10。

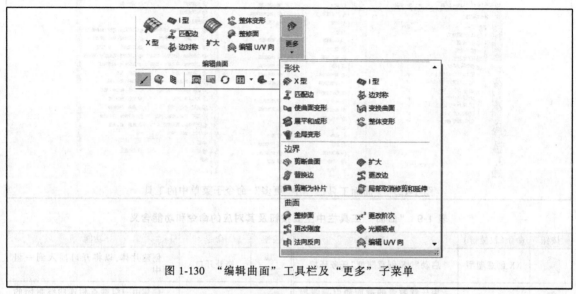

图 1-130　"编辑曲面"工具栏及"更多"子菜单

表 1-10　"编辑曲面"工具栏中主要按钮及其对应的命令和功能含义

按钮	命令	功能	按钮	命令	功能
	X 型	编辑样条和曲面的极点和点		替换边	修改或替换曲面边界
	I 型	通过编辑等参数曲线来动态修改面		更改边	用各种方法，例如匹配曲线或体，修改曲面边
	匹配边	修改曲面，使其与参考对象的共有边界几何连续		剪断为补片	将 B 曲面分割为自然补片
	边对称	修改曲面，使之与其关于某个平面的镜像图像实现几何连续		局部取消修剪和延伸	取消对片体某一部分的修剪或延伸面或删除片体上的内孔
	使曲面变形	通过拉长、折弯、歪斜、扭转和移位操作动态修改曲面		整修面	改进面的外观，同时保留原先几何体的紧公差
	变换曲面	动态缩放、旋转或平移曲面	x^{z^3}	更改次数	更改曲面的次数
	展平和成形	将面展平为平面，并将这些修改重新应用于其他对象		更改刚度	通过更改曲面次数，修改曲面形状
	整体变形	使用由函数、曲线或曲面定义的规律使曲面区域变形		光顺极点	通过计算选定极点对于周围曲面的恰当位置，修改极点分布
	全局变形	在保留其连续性与拓扑时，在其变形区或补偿位置创建片体		法向反向	反转片体的曲面法向
	剪断曲面	在指定点分割曲面或剪断曲面中不需要的部分		编辑 U/V 向	修改 B 曲面几何体的 U/V 向
	扩大	更改未修剪的片体或面的大小			

4.2 创建五角星片体任务实施

1. 新建文件

实施步骤1　新建文件	
说　明	图　解
启动 UG NX 软件，输入文件名："五角星片体 .prt"，选择合适的文件夹，如图 1-131 所示，单击"确定"按钮，进入建模环境。	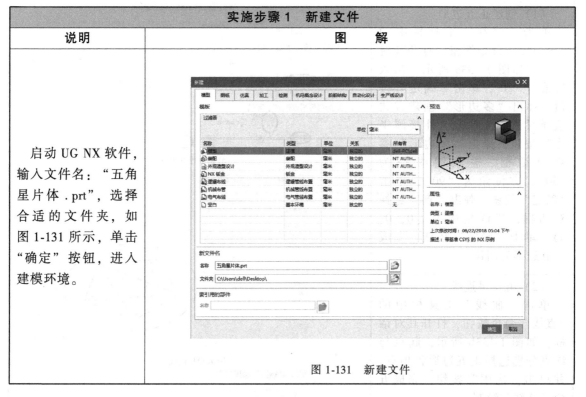 图 1-131　新建文件

2. 创建曲线圆

实施步骤2　创建曲线圆	
说　明	图　解
单击"曲线"选项卡中的"基本直线"命令按钮，打开其对话框，单击"圆"命令按钮，如图 1-132 所示，在跟踪条中依次输入坐标（0，0，0）、直径为"80"并按〈Enter〉键，关闭命令，完成 ϕ80mm 圆的绘制。	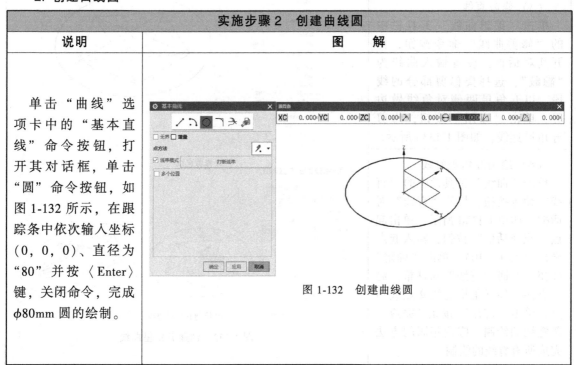 图 1-132　创建曲线圆

3. 创建五角星曲线

实施步骤3　创建五角星曲线	
说　明	图　解
（1）创建正五边形 　　单击"曲线"工具栏中的"多边形"命令按钮，打开其对话框，如图1-133a所示，输入边数为"5"，单击"确定"按钮，弹出"多边形"创建方式选择对话框，单击"外接圆半径"按钮，弹出"多边形"参数对话框，输入圆半径为"30"、方位角为"90"，单击"确定"按钮，弹出"点"选择对话框，默认坐标为（0，0，0），单击"确定"按钮，完成正五边形的创建。	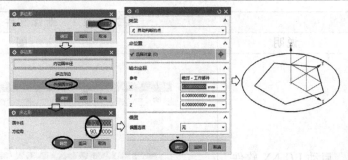 a) 创建正五边形
（2）五角星连线 　　单击"曲线"工具栏中的"直线"命令按钮，打开其对话框，如图1-133b所示，起点与终点分别选择正五边形各顶点，并单击"应用"按钮，完成五角星连线的绘制。	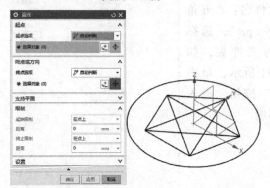 b) 五角星连线
（3）修剪直线 　　单击"编辑曲线"工具栏中的"修剪曲线"命令按钮，打开其对话框，设置输入曲线为"隐藏"，选择要修剪部分的线段，以五角星两侧对角线做边界，单击"应用"按钮，修剪五角星连线，如图1-133c所示。	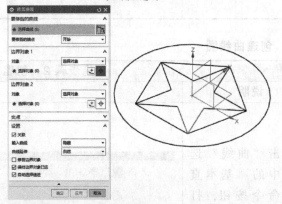 c) 修剪直线
（4）绘制五角星脊线 　　单击"曲线"工具栏中的"直线"命令按钮，打开"直线"对话框，如图1-133d所示，单击起点"点对话框"按钮，输入起点坐标（0，0，10），单击"确定"按钮，返回"直线"对话框。终点直接捕捉五角星连线交点或顶点，单击"应用"按钮，完成一条脊线的绘制。应用相同的方法完成所有脊线的绘制。	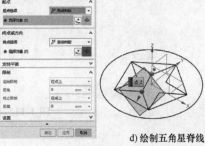 d) 绘制五角星脊线 图1-133　创建五角星曲线

4. 创建有界平面

实施步骤4 创建有界平面	
说 明	**图 解**
单击"曲面"工具栏中的"有界平面"命令按钮,打开其对话框,如图1-134所示,选中五角星中形成封闭区域的所有连线,单击"应用"按钮,即可创建一个有界平面。采取相同的方法,创建所有面片(创建五角星周围片体时,边界是由圆、五角星连线修剪后的10条边构成的)。	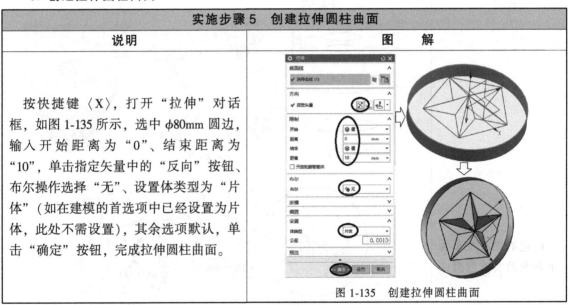 图1-134 创建有界平面

5. 创建拉伸圆柱曲面

实施步骤5 创建拉伸圆柱曲面	
说 明	**图 解**
按快捷键〈X〉,打开"拉伸"对话框,如图1-135所示,选中φ80mm圆边,输入开始距离为"0"、结束距离为"10",单击指定矢量中的"反向"按钮、布尔操作选择"无"、设置体类型为"片体"(如在建模的首选项中已经设置为片体,此处不需设置),其余选项默认,单击"确定"按钮,完成拉伸圆柱曲面。	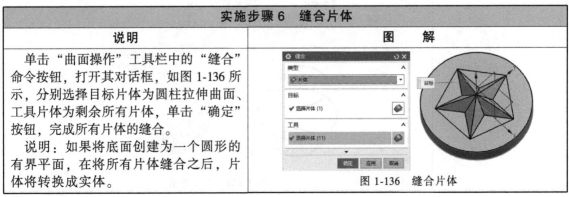 图1-135 创建拉伸圆柱曲面

6. 缝合片体

实施步骤6 缝合片体	
说 明	**图 解**
单击"曲面操作"工具栏中的"缝合"命令按钮,打开其对话框,如图1-136所示,分别选择目标片体为圆柱拉伸曲面、工具片体为剩余所有片体,单击"确定"按钮,完成所有片体的缝合。 　说明:如果将底面创建为一个圆形的有界平面,在将所有片体缝合之后,片体将转换成实体。	图1-136 缝合片体

7. 保存文件

实施步骤 7　保存文件	
说　明	图　解
选中基准坐标系、所有曲线并按〈Ctrl+B〉快捷键，即可隐藏选中目标，显示如图 1-137 所示效果，单击"保存"按钮，完成五角星片体的创建。	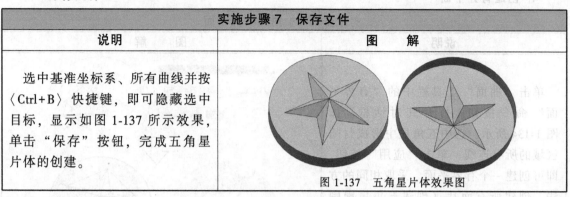 图 1-137　五角星片体效果图

任务 13　创建茶壶

任　务　描　述	图　解
创建如图 1-138 所示茶壶的实体造型。	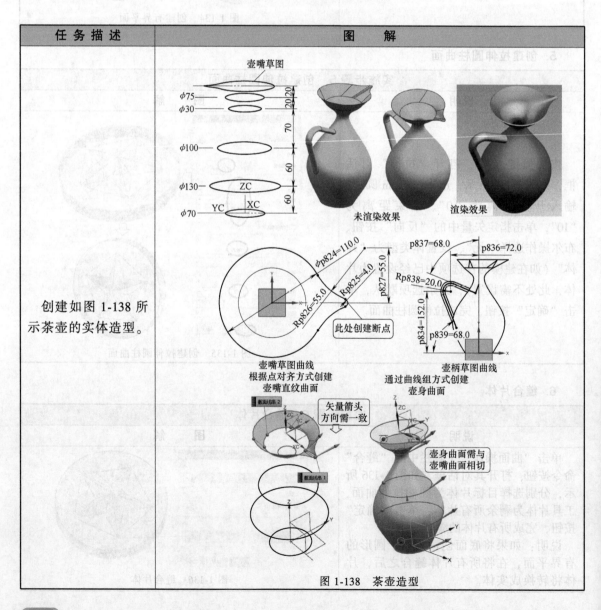 图 1-138　茶壶造型

4.3 创建茶壶任务实施

1. 新建文件

实施步骤 1 新建文件	
说　明	图　解
启动 UG NX 软件，输入文件名："茶壶 .prt"，选择合适的文件夹，如图 1-139 所示，单击 "确定" 按钮，进入建模环境。	图 1-139　新建文件

2. 创建 5 个圆

实施步骤 2 创建 5 个圆	
说明	单击 "曲线" 工具栏中的 "基本曲线" 命令按钮，打开其对话框，单击 "圆" 命令按钮，如图 1-140 所示，在跟踪条中依次输入坐标为（0，0，0）直径为 "70" 并按〈Enter〉键，关闭命令，完成 φ70mm 圆的绘制。用相同的方法，在中心点坐标（0，0，0）、（0，0，60）、（0，0，120）、（0，0，190）、（0，0，210）处，分别创建 φ70mm、φ130mm、φ100mm、φ30mm、φ75mm，共 5 个圆。 注意：创建曲面时，一般可在 "首选项" 中设置建模为片体，或者在创建曲面时设置，然后通过曲面加厚片体转换为实体；也可以不进行片体设置，直接由曲线组创建曲面实体，再抽壳。
图解	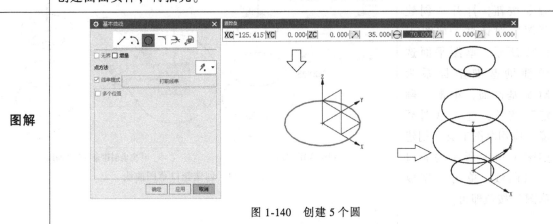 图 1-140　创建 5 个圆

3. 创建壶口曲线

（1）移动坐标系并创建辅助坐标系

实施步骤 3　移动坐标系并创建辅助坐标系	
说　明	图　解
单击"工具"选项卡下的"更多"下拉菜单中的"WCS动态"命令按钮，选中动态坐标系ZC轴箭头部分，输入距离为"230"，并按〈Enter〉键，移动坐标系如图1-141a所示，按鼠标滚轮，完成坐标系移动。 单击"主页"选项卡下"特征"工具栏中的"基准CSYS"命令按钮，打开"基准坐标系"对话框，如图1-141b所示，默认设置参数，单击"确定"按钮，完成辅助坐标系的创建。	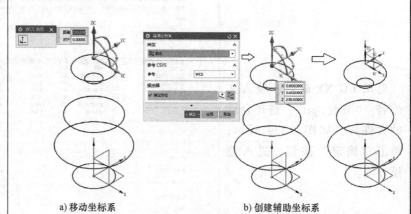 a) 移动坐标系　　　　　b) 创建辅助坐标系 图 1-141　移动坐标系并创建辅助坐标系

（2）创建壶口草图曲线

实施步骤 4　创建壶口草图曲线	
说　明	图　解
单击"菜单"→"插入"→"任务环境中的草图"命令按钮，打开"创建草图"对话框，如图1-142a所示，草图平面选择辅助基准坐标系为XOY基准面，单击"确定"按钮，进入草图环境，应用草图工具，创建如图1-142b所示的壶口草图曲线，单击"完成草图"按钮即可。	a) "创建草图"对话框　　　　　b) 完成创建壶口草图曲线 图 1-142　创建壶口草图曲线

4. 创建壶身曲面

（1）创建壶口直纹曲面

实施步骤5　创建壶口直纹曲面	
说　明	**图　解**
单击"曲面"选项卡中的"直纹"命令按钮，打开其对话框，如图1-143所示，设置对齐为"根据点"并勾选"保留形状"，设置体类型为"片体"，单击"截面线串1"，并选择壶口曲线，单击"截面线串2"，并选择 ϕ75mm 圆曲线（也可以在每条曲线选好后，分别按鼠标滚轮确认，就不需单击截面线串选项了），最后，单击"确定"按钮，完成壶口直纹曲面的创建。 　　注意：选择截面线串1时，在屏幕中间状态栏过滤器窗口选"相连曲线"，并且选择的点宜在曲线右前方第一象限内靠近 XC 轴的曲线起点附近，后面所有关于截面线串的选择都应这样操作，主要是为了保持选择的每条曲线的矢量方向一致，便于形成合理的曲面。	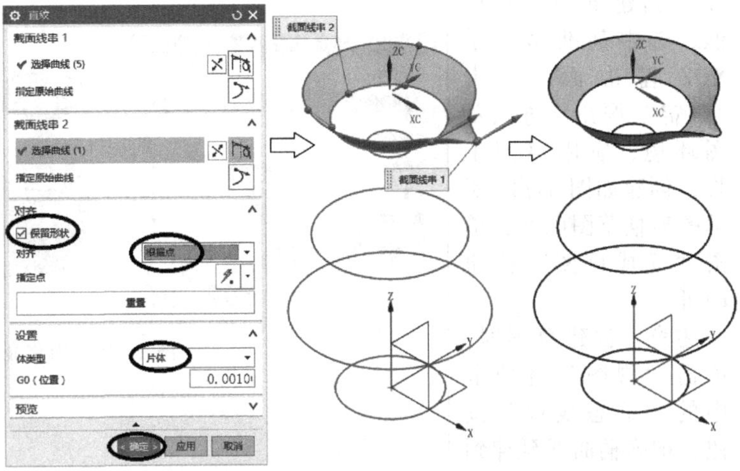 图 1-143　创建壶口直纹曲面

（2）创建壶身下部曲面

实施步骤6　创建壶身下部曲面	
说　明	**图　解**
单击"曲面"选项卡中的"通过曲线组"命令按钮，打开其对话框，如图1-144所示，连续性第一截面选择"G1相切"并设置选择面为所有壶口曲面，单击截面中的"选择曲线或点"按钮，依次选择 ϕ75mm、ϕ30mm、ϕ100mm、ϕ130mm、ϕ70mm 圆曲线（每条曲线选好后，按鼠标滚轮确认，同时注意，每次确定后，生成曲面的矢量箭头必须一致，若不一致，双击箭头即可），单击"确定"按钮，完成壶身下部曲面的创建。	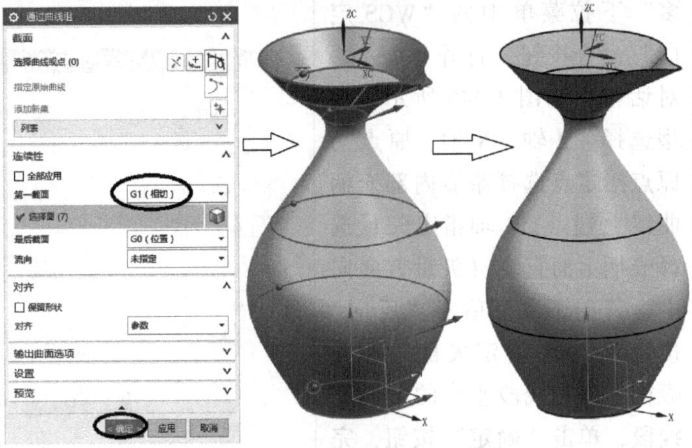 图 1-144　创建壶身下部曲面

5. 创建壶柄

（1）创建壶柄草图曲线

实施步骤7 创建壶柄草图曲线	
说明	**图解**
单击"菜单"→"插入"→"任务环境中的草图"命令按钮，打开"创建草图"对话框，选中基准坐标系XOZ基准面，单击"确定"按钮，进入草图环境，应用草图工具，创建如图1-145所示的壶柄草图曲线，单击"完成草图"按钮即可。 　　注意：创建草图时，单击"视图"选项卡中的"静态线框"按钮，把壶柄曲线延伸到壶体内部适当距离即可。另外，为了后续移动坐标系方便，在壶柄曲线上面端部绘制一段与其垂直的线段。	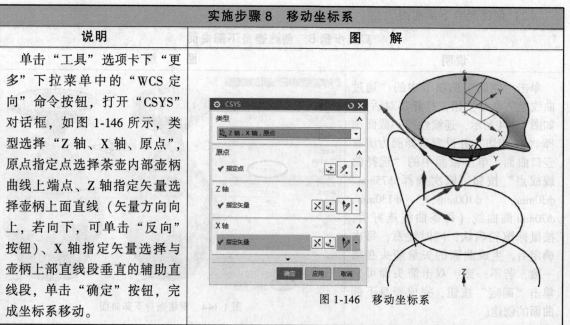 图1-145　创建壶柄草图曲线

（2）移动坐标系

实施步骤8 移动坐标系	
说明	**图解**
单击"工具"选项卡下"更多"下拉菜单中的"WCS定向"命令按钮，打开"CSYS"对话框，如图1-146所示，类型选择"Z轴、X轴、原点"，原点指定点选择茶壶内部壶柄曲线上端点、Z轴指定矢量选择壶柄上面直线（矢量方向向上，若向下，可单击"反向"按钮）、X轴指定矢量选择与壶柄上部直线段垂直的辅助直线段，单击"确定"按钮，完成坐标系移动。	图1-146　移动坐标系

（3）绘制壶柄椭圆曲线

<table>
<tr><th colspan="2">实施步骤9 绘制壶柄椭圆曲线</th></tr>
<tr><th>说　明</th><th>图　解</th></tr>
<tr>
<td>　　单击"曲线"选项卡中的"椭圆"命令，打开"点"对话框，默认椭圆中心坐标（新坐标系原点），单击"确定"按钮，弹出"椭圆"对话框，如图1-147所示，输入长半轴为"5"、短半轴为"8"、起始角为"0"、终止角为"360"、旋转角度为"0"，单击"确定"按钮，完成壶柄椭圆曲线的绘制。</td>
<td>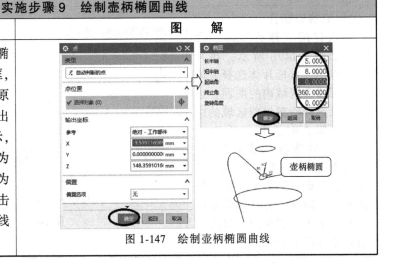
图1-147　绘制壶柄椭圆曲线</td>
</tr>
</table>

（4）创建壶柄曲面

<table>
<tr><th colspan="2">实施步骤10 创建壶柄曲面</th></tr>
<tr><th>说　明</th><th>图　解</th></tr>
<tr>
<td>　　单击"曲面"选项卡中的"沿导线扫掠"命令按钮，打开其对话框，如图1-148所示，选择截面曲线为椭圆曲线、引导曲线为壶柄草图曲线，其余参数默认，单击"确定"按钮，完成壶柄曲面创建。</td>
<td>图1-148　创建壶柄曲面</td>
</tr>
</table>

（5）修剪壶柄

<table>
<tr><th colspan="2">实施步骤11 修剪壶柄</th></tr>
<tr><th>说　明</th><th>图　解</th></tr>
<tr>
<td>　　1）修剪壶体内柄部曲面。
　　单击"曲面"选项卡中的"曲面操作"工具栏中的"修剪片体"命令按钮，打开其对话框，如图1-149a所示，目标片体选择壶体内柄部曲面，边界对象选择壶体下部曲面，投影方向选择"垂直于面"，区域选择"放弃"，其余参数默认，单击"确定"按钮，完成壶柄上半部曲面的修剪。用同样的方法修剪壶柄下半部在壶体内的曲面。</td>
<td>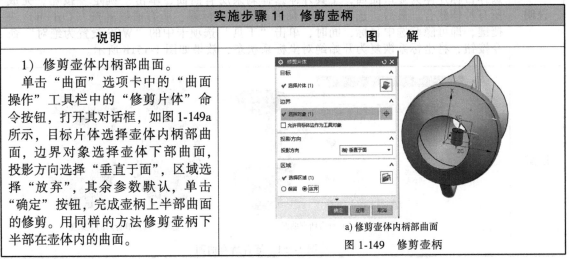
a）修剪壶体内柄部曲面
图1-149　修剪壶柄</td>
</tr>
</table>

说　明	图　解
2）修剪壶柄孔。 　再次使用"修剪片体"命令，如图1-149b所示，在其对话框中，目标片体选择壶体内柄部修剪区域内的曲面，边界对象选择柄部修剪区域的边界，投影方向选择"垂直于面"，区域选择"放弃"，其余参数默认，单击"确定"按钮，完成壶体上半部曲面的修剪。用同样的方法修剪壶体下半部壶体内部曲面，修剪后的效果如图1-149c所示。	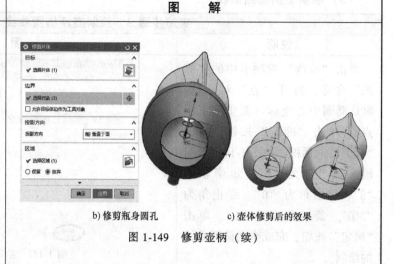 b）修剪瓶身圆孔　　c）壶体修剪后的效果 图1-149　修剪壶柄（续）

6. 创建底面有界平面

实施步骤12　创建底面有界平面	
说　明	图　解
单击"曲面"选项卡中的"有界平面"命令按钮，打开其对话框，如图1-150所示，选中茶壶底面圆曲线，单击"确定"按钮，即可创建底面有界平面。	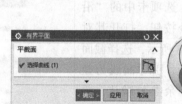 图1-150　创建底面有界平面

7. 缝合所有曲面

实施步骤13　缝合所有曲面	
说明	单击"曲面"选项卡中的"缝合"命令按钮，打开其对话框，如图1-151a所示，选择目标片体为壶口曲面，工具片体选择剩余所有曲面，单击"确定"按钮，完成所有片体缝合。最后，选中基准坐标系、辅助坐标系、所有曲线并按〈Ctrl+B〉快捷键，即可隐藏选中目标，同时，单击"工具"选项卡中的"WCS设置为绝对"命令按钮，将坐标系恢复为开始绝对坐标系状态，效果如图1-151b所示。
图解	 a）缝合所有曲面　　　　　b）隐藏曲线及缝合后的效果图 图1-151　缝合所有曲面

8. 加厚曲面创建实体茶壶

	实施步骤 14　加厚曲面创建实体茶壶
说明	单击"特征"工具栏中的"加厚"命令按钮，打开其对话框，如图 1-152a 所示，加厚面选择茶壶曲面（矢量方向向内）、输入"偏置 1"为"2"，其余参数默认，单击"确定"按钮，完成茶壶实体的创建。最后选中茶壶曲面并按〈Ctrl+B〉快捷键，即可隐藏茶壶曲面，最终效果如图 1-152b 所示。
图解	 a) 加厚茶壶曲面　　　　　　　b) 隐藏茶壶曲面后效果 图 1-152　加厚曲面创建实体茶壶

9. 渲染茶壶效果

	实施步骤 15　渲染茶壶效果
说明	单击"视图"选项卡中的"着色"命令按钮（为了提高渲染效果，一般不用"带边着色"）。然后单击"真实着色"命令按钮，即可完成渲染，效果如图 1-153a 所示。接着单击"全局材料"下拉菜单中的"全局材料铜"命令按钮，即可把铜材料赋予到茶壶材料中，效果如图 1-153b 所示。最后，单击"保存"按钮，保存文件。
图解	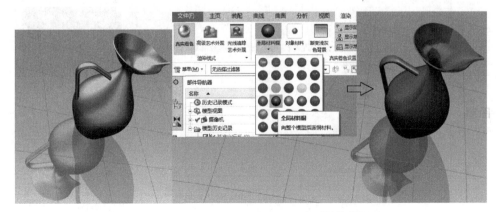 a) 直接着色　　　　　　　b) 全局材料铜着色 图 1-153　渲染茶壶效果

任务 14　创建塑料瓶

任务描述	图　解
创建如图 1-154 所示的塑料瓶的实体造型。	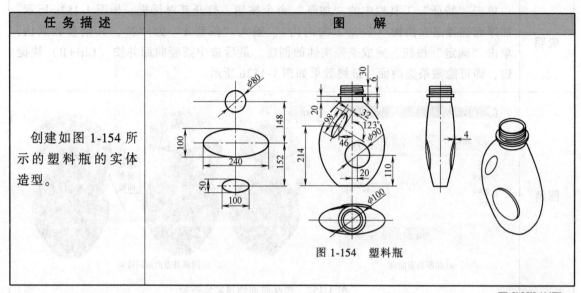 图 1-154　塑料瓶

4.4　创建塑料瓶任务实施

1. 新建文件

	实施步骤 1　新建文件
说明	启动 UG NX 软件，输入文件名："塑料瓶.prt"，选择合适的文件夹，如图 1-155 所示，单击"确定"按钮，进入建模环境。
图解	 图 1-155　新建文件

2. 设置建模首选项

实施步骤 2　设置建模首选项	
说　明	**图　解**
单击"菜单"→"首选项"→"建模"命令按钮，打开"建模首选项"对话框，如图 1-156 所示，选择"常规"选项卡下的体类型为"片体"，其余参数默认，单击"确定"按钮，即可完成设置。也可以通过用拉伸等方法创建曲面时，在"拉伸"等对话框中将体类型设置为片体。	 图 1-156　设置建模首选项

3. 绘制椭圆和圆曲线

实施步骤 3　绘制椭圆和圆曲线	
说　明	**图　解**
（1）绘制底面椭圆 　　单击"曲线"选项卡中的"椭圆"命令按钮，打开"点"对话框，默认椭圆中心坐标为（0，0，0），单击"确定"按钮，打开"椭圆"对话框，如图 1-157a 所示，输入长半轴为"50"、短半轴为"25"、起始角为"0"、终止角为"360"、旋转角度为"0"，单击"确定"按钮，完成底面椭圆的绘制。	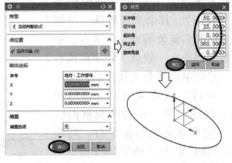 a) 绘制底面椭圆
（2）绘制中间椭圆 　　继续用相同的方法绘制中间椭圆，如图 1-157b 所示，椭圆参数：中心坐标为（0，0，152），长半轴为"120"、短半轴为"50"、起始角为"0"、终止角为"360"、旋转角度为"0"。	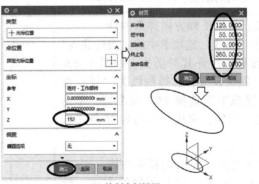 b) 绘制中间椭圆 图 1-157　绘制椭圆和圆曲线

说　　明	图　　解
（3）绘制圆曲线 单击"曲线"选项下的"基本曲线"命令按钮，打开其对话框，单击"圆"命令按钮，如图 1-157c 所示，在屏幕跟踪条中输入坐标 XC 为"0"、YC 为"0"、ZC 为"300"、直径为"80"，并按〈Enter〉键，关闭对话框，完成 $\phi80mm$ 圆的绘制。	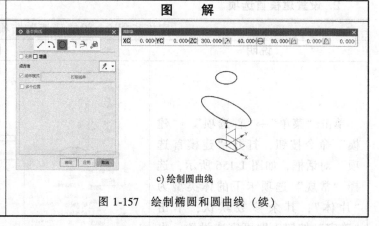 c) 绘制圆曲线 图 1-157　绘制椭圆和圆曲线（续）

4. 绘制艺术样条曲线

实施步骤 4　　绘制艺术样条曲线	
说　　明	图　　解
（1）绘制长轴方向样条曲线 单击"视图"选项卡中的前视图命令按钮或者按 Ctrl+Alt+F 组合键，使绘图区域转换到"前视图"状态，如图 1-158a 所示。单击"曲线"选项卡中的［艺术样条］命令按钮，打开其对话框，如图 1-158b 所示，类型选择"通过点"，输入参数化次数为"3"，选择制图约束到平面为"视图"，其余选项默认，分别按顺序选中圆的右侧象限点、一般点、中间椭圆右侧象限点、一般点、底面椭圆右侧象限点，并调整曲线至大致光顺，还可继续单击"曲线"选项卡中的"显示曲率梳"命令按钮，进一步精确调整曲线光顺程度（使两条曲线尽量平行、间距均匀相等），最后单击"确定"按钮，完成样条曲线的绘制。	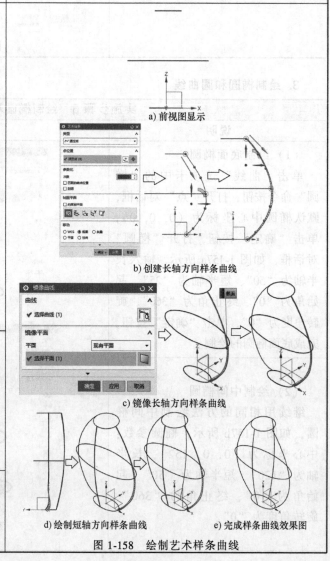
（2）镜像长轴方向样条曲线 单击"曲线"选项卡中的"镜像曲线"命令按钮，打开其对话框，如图 1-158c 所示，默认设置，选择曲线为"样条曲线"，镜像平面选择 YOZ 基准面，单击"确定"按钮，完成长轴方向样条曲线镜像。	
（3）绘制短轴方向样条曲线 应用与（1）、（2）相同的方法，绘制短轴方向样条曲线，如图 1-158d 所示，完成后的效果图如图 1-158e 所示。	

a) 前视图显示

b) 创建长轴方向样条曲线

c) 镜像长轴方向样条曲线

d) 绘制短轴方向样条曲线　　e) 完成样条曲线效果图

图 1-158　绘制艺术样条曲线

5. 创建瓶身曲面

实施步骤5　创建瓶身曲面	
说　明	图　解
单击"曲面"选项卡中的"通过曲线网格"命令按钮，打开其对话框，如图1-159所示，默认设置，"主曲线"依次选择5条样条曲线（第一条样条曲线选2次，即在4条样条曲线依次选好后，再次选第一条样条曲线，同时注意，尽量靠近上面圆的附近选择，以保证矢量方向一致。每条样条曲线选好后，按鼠标滚轮确认），"交叉曲线"依次选择圆曲线、中间椭圆曲线、底面椭圆曲线（每条曲线选中后，按鼠标滚轮确认）。最后单击"确定"按钮，完成瓶身曲面创建。	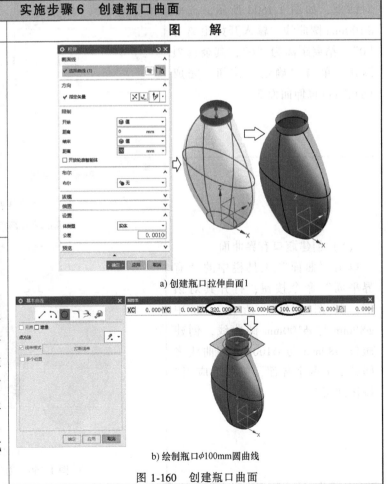 图1-159　创建瓶身曲面

6. 创建瓶口曲面

实施步骤6　创建瓶口曲面	
说　明	图　解
（1）创建瓶口拉伸曲面1 　　按快捷键〈X〉，打开"拉伸"对话框，如图1-160a所示，选中瓶口ϕ80mm圆曲线，输入开始距离为"0"、结束距离为"20"，其余选项默认，单击"确定"按钮，完成瓶口拉伸曲面1创建。	a) 创建瓶口拉伸曲面1
（2）绘制瓶口ϕ100mm圆曲线 　　单击"曲线"选项卡下的"基本曲线"命令按钮，打开其对话框，单击"圆"命令按钮，如图1-160b所示，在屏幕跟踪条中输入XC坐标为"0"、YC坐标为"0"、ZC坐标为"320"、直径为"100"，并按〈Enter〉键，完成ϕ100mm圆曲线的绘制。	b) 绘制瓶口ϕ100mm圆曲线 图1-160　创建瓶口曲面

说　明	图　　解
（3）创建瓶口拉伸曲面2 　按快捷键〈X〉，打开"拉伸"对话框，如图 1-160c 所示，选中瓶口 φ80mm 圆曲线，输入开始距离为"26"、结束距离为"56"，其余选项默认，单击"确定"按钮，完成创建瓶口拉伸曲面 2。	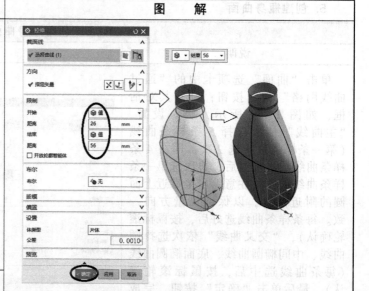 c) 创建瓶口拉伸曲面2
（4）创建瓶口曲面3 　按快捷键〈X〉，打开"拉伸"对话框，如图 1-160d 所示，选中 φ100mm 圆曲线，输入开始距离为"0"、结束距离为"6"，其余选项默认，单击"确定"按钮，完成创建瓶口拉伸曲面 3。	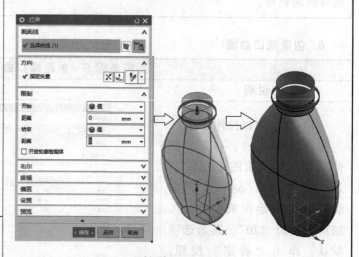 d) 创建瓶口拉伸曲面3
（5）创建瓶口有界曲面 　单击"曲面"工具栏中的"有界平面"命令按钮，打开其对话框，如图 1-160e 所示，选中 φ80mm 与 φ100mm 圆曲线，创建瓶口 φ80mm 与 φ100mm 圆曲线之间的上下两个环面，单击"应用"按钮即可。	 e) 创建瓶口有界曲面 图 1-160　创建瓶口曲面（续）

7. 创建瓶侧内凹曲面

（1）移动旋转坐标系

实施步骤7 移动旋转坐标系	
说　明	**图　解**
单击"工具"选项卡下"更多"菜单中的"动态坐标系"命令按钮，打开"WCS动态"对话框，如图1-161所示，默认类型"动态"等参数设置，分别单击动态坐标系X轴、Y轴、Z轴箭头部分，输入X方向移动距离为"46"、Y方向移动距离为"50"、Z方向移动距离为"214"，并按〈Enter〉键。旋转坐标系时，单击Y轴和Z轴中间的小球，输入角度为"90"并按〈Enter〉键，再单击X轴和Y轴中间的小球，输入角度为"-57"并按〈Enter〉键，最后按鼠标滚轮确认，完成坐标系移动与旋转。	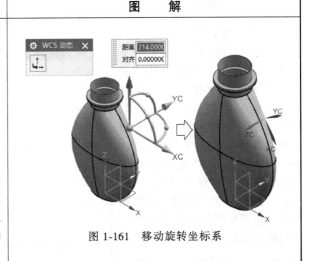 图1-161　移动旋转坐标系

（2）绘制瓶侧椭圆曲线

实施步骤8 绘制瓶侧椭圆曲线	
说　明	**图　解**
1）绘制瓶侧椭圆曲线。 　单击"曲线"选项卡中的"椭圆"命令按钮，打开"点"对话框，默认椭圆中心坐标为（0，0，0），单击"确定"按钮，打开"椭圆"参数对话框，如图1-162a所示，输入长半轴为"49"、短半轴为"16"、起始角为"0"、终止角为"360"、旋转角度为"0"，单击"确定"按钮，完成瓶侧椭圆的绘制。	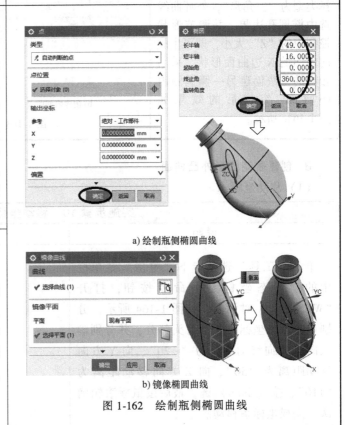 a) 绘制瓶侧椭圆曲线
2）镜像椭圆曲线。 　单击"曲线"选项卡中的"镜像曲线"命令按钮，打开其对话框，如图1-162b所示，默认设置，选中选择曲线为样条曲线、镜像平面选择XOZ基准面，单击"确定"按钮，完成镜像样条曲线。	b) 镜像椭圆曲线 图1-162　绘制瓶侧椭圆曲线

（3）创建瓶侧椭圆内凹曲面

实施步骤 9　创建瓶侧椭圆内凹曲面

说　明	图　解
1）修剪椭圆孔。 单击"曲面"选项卡下"曲面操作"工具栏中的"修剪片体"命令按钮，打开其对话框，如图 1-163a 所示，目标片体选择椭圆内的瓶身曲面，边界对象选择椭圆曲线，投影方向选择"垂直于面"，区域选择"放弃"，单击"确定"按钮，完成椭圆孔的修剪。应用相同的方法完成另一侧瓶身曲面的修剪。	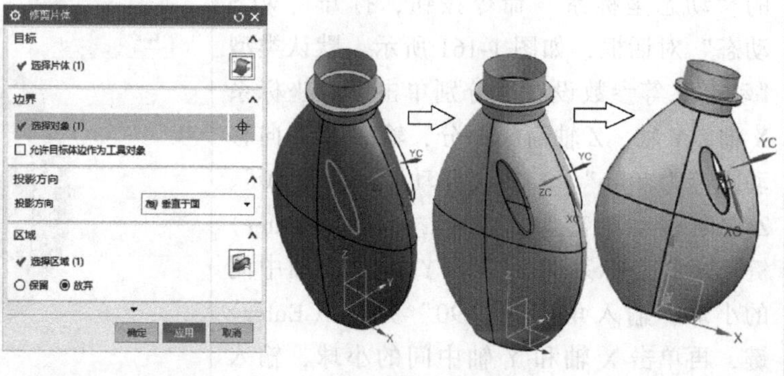 a) 修剪椭圆孔
2）创建椭圆内凹曲面。 单击"曲面"选项卡中的"N 边曲面"命令按钮，打开其对话框，如图 1-163b 所示，选择类型为"三角形"，外环曲线选中椭圆孔边界，并调节形状控制中的"Z"大小，即可生成向内凹的 N 边曲面形状。采用相同的方法创建另一侧椭圆内凹曲面，完成后的效果如图 1-163c 所示。	 b) 创建内凹曲面　　c) 完成双侧内凹曲面创建 图 1-163　创建瓶侧椭圆内凹曲面

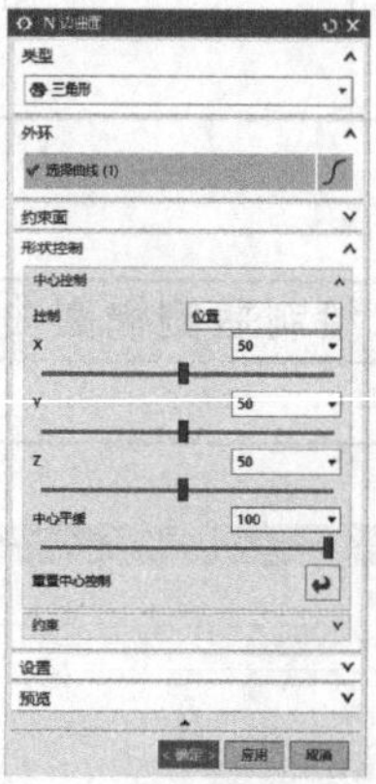

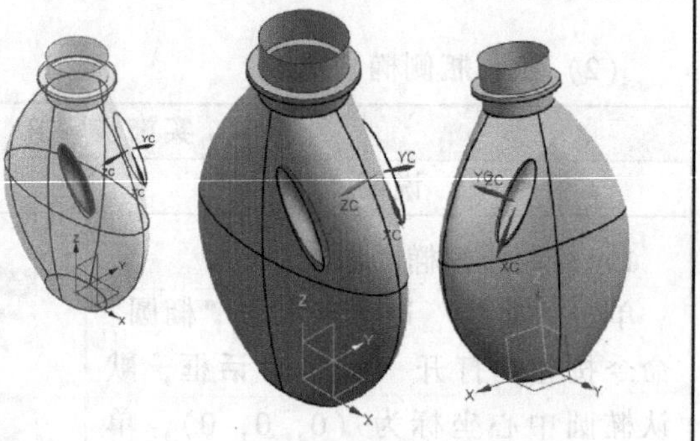

8. 创建瓶侧圆形外凸曲面

（1）移动坐标系

实施步骤 10　移动坐标系

说　明	图　解
单击"工具"选项卡下"更多"菜单栏中的"动态坐标系"命令按钮，打开"WCS 动态"对话框，如图 1-164 所示，分别单击动态坐标系各轴箭头部分，并分别输入向 X 方向移动距离为"-20"、向 Y 方向移动距离为"50"、向 Z 方向移动距离为"110"，按〈Enter〉键，最后按鼠标滚轮确认，完成坐标系移动。	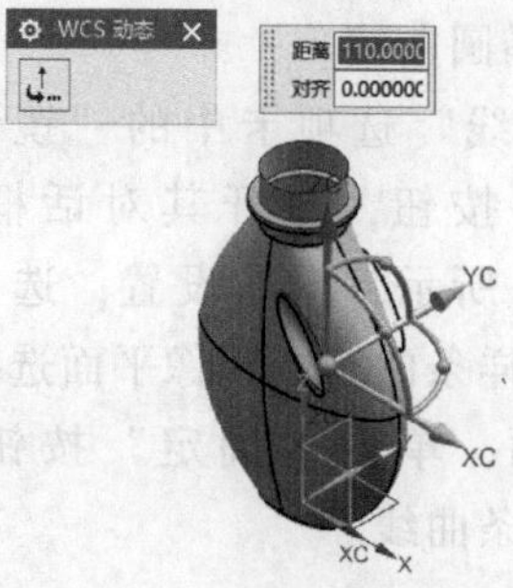 图 1-164　移动坐标系

（2）绘制圆曲线

<table>
<tr><th colspan="2">实施步骤 11　绘制圆曲线</th></tr>
<tr><th>说　明</th><th>图　解</th></tr>
<tr><td>

单击"曲线"选项卡下的"基本曲线"命令按钮，打开其对话框，单击"圆"命令按钮，如图 1-165 所示，在屏幕跟踪条中输入坐标 XC 为"0"、YC 为"0"、ZC 为"0"、直径为"90"，并按〈Enter〉键，关闭对话框，完成 φ90mm 圆的绘制。

</td><td>

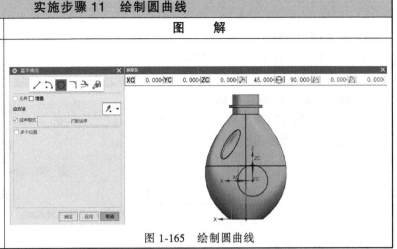

图 1-165　绘制圆曲线

</td></tr>
</table>

（3）创建瓶身圆形外凸曲面

<table>
<tr><th colspan="2">实施步骤 12　创建瓶身圆形外凸曲面</th></tr>
<tr><th>说　明</th><th>图　解</th></tr>
<tr><td>

1）修剪圆形片体。

单击"曲面"选项卡中的"修剪片体"命令按钮，打开其对话框，如图 1-166a 所示，目标片体选择圆内的瓶身曲面，边界对象选择圆曲线，投影方向选择"垂直于面"，区域选择"保留"，设置为"保存目标"，单击"确定"按钮，完成瓶身圆孔的修剪。修剪的结果是得到了圆形的片体，且原曲面没有被破坏，可以通过隐藏瓶身曲面观察到。

2）修剪瓶身圆孔。

再次使用"修剪片体"命令，与上述操作有所区别：区域选择"放弃"，取消勾选"保存目标"选项，这一步修剪的效果是获得了带圆孔的瓶身曲面，如图 1-166b 所示。可以通过隐藏上一步修剪的圆片体观察到。

</td><td>

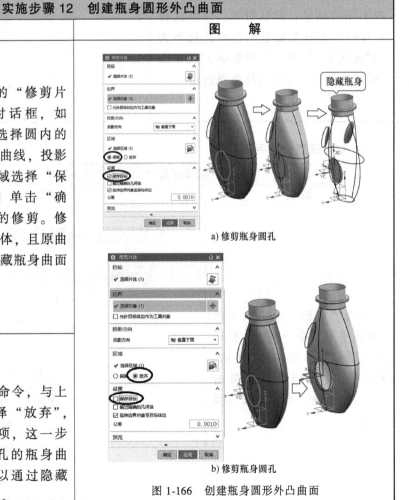

a）修剪瓶身圆孔

b）修剪瓶身圆孔

图 1-166　创建瓶身圆形外凸曲面

</td></tr>
</table>

说　　明	图　　解
3）偏置圆形片体。 　单击"曲面"选项卡中的"偏置曲面"命令按钮，打开其对话框，如图1-166c所示，要偏置的面选择圆片体，输入"偏置1"为"3"，单击"确定"按钮，完成圆形曲面偏置。	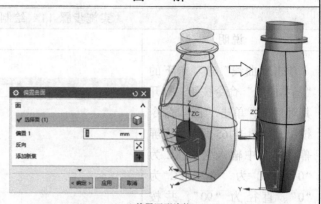 c) 偏置圆形片体
4）创建直纹曲面。 　单击"曲面"选项卡中的"直纹"命令按钮，打开其对话框，如图1-166d所示，默认设置，分别选择瓶身圆孔边界和偏置圆形片体边界为"截面线串1"和"截面线串2"，单击"确定"按钮，完成直纹曲面创建。	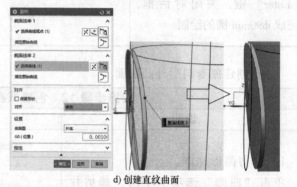 d) 创建直纹曲面 图1-166　创建瓶身圆形外凸曲面（续）

9. 创建瓶底有界平面

实施步骤13　创建瓶底有界平面	
说　　明	图　　解
单击"曲面"工具栏中的"有界平面"命令按钮，打开其对话框，如图1-167所示，选中瓶底椭圆曲线，单击"确定"按钮，创建瓶底有界平面。	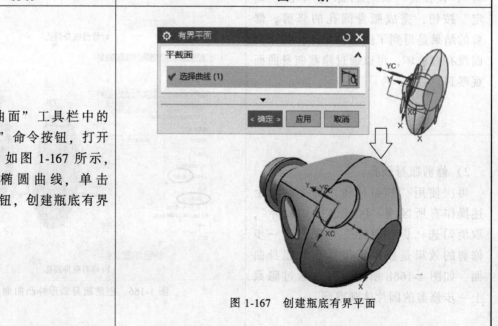 图1-167　创建瓶底有界平面

10. 创建实体瓶身

实施步骤 14　创建实体瓶身	
说　明	图　解
（1）缝合曲面片体 　　选中基准坐标系、所有曲线并按〈Ctrl+B〉快捷键，即可隐藏选中目标。单击"曲面"选项卡中的"缝合"命令按钮，打开其对话框，如图1-168a所示，选择目标片体为上瓶口曲面、工具片体为剩余所有瓶身曲面，单击"确定"按钮，即可缝合所有片体，最后形成一个完整的片体，单击"确定"按钮，完成所有片体缝合。	 a）缝合曲面片体
（2）加厚瓶身曲面 　　单击"曲面"选项卡中的"加厚"命令按钮，打开其对话框，如图1-168b所示，选择面为瓶身曲面，输入厚度"偏置1"为"3"，默认方向向内（若要向外，单击"反向"即可），其余参数默认，单击"确定"按钮，完成瓶身实体加厚。	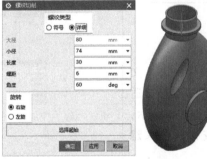 b）加厚瓶身曲面
（3）创建瓶口螺纹 　　选中瓶身曲面并按〈Ctrl+B〉快捷键，即可隐藏瓶身目标，显示出塑料瓶实体模型。单击"主页"选项卡下"特征"工具栏中的"螺纹"命令按钮，打开其对话框，如图1-168c所示，选中瓶口外圆柱面，设置螺纹参数如下：选择螺纹类型为"详细"，输入小径为"74"、长度为"30"、螺距为"6"、角度为"60"、旋转为"右旋"，单击"确定"按钮，完成瓶口螺纹创建。	 c）创建瓶口螺纹 图1-168　创建实体瓶身

11. 保存文件

实施步骤 15　保存文件	
说　明	图　解
最终完成塑料瓶实体模型的创建，如图1-169所示，单击"保存"按钮即可。	图1-169　塑料瓶最终效果图

任务 15 创 建 花 瓶

任 务 描 述	图　　解

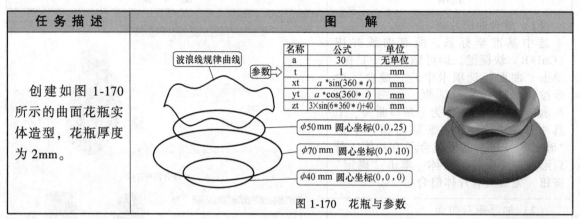

创建如图 1-170 所示的曲面花瓶实体造型，花瓶厚度为 2mm。

波浪线规律曲线

参数 →

名称	公式	单位
a	30	无单位
t	1	mm
xt	$a*\sin(360*t)$	mm
yt	$a*\cos(360*t)$	mm
zt	$3\times\sin(6*360*t)+40$	mm

φ50mm 圆心坐标(0,0,25)

φ70mm 圆心坐标(0,0,10)

φ40mm 圆心坐标(0,0,0)

图 1-170　花瓶与参数

4.5　创建花瓶任务实施

1. 新建文件

实施步骤 1　新建文件	
说明	图　　解

启动 UG NX 软件，输入文件名："花瓶.prt"，选择合适的文件夹，如图 1-171 所示，单击"确定"按钮，进入建模环境。

图 1-171　新建文件

2. 创建曲线圆

实施步骤 2　创建曲线圆	
说明	单击"曲线"选项卡下的"基本曲线"命令按钮，打开其对话框，单击"圆"命令按钮，如图 1-172 所示，在屏幕跟踪条中输入坐标 XC 为"0"、YC 为"0"、ZC 为"25"、直径为"50"，并按〈Enter〉键，关闭对话框，完成 φ50mm 圆的绘制。继续用相同的方法分别在坐标 (0，0，10)、(0，0，0) 处创建 φ70mm、φ40mm 的圆。需要注意的是，绘制多个圆曲线时，可不必关闭命令，只要单击一下别的命令，再单击"圆"命令即可。

图解	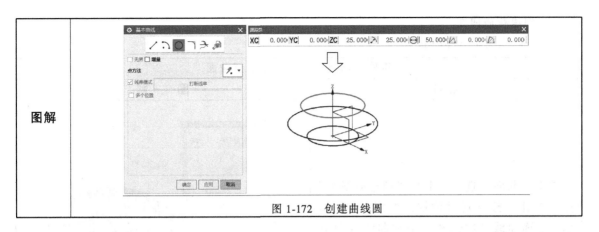

图 1-172　创建曲线圆

3. 创建规律曲线

（1）创建表达式

实施步骤 3　创建表达式	
说　明	图　解
单击"工具"选项卡中的"表达式"命令按钮，打开其对话框，如图 1-173 所示，按下面参数表输入波浪线的表达式，输入每个公式之后，单击"应用"按钮，进行下一个公式的输入，最后单击"确定"按钮，关闭命令。 <table><tr><td>名称</td><td>公式</td><td>单位</td></tr><tr><td>a</td><td>30</td><td>无单位</td></tr><tr><td>t</td><td>1</td><td>mm</td></tr><tr><td>xt</td><td>a * sin (360 * t)</td><td>mm</td></tr><tr><td>yt</td><td>a * cos (360 * t)</td><td>mm</td></tr><tr><td>zt</td><td>3 * sin (6 * 360 * t) +40</td><td>mm</td></tr></table>	图 1-173　创建表达式

（2）创建规律曲线

实施步骤 4　创建规律曲线	
说　明	图　解
单击"曲线"选项卡中的"规律曲线"命令按钮，打开其对话框，如图 1-174 所示，默认 X、Y、Z 的规律类型均为"根据方程"、参数为"t"、函数分别为"xt""yt""zt"，其他参数默认，单击"确定"按钮，完成波浪线规律曲线的创建。	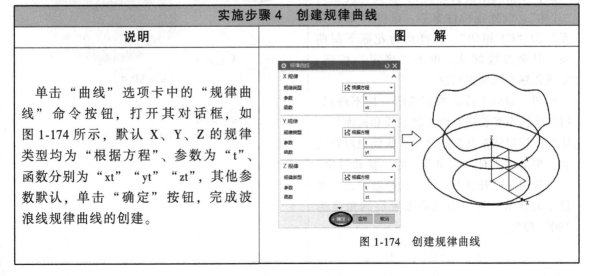 图 1-174　创建规律曲线

4. 创建花瓶曲面

（1）创建花瓶下部曲面

实施步骤 5　创建花瓶下部曲面	
说　明	图　解
单击"曲面"选项卡中的"通过曲线组"命令按钮，打开其对话框，如图 1-175 所示，截面曲线依次选择 3 个圆曲线（每条曲线选好后，按鼠标滚轮确认），设置体类型为"片体"，其余参数默认，单击"确定"按钮，完成花瓶下部曲面创建。	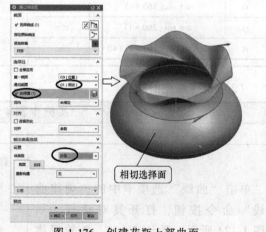 图 1-175　创建花瓶下部曲面

（2）创建花瓶上部曲面

实施步骤 6　创建花瓶上部曲面	
说　明	图　解
单击"曲面"选项卡中的"通过曲线组"命令按钮，打开其对话框，如图 1-176 所示，截面曲线依次选择波浪线、φ50mm 圆曲线（每条曲线选好后，按鼠标滚轮确认，并且选中曲线形成的矢量方向要一致，若不一致，双击矢量箭头即可），设置体类型为"片体"，设置连续性参数：选择"最后截面"为"G1 相切"、选择面为花瓶下部曲面，其余参数默认，单击"确定"按钮，完成花瓶上部曲面创建。 　　说明：如果生成的曲面像图一样不理想，可以将波浪线旋转，由于波浪线和曲面是关联的，所以波浪线旋转之后，曲面也跟着旋转。单击"工具"选项卡下的"移动对象"命令按钮，打开其对话框，选择波浪线，并设定旋转轴，可以尝试着设置旋转角度为"90"即可。	 相切选择面 图 1-176　创建花瓶上部曲面

5. 创建底面有界平面

实施步骤 7 创建底面有界平面	
说　明	图　解
单击"曲面"选项卡中的"有界平面"命令按钮，打开其对话框，如图 1-177 所示，选择底面曲线，单击"确定"按钮，创建底面有界平面。	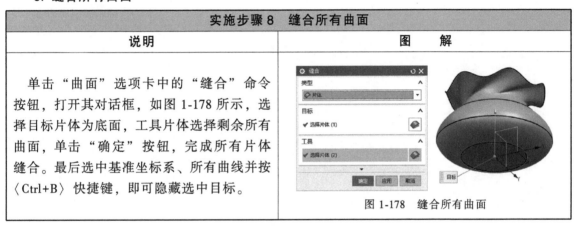 图 1-177　创建底面有界平面

6. 缝合所有曲面

实施步骤 8 缝合所有曲面	
说　明	图　解
单击"曲面"选项卡中的"缝合"命令按钮，打开其对话框，如图 1-178 所示，选择目标片体为底面，工具片体选择剩余所有曲面，单击"确定"按钮，完成所有片体缝合。最后选中基准坐标系、所有曲线并按〈Ctrl+B〉快捷键，即可隐藏选中目标。	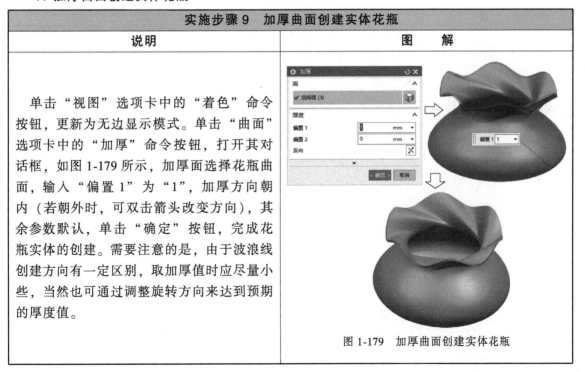 图 1-178　缝合所有曲面

7. 加厚曲面创建实体花瓶

实施步骤 9 加厚曲面创建实体花瓶	
说　明	图　解
单击"视图"选项卡中的"着色"命令按钮，更新为无边显示模式。单击"曲面"选项卡中的"加厚"命令按钮，打开其对话框，如图 1-179 所示，加厚面选择花瓶曲面，输入"偏置 1"为"1"，加厚方向朝内（若朝外时，可双击箭头改变方向），其余参数默认，单击"确定"按钮，完成花瓶实体的创建。需要注意的是，由于波浪线创建方向有一定区别，取加厚值时应尽量小些，当然也可通过调整旋转方向来达到预期的厚度值。	图 1-179　加厚曲面创建实体花瓶

8. 保存文件

实施步骤 10　保存文件	
说　明	图　解
选中曲面并按〈Ctrl+B〉快捷键，即可隐藏花瓶曲面，完成花瓶实体模型创建，如图 1-180 所示，单击"保存"按钮即可。	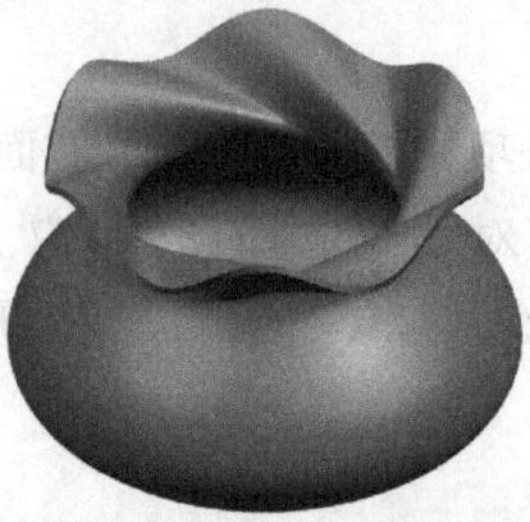 图 1-180　花瓶最终效果图

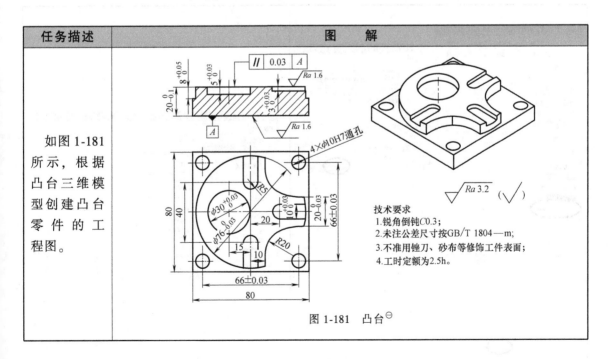

项目⑤

工程图设计

知识目标	能力目标
(1)掌握工程图绘制的一般过程; (2)掌握工程图的标注方法; (3)掌握工程图的编辑方法; (4)了解工程图不同格式的导出、输出方法及工程图图框调用方法。	(1)能根据三维模型创建工程图; (2)能合理设置制图首选项等制图基本环境; (3)能运用各种视图来表达实体模型; (4)会修改、编辑各种视图; (5)会运用工程图的各种标注、修改等功能; (6)会调用图框并正确输出不同格式的图样文件; (7)能综合应用制图模块制作复杂零件的工程图。

任务16 凸台零件工程图设计

任务描述	图　　解
如图1-181所示,根据凸台三维模型创建凸台零件的工程图。	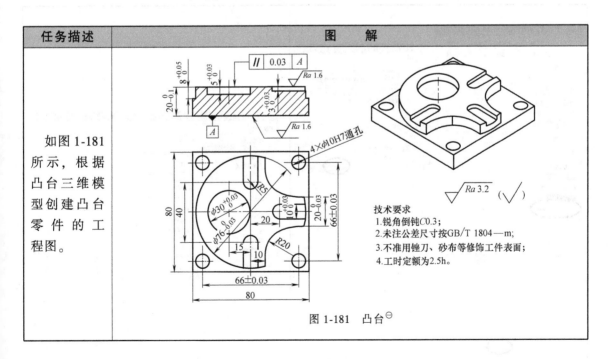

技术要求
1.锐角倒钝C0.3;
2.未注公差尺寸按GB/T 1804—m;
3.不准用锉刀、砂布等修饰工件表面;
4.工时定额为2.5h。

图 1-181　凸台⊖

⊖ 图1-181中有些标注和技术要求未执行现行标准,是为了与软件统一。

5.1 知识链接

1. 制图首选项设置

做好首选项的通用设置是绘制一幅符合制图国家标准的工程图的前提。在建模环境下，可进行图纸背景的设置；进入制图环境后，可进行制图首选项设置，如可以设置图纸格式、视图样式、尺寸样式等。当然，在完成绘图后，也可以进行单独编辑设置。下面主要介绍工程图常见的首选项设置应用情况。

（1）设置图纸背景颜色

在建模环境下，单击"菜单"→"首选项"→"可视化"按钮，或者按〈Ctrl+Shift+V〉快捷键，打开"可视化首选项"对话框，如图 1-182 所示，选择"颜色/字体"选项卡下的"背景"项，然后选择合适的颜色，单击"确定"按钮，完成图纸背景的设置。

（2）设置制图首选项

在制图环境下，单击"菜单"→"首选项"→"制图"按钮，打开"制图首选项"对话框，如图 1-183 所示，对话框中包括："常规/设置""公共""图纸格式""视图"等选项卡。其中，"公共"选项卡如图 1-184a 所示，可设置"文字""直线/箭头"等参数。"图纸格式"选项卡如图 1-184b 所示，可设置"图纸页""边界和区域"等参数。"视图"选项卡如图 1-184c 所示，可设置"可见线""基本/图纸""投影""截面线"等参数。"尺寸"选项卡如图 1-184d 所示，可设置"公差""文本"及"单位"等参数。"注释"选项卡如图 1-184e 所示，可设置"表面粗糙度符号""剖面线/区域填充""中心线"等参数。"表"选项卡如图 1-184f 所示，可设置"零件明细表""孔表"等参数。"制图首选项"设置内容十分广泛，初学者可默认设置，熟练使用后可根据实际需要设置符合自己需求的选项。

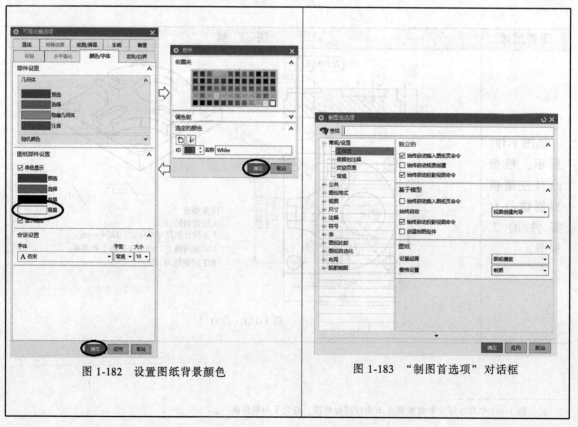

图 1-182　设置图纸背景颜色　　　　　图 1-183　"制图首选项"对话框

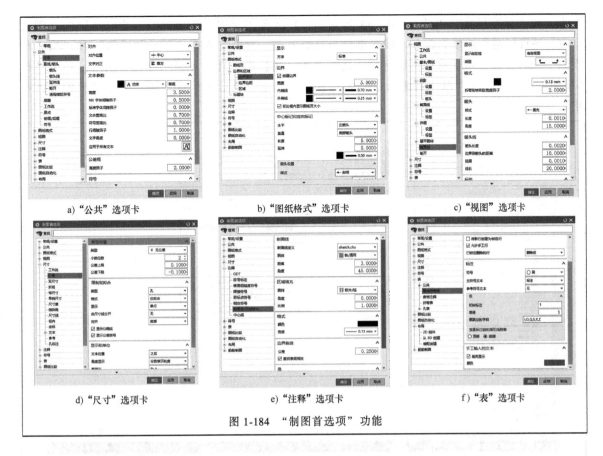

a)"公共"选项卡   b)"图纸格式"选项卡   c)"视图"选项卡

d)"尺寸"选项卡   e)"注释"选项卡   f)"表"选项卡

图 1-184 "制图首选项"功能

2. 制图基本功能

利用 UG NX 软件的建模功能创建的零件和装配模型,在进入 UG NX 的制图模块后,可以快速地生成二维工程图。

（1）制图基本环境

如图 1-185 所示,单击"应用模块"选项卡中的"制图"按钮 ,或者按〈Ctrl+Shift+D〉快捷键,即可进入制图应用模块。UG NX 软件制图基本环境界面如图 1-186 所示,主要由屏幕中间虚线框内的绘图区、屏幕上方的绘图菜单与工具按钮区、屏幕左侧的部件导航区等构成。

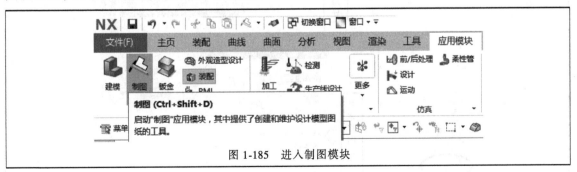

图 1-185 进入制图模块

（2）创建图纸

进入制图环境后,单击"主页"选项卡中的"新建图纸页"命令按钮,打开"图纸页"对话框,如图 1-187 所示,可选择"使用模板""标准尺寸"及"定制尺寸"确定图纸幅面尺寸

大小。如"标准尺寸"可选择 A0~A4 等大小，并可选相应的制图比例，一般默认图样比例为
1：1，还可以进行图纸页命名、设置单位与投影方式。投影方式有"第一角投影"和"第三角
投影"两种方式，按照我国制图标准，选择"第一角投影"和"毫米"单位。另外，还可进行
"视图创建向导"与"基本视图命令"的设置，选择相应项后再单击"确定"按钮，即可进行
相关设置。

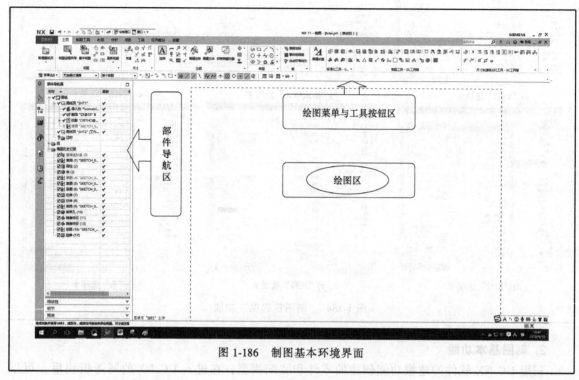

图 1-186　制图基本环境界面

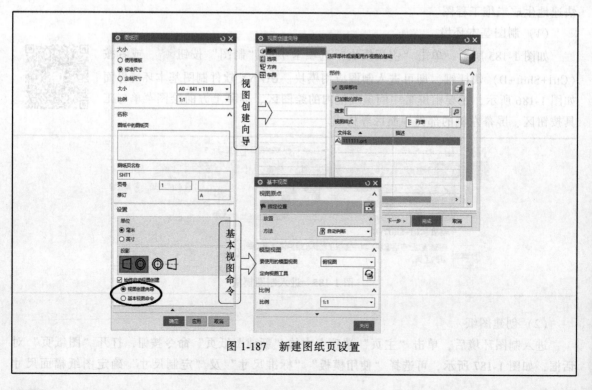

图 1-187　新建图纸页设置

（3）创建视图

1）创建基本视图。

基本视图是零件向基本投影面投影所得的图形。它主要包括零件模型的主视图、后视图、俯视图、仰视图、左视图、右视图、等轴测图等。如图 1-188a 所示，单击"菜单"→"插入"→"视图"→"基本"命令按钮，或在"主页"选项卡中单击"基本视图"命令按钮，打开"基本视图"对话框，如图 1-188b 所示，该对话框中已经加载了部件模型文件，可以选择基本视图的放置方法，添加基本视图的种类、基本视图的比例，编辑基本视图的样式等，一般为默认设置，在图纸上选择合适位置，添加基本视图即可，使用该命令，还可继续以此基本视图投影其他视图，完成后直接关闭对话框即可。

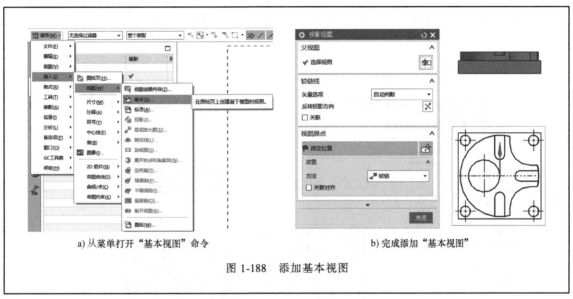

a) 从菜单打开"基本视图"命令　　　　　　　b) 完成添加"基本视图"

图 1-188　添加基本视图

如果需要以某一视图投影其他视图，在绘图区选中该视图后，再重新打开"基本视图"对话框即可。当然，也可在绘图区直接选中已添加的"基本视图"图框，单击鼠标右键选择"添加投影视图"，如图 1-189 所示，或在"主页"选项卡中单击"投影视图"按钮，打开"投影视图"对话框，完成添加。

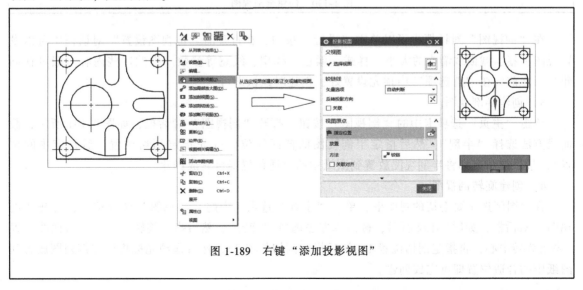

图 1-189　右键"添加投影视图"

2）创建全剖视图。

如图 1-190a 所示，单击"主页"选项卡中的"剖视图"命令按钮或单击鼠标右键选择"添加剖视图"命令，如图 1-190b 所示。打开"剖视图"对话框，如图 1-190c 所示。默认设置，捕捉选择视图的剖切位置并向投射方向引出剖视图，即可完成全剖视图的创建。

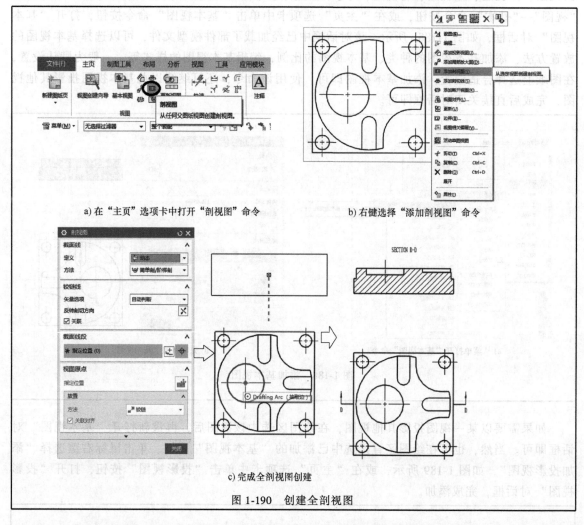

a) 在"主页"选项卡中打开"剖视图"命令
b) 右键选择"添加剖视图"命令

c) 完成全剖视图创建

图 1-190　创建全剖视图

在"剖视图"对话框中可以单击"设置"按钮，在打开的"剖视图设置"对话框中可以设置视图标签、截面线箭头的大小、样式、颜色、线型、线宽等参数。当然这些内容一般可在创建视图之前，在"首选项"中预先设置好，创建时默认即可。

3）创建半剖视图。

单击"主页"选项卡中的"剖视图"按钮，打开"剖视图"对话框，如图 1-191 所示，截面线方法选择"半剖"，然后指定半剖视图的截面线位置（先指定剖切位置，后指定中间位置），最后拖动光标将半剖视图放置到图纸中的合适位置即可完成创建。

4）创建旋转剖视图。

在绘图区选中要剖切的视图框，单击"主页"选项卡中的"剖视图"命令按钮，打开"剖视图"对话框，如图 1-192 所示，截面线方法选择"旋转"，然后指定旋转剖视图的截面线位置（先指旋转中心，再指定剖切位置 1，最后指定剖切位置 2），然后拖动光标将旋转剖视图放置到图纸中的合适位置即可完成创建。

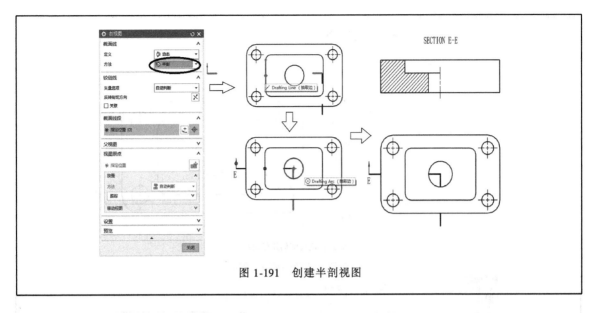

图 1-191 创建半剖视图

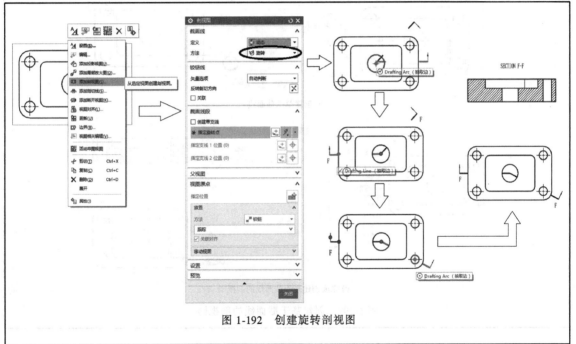

图 1-192 创建旋转剖视图

5）创建基于截面线的剖视图。

"剖切线"是创建基于草图的、独立的剖切线，用于创建派生自 PMI 切割平面符号的剖视图或剖切线。单击"主页"选项卡中的"剖切线"命令按钮，打开"截面线"对话框，如图 1-193a 所示，在绘图区选中要创建截面线的视图框，进入草图环境，如图 1-193b 所示，应用轮廓命令在需要剖切的位置创建截面线，并使用约束命令进行定位，完成后单击"确定"按钮，返回"截面线"对话框，默认剖切方法，调整合适的投射方向，单击"确定"按钮，完成剖切线的创建。如图 1-193c 所示，在绘图区选中截面线，并单击鼠标右键，选择"添加剖视图"命令，打开"剖视图"对话框，默认设置，在投射方向的合适位置创建剖视图。需要注意的是，如果在创建的剖视图中产生了多余的线，选中后隐藏即可。

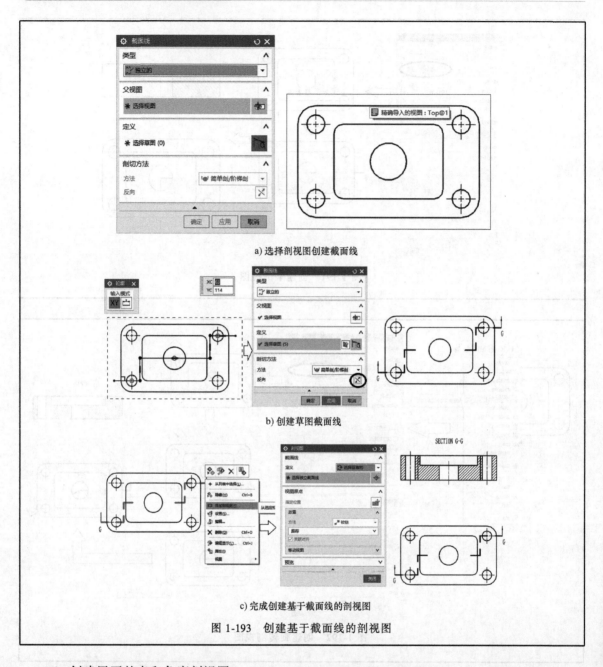

a) 选择剖视图创建截面线

b) 创建草图截面线

c) 完成创建基于截面线的剖视图

图 1-193　创建基于截面线的剖视图

6）创建展开的点和角度剖视图。

使用具有不同角度的多个剖切面（所有平面的交线垂直于某一基准平面）对视图进行剖切操作，所得的视图即为展开剖视图。该剖切方法适用于多孔的板类零件，或内部结构复杂且不对称的零件的剖切操作。"展开的点和角度剖视图"是指通过截面线分段的位置和角度创建的一个展开剖视图。单击"主页"选项卡中的"展开的点和角度剖视图"按钮，打开其对话框，如图1-194a所示，并选择要剖切的"父视图"；如图1-194b所示，在视图中选择侧边为定义铰链线，以自动判断矢量方向，并单击对话框中的"应用"按钮完成矢量方向的定义；如图1-194c所示，选择表示剖切位置的若干关联点来创建截面线，最后单击对话框中的"确定"按钮；如图1-194d所示，拖动光标将剖视图放置在适当的位置即可，完成展开的点和角度剖视图创建。

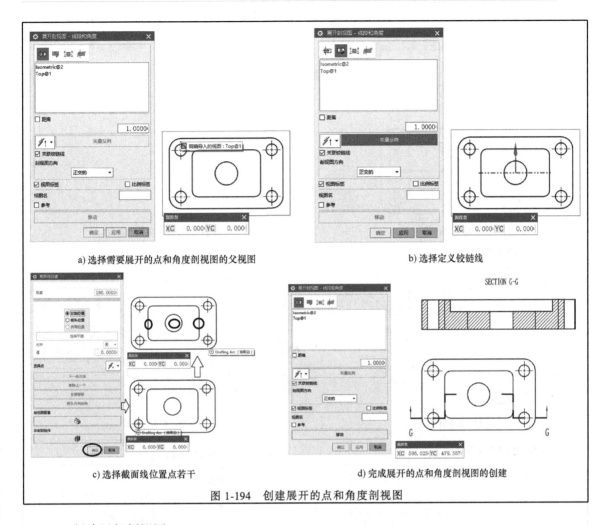

a) 选择需要展开的点和角度剖视图的父视图

b) 选择定义铰链线

c) 选择截面线位置点若干

d) 完成展开的点和角度剖视图的创建

图 1-194　创建展开的点和角度剖视图

7）创建局部剖视图。

创建局部剖视图之前需创建局部剖视图的边界。如图 1-195a 所示，首先在绘图区选中要进行局部剖的视图，单击鼠标右键选择"展开"，使其扩大充满视窗，然后单击"艺术样条"命令按钮（该命令一般处于隐藏状态，可通过搜索添加到"主页"选项卡中），打开其对话框，如图 1-195b 所示，选择类型为"通过点"，输入参数化次数为"5"，勾选"封闭"，之后在剖视图周边绘制 3 个以上的控点，完成边界的绘制，如图 1-195c 所示，再单击鼠标右键，取消勾选"扩大"，返回制图环境，如图 1-195d 所示。

完成边界绘制后，即可创建局部剖视图。单击"主页"选项卡中的"局部剖视图"命令按钮，打开其对话框，如图 1-195e 所示，同时选中要剖切的父视图；如图 1-195f 所示，在俯视图中选择孔的中心以定义基点；接着在对话框中单击"选择曲线"按钮，并选择主视图中绘制好的曲线边界，如图 1-195g 所示；最后单击"应用"按钮，完成局部剖视图的创建，如图 1-195h 所示，单击"取消"按钮，关闭对话框。

8）创建局部放大图。

单击"主页"选项卡中的"局部放大图"命令按钮，打开其对话框，如图 1-196 所示，常用的参数可在首选项中设置，也可在对话框中进行相关的设置。在绘图区捕捉并选择要放大的位置点，确定要放大的范围，在合适的位置放置局部放大图即可，最后单击"关闭"按钮，关闭对话框。

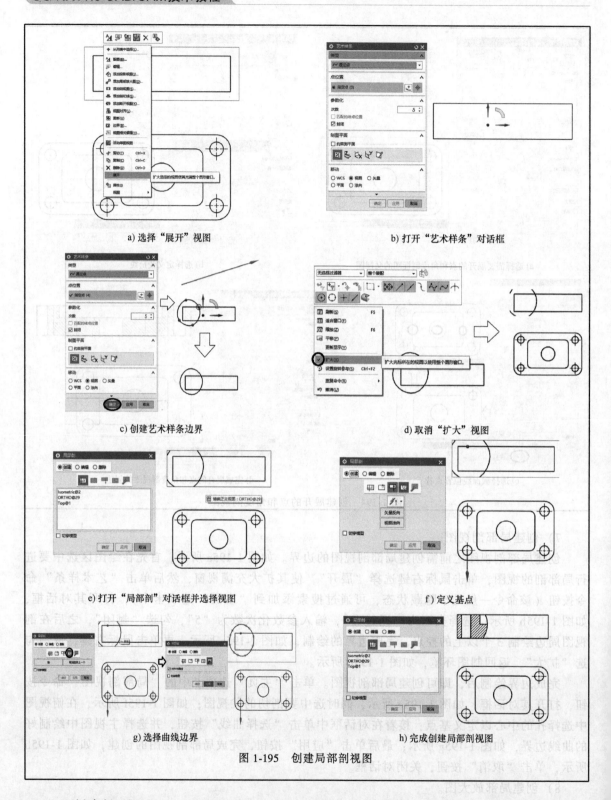

a) 选择"展开"视图

b) 打开"艺术样条"对话框

c) 创建艺术样条边界

d) 取消"扩大"视图

e) 打开"局部剖"对话框并选择视图

f) 定义基点

g) 选择曲线边界

h) 完成创建局部剖视图

图 1-195 创建局部剖视图

9）创建断开视图。

单击"主页"选项卡中的"断开视图"命令按钮，打开其对话框，如图 1-197 所示。在对话框中选择类型为"单侧"，设置样式为"实心杆状线"，其余参数默认，在要断裂的视图位置捕捉并选中一点，最后选择合适的位置放置断开视图即可。

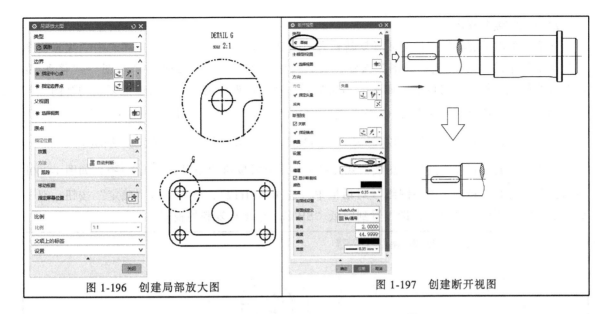

图 1-196　创建局部放大图　　　　　图 1-197　创建断开视图

（4）编辑视图

通过"编辑视图"命令可以进行"更新视图""移动/复制视图""视图对齐"等操作，从而获得更加完美的图样。"编辑视图下拉菜单"中的命令也可以通过勾选"主页"选项卡中的"视图"工具栏中的相关命令来实现，如图 1-198 所示。

1）更新视图。

在创建工程图的过程中，当需要在工程图和实体模型之间进行切换，或者需要去掉不必要的显示部分时，可以应用视图的显示和更新操作功能。所有的视图被更新后将不会有高亮的视图边界。反之，未更新的视图会有高亮的视图边界。单击"主页"选项卡中"编辑视图下拉菜单"中的"更新视图"按钮，打开其对话框，如图 1-199 所示。在视图列表中选择相应的视图，单击"确定"或"应用"按钮，即可完成更新，但手工定义的边界只能用手工方式更新。

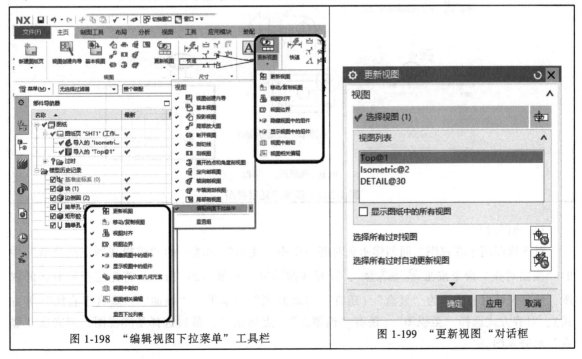

图 1-198　"编辑视图下拉菜单"工具栏　　　　图 1-199　"更新视图"对话框

2）移动/复制视图。

该命令可以完成将视图移动或者复制到另一图纸页上。单击"主页"选项卡中"编辑视图下拉菜单"中的"移动/复制视图"按钮，或通过单击"菜单"→"编辑"→"视图"→"移动/复制"命令按钮，打开其对话框，如图 1-200a 所示，在对话框中需选择要移动或复制的视图。若只移动视图，直接单击移动方式（"至一点" ⬚、"水平" ⬚、"垂直" ⬚、"垂直于直线" ⬚）即可；如果是复制视图，则需勾选"复制视图"，勾选"距离"可精确移动视图。

如果移动或复制视图到另一图纸，就要单击移动方式按钮"至另一图纸" ⬚，如图 1-200b 所示，并在新的"视图至另一图纸"对话框中，选择"SHT2"，然后单击"确定"按钮，双击导航器中的"图纸页 SHT2"，即可看到图纸"SHT2"中出现复制的视图。

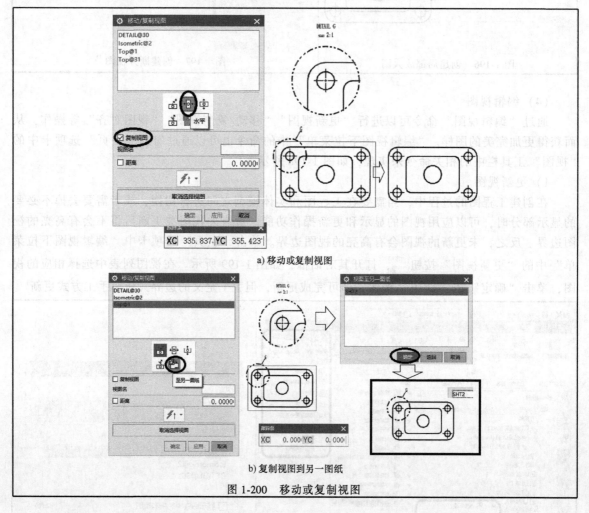

a) 移动或复制视图

b) 复制视图到另一图纸

图 1-200　移动或复制视图

3）视图对齐。

对齐视图用于在视图之间创建永久对齐。单击"主页"选项卡的"编辑视图下拉菜单"中的"视图对齐"命令按钮 🔲 视图对齐，打开其对话框，如图 1-201 所示，首先选择要对齐的视图，然后选择对齐方法为"竖直"（还有"自动判断""水平""叠加""垂直于直线"等方式），对齐方式选择"至视图"（还有"模型点""点到点"），最后选择基准视图，即完成"竖直"对齐视图。

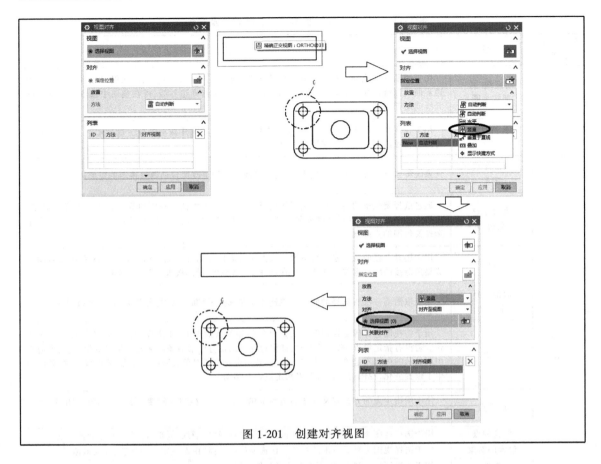

图 1-201　创建对齐视图

4）视图边界。

单击"主页"选项卡的"编辑视图下拉菜单"中的"视图边界"按钮，打开其对话框，如图 1-202 所示，选中视图对象后，命令按钮被激活，对话框中各选项对应的功能及其含义见表 1-11。定义视图边界是将视图以所定义的矩形线框或封闭曲线为界线进行显示的操作。在创建工程图的过程中，经常会遇到定义视图边界的情况，例如在创建局部剖视图的局部剖边界曲线时，需要将视图边界进行放大操作等。

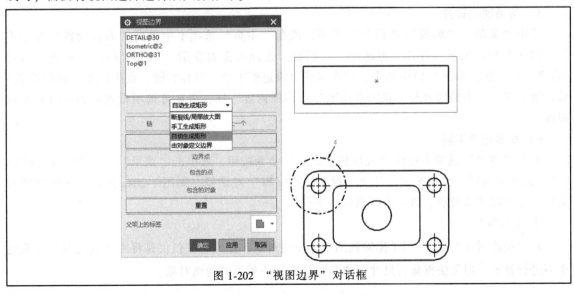

图 1-202　"视图边界"对话框

表 1-11　"视图边界"各选项对应的功能及其含义

视图边界内容	项目	含义
边界类型	断裂线/局部放大图	用于用断开线或局部视图边界线来设置任意形状的视图边界。该选项仅仅显示出被定义的边界曲线围绕的视图部分。选择该选项后，系统提示选择边界线，可在视图中选取已定义的断开线或局部视图边界线
	手工生成矩形	用于在定义矩形边界时，在选择的视图中按住鼠标左键并拖动光标生成矩形边界，该边界也可随模型更改而自动调整视图的边界
	自动生成矩形	系统将自动定义一个矩形边界，该边界可随模型的更改而自动调整视图的矩形边界
	由对象定义边界	通过选择要包围的对象来定义视图的范围，可在视图中调整视图边界来包围所选择的对象。选择该选项后，系统提示选择要包围的对象，可利用"包含的点"或"包含的对象"选项在视图中选择要包围的点或线
选项组	链	用于选择链接曲线。系统可按照箭头方向选取曲线的开始端和结束端。此时系统会自动完成整条链接曲线的选取。该选项仅在选择了"断裂线/局部放大图"时才被激活
	取消选择上一个	用于取消前一次所选择的曲线。该选项仅在选择了"断裂线/局部放大图"时才被激活
	锚点	用于将视图边界固定在视图中指定对象的相关联的点上，使边界随指定点的位置变化而变化。若没有指定锚点，修改模型时，视图边界中的部分图形对象可能发生位置变化，使视图边界中所显示的内容不是希望的内容。反之，若指定与视图对象关联的固定点，修改模型时，即使产生了位置变化，视图边界也会跟着指定点进行移动
	边界点	用于用指定点的方式定义视图的边界范围。该选项仅在选择"断裂线/局部放大图"时才会被激活
	包含的点	用于选择视图边界要包围的点。该选项仅在选择"断裂线/局部放大图"时才会被激活
	包含的对象	用于选择视图边界要包围的对象。该选项仅在选择"由对象定义边界"时才会被激活
	重置	用于放弃所选的视图，以便重新选择其他视图
父项上的标签	无	选择该列表项后，在局部放大图的父视图中将不显示放大部位的边界
	圆	父视图中的放大部位无论是什么形状的边界，都将以圆形边界来显示
	注释	在局部放大图的父视图中将同时显示放大部位的边界和标签
	标签	在父视图中将显示放大部位的边界与标签，并利用箭头从标签指向放大部位的边界
	内嵌的	在父视图中显示放大部位的边界与标签，并将标识嵌入到放大边界曲线中
	边界	在父视图中只能显示放大部位的原有边界，而不显示放大部位的标签

5) 编辑视图设置。

单击"菜单"→"编辑"→"设置"选项，或在"主页"选项卡中单击"编辑设置"命令按钮，如图 1-203a 所示，打开"类选择"对话框。选择视图对象后，单击"确定"按钮，打开"设置"对话框，如图 1-203b 所示；或在视图对象边框中单击鼠标右键，直接打开"视图设置"对话框，对话框中的内容与"视图首选项"对话框内容一样，可对首选项设置内容进行补充或修改。

6) 视图相关编辑。

单击"主页"选项卡中的"视图相关编辑"命令按钮，或单击"菜单"→"编辑"→"视图"→"视图相关编辑"命令按钮，打开"视图相关编辑"对话框，如图 1-204a 所示，选中视图对象后，命令按钮被激活。该命令可执行以下操作。

① 添加编辑

a. "擦除对象" ，用于擦除视图中选择的对象。擦除对象仅仅是将所选取的对象隐藏起来不进行显示，但无法擦除有尺寸标注和与尺寸标注相关的视图对象。

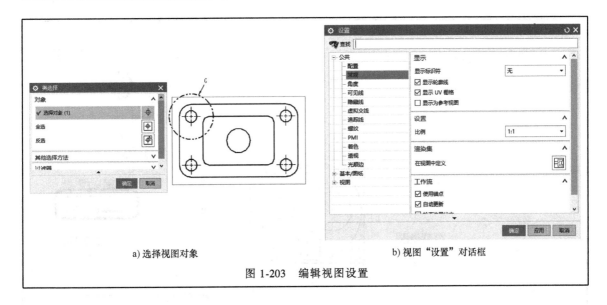

a) 选择视图对象   b) 视图"设置"对话框

图 1-203   编辑视图设置

b. "编辑完全对象" ⊞，用于编辑视图中所选整个对象的显示方式，编辑的内容包括颜色、线型和线宽。

c. "编辑着色对象" ⊞，用于编辑视图中某一部分的显示方式。

d. "编辑对象段" ⊞，用于编辑视图中所选对象的某个片段的显示方式。

e. "编辑剖视图的背景" ⊟，用于编辑剖视图的背景。

② 删除编辑。

a. "删除选择的擦除" ⊞，用于删除前面所进行的擦除操作，使隐藏的对象重新显示出来。

b. "删除选择的修改" ⊞，用于删除对所选视图进行的某些修改操作，使编辑的对象回到原来的显示状态。

c. "删除所有修改" ⊞，用于删除先前对所选视图进行的所有编辑，使所有编辑过的对象全部回到原来的显示状态。

③ 转换相关性。

a. "模型转换到视图" ⬚，用于转换模型中存在的单独对象到视图中。

b. "视图转换到模型" ⬚，用于转换视图中存在的单独对象到模型中。

④ 编辑对象段操作。

在"视图相关编辑"对话框中，单击"编辑对象段"按钮，如图 1-204b 所示，设置线型为"虚线"、线宽为"0.50mm"，单击"应用"按钮，弹出"编辑对象段"对话框，如图 1-204c 所示，选择视图中的对象段圆，弹出"名称"对话框，单击"确定"按钮，完成编辑对象段，最后单击"取消"按钮，返回"视图相关编辑"对话框，单击"取消"按钮，关闭对话框。编辑对象效果如图 1-204d 所示。

7）显示图纸页。

单击"主页"选项卡中的"显示图纸页"（该命令一般处于隐藏状态，可通过命令查找器添加到"主页"选项卡中）按钮，系统将自动在建模环境和工程图环境之间进行切换，以方便进行实体模型和工程图之间的对比观察等操作。

a)"视图相关编辑"对话框　　　　　　　　　　b) 编辑对象段

c)"编辑对象段"对话框　　　　　　　　　　d) 编辑完成后的效果图

图 1-204　视图相关编辑

8）编辑标注。

在 UG NX 工程图中进行标注的编辑和修改十分方便，标注主要涉及尺寸、文本、形位公差、表面粗糙度等内容。针对上述内容进行编辑时，一般选中修改的对象后，单击鼠标右键，找到相应的项目，直接编辑修改并单击"确定"按钮即可。另外，在工程图中标注尺寸就是直接引用三维模型真实的尺寸，具有实际的含义，因此如果三维模型被修改，工程图中的相应尺寸会自动更新，从而保证了工程图与模型的一致性。

3. 尺寸功能

UG NX 的制图模块和三维建模模块是完全关联的，在工程图中标注尺寸就是直接引用三维模型真实的尺寸，因此无法改动尺寸。若三维模型被修改，制图中的相应尺寸会自动更新，从而保证工程图与模型的一致性。选择"插入"菜单栏的"尺寸"子菜单下的相应选项，即可进行尺寸标注，如图 1-205a 所示；或单击"主页"选项卡中"尺寸"工具栏中的有关命令按钮，进行尺寸标注，如图 1-205b 所示。

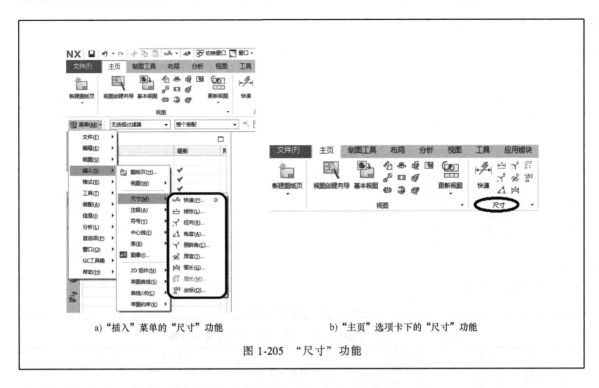

a)"插入"菜单的"尺寸"功能   b)"主页"选项卡下的"尺寸"功能

图 1-205 "尺寸"功能

"尺寸"工具栏中各按钮及其对应的命令和功能含义见表1-12。

表 1-12 "尺寸"工具栏中各按钮及其对应的命令和功能含义

图标	尺寸名称(快捷键)	功 能 含 义
	快速(D)	根据选定对象和光标位置自动判断尺寸类型,以创建尺寸
	线性	在两个对象或点位置间创建线性尺寸
	径向	创建圆柱对象的半径或直径尺寸
	成角度	在两条不平行直线之间创建角度尺寸
	倒斜角	在倒斜角曲线上创建倒斜角尺寸
	厚度	创建厚度尺寸来测量两条曲线之间的距离
	弧长	创建弧长尺寸来测量圆弧周长
	周长	创建周长约束以控制选定直线和圆弧的集体长度
	坐标	创建一个坐标尺寸,测量从公共点沿一条坐标基线到某一对象上某位置的距离

4. 注释功能

使用注释功能标注图样的重要内容时,可以对图样进行文本注释、形位公差、表面粗糙度、基准符号、区域填充等内容的标注。通过单击"菜单"→"插入"→"注释"按钮,即可选择打开想要的注释命令,如图 1-206a 所示;或单击"主页"选项卡中的"注释"按钮,如图 1-206b 所示,即可打开对话框完成标注。"注释"工具栏中各按钮及其对应的命令和功能含义见表1-13。

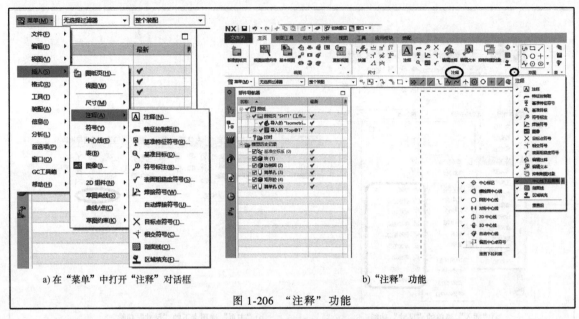

a) 在"菜单"中打开"注释"对话框　　　　　b)"注释"功能

图 1-206　"注释"功能

表 1-13　"注释"工具栏中各按钮及其对应的命令和功能含义

图标	注释名称	功能含义
A	注释	创建注释
	抑制制图对象	使用控制表达式控制制图对象的可见性
	特征控制框	创建单行、多行或复合的特征控制框
	剖面线	在指定边界内创建图样
	基准特征符号	创建基准特征符号
	区域填充	在指定边界内创建图样或填实
	基准目标	创建基准目标
	中心标记	创建中心标记
	符号标注	创建符号标注
	螺栓圆中心线	创建完整或不完整螺栓圆中心线
	焊接符号	创建焊接符号来指定焊接参数,如类型、轮廓形状、大小、长度和或间距以及表面加工方法
	圆形中心线	创建完整或不完整圆形中心线
	图像	在图纸页上放置光栅图像(.jpg、.png 或 .tif)
	对称中心线	创建对称中心线
	目标点符号	创建可用于进行尺寸标注的目标点符号
	2D 中心线	创建 2D 中心线
	相交符号	创建相交符号,该符号代表拐角上的证示线
	3D 中心线	基于面或曲线输入创建中心线,其中产生的中心线是真实的 3D 中心线
	表面粗糙度符号	创建表面粗糙度符号来指定表面参数,如粗糙度、处理或涂层、图案、加工余量和波纹
	自动中心线	自动创建中心标记、圆形中心线或圆柱形中心线
	编辑注释	基于选定对象的类型编辑注释
	偏置中心点符号	创建偏置中心点符号,该符号表示某一圆弧的中心,该中心的位置偏离其真正的中心
	编辑文本	编辑注释的文本和设置

（1）标注注释文本

单击"主页"选项卡中的"注释"按钮，打开其对话框，如图 1-207 所示，在对话框中可以输入文本并可进行编辑，还可以编辑指引线样式、设置文字样式等，然后在指定位置引出注释即可。

（2）标注基准特征符号

单击"主页"选项卡中的"基准特征符号"按钮 基准特征符号，打开其对话框，如图 1-208 所示，在对话框中可以设置指引线类型与样式，输入基准符号，设置文字样式等，完成以上设置后，即可在指定位置单击并引出标注基准特征符号。

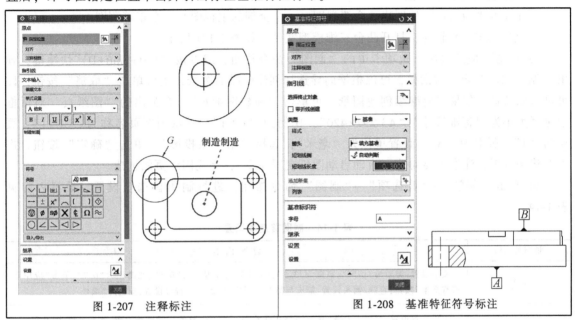

图 1-207　注释标注　　　　　　　　　图 1-208　基准特征符号标注

（3）标注特征控制框

单击"主页"选项卡中的"特征控制框"按钮 特征控制框，打开其对话框，如图 1-209 所示，在对话框中可以设置指引线类型与样式，选择特征框形位公差特征（14 种），选择单框或复合框，输入公差大小，选择第一～第三基准参考，输入附加文本，设置文字样式等。完成以上设置后，即可在指定位置单击引出特征控制框。

（4）标注表面粗糙度

单击"主页"选项卡中的"表面粗糙度符号"按钮，打开其对话框，如图 1-210 所示，

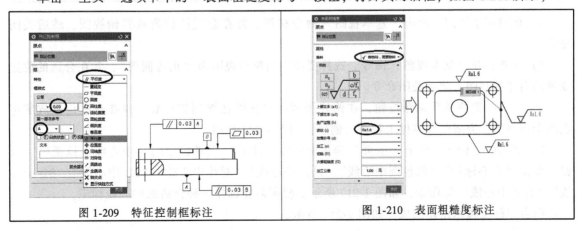

图 1-209　特征控制框标注　　　　　　　图 1-210　表面粗糙度标注

在对话框中可以设置指引线类型与样式、选择表面粗糙度材料属性与符号样式、设置文字样式等。完成以上设置后，即可单击指定位置标注。如果需要引出标注，当按住鼠标左键，将其拖至合适的位置放置即可。标注效果默认的是水平标注方式，如需倾斜标注，则需在对话框的"设置"栏中，输入角度参数，如"45"即可，根据需要还可勾选"反转文本"进行标注。

5.2 凸台零件工程图设计任务实施

1. 创建凸台零件工程图

本任务需要为凸台零件创建一个俯视图、一个全剖的主视图和一个正等测图。

1）启动 UG NX 软件，打开凸台三维模型文件，如图 1-181 所示。

2）单击"应用模块"选项卡中的"制图"命令按钮，或者按〈Ctrl+Shift+D〉快捷键，弹出"制图创建向导"对话框，可以根据向导选择创建所需的图纸，也可单击"取消"按钮，即可进入图纸页。如果需要继续创建图纸，可单击"新建图纸页"，在弹出的"图纸页"对话框中选择大小为"标准尺寸""A3-297×420"，比例为"1：1"，默认图纸页名称为"SHT1"，页号为"1"，版本为"A"，设置单位为"毫米"，选择"第一角投影"，单击"确定"按钮，进入新建图纸页，注意不要勾选"自动启动图纸视图命令"，完成图纸页的创建。

3）单击"菜单"→"首选项"→"制图"命令按钮，进行制图首选项设置，设置内容见表 1-14。

表 1-14　制图首选项设置

制图首选项	设　置　内　容
公共	文字设置：类型为"仿宋"、高度为"3.5"、NX 字体间隙因子为"0.5"、宽高比为"0.7"，单击"应用于所有文本"按钮；直线/箭头设置：箭头与箭头线颜色为"黑色"；符号设置：颜色为"黑色"
视图	工作流程设置：边界不勾选"显示"；公共设置：可见线为"黑色"；截面线设置：箭头长度为"0.001"、箭头线长度为"0.002"、短划线长度为"0.002"，标签不勾选"显示字母"（为了使视图剖切位置不显示截面线及字母）
尺寸	公差设置：小数位数为"3"；文本设置：单位小数分隔符为".周期"、尺寸文本高度为"3.5"并勾选"应用于整个尺寸"，公差文本取消勾选"应用于整个尺寸"，双行公差文本高度为"2"
注释	表面粗糙度符号设置：颜色为"黑色"；剖面线/区域填充设置：剖面线角度为"45"、距离为"3"、颜色为"黑色"

4）创建基本视图。单击"基本视图"命令按钮，并在合适的位置放置俯视图，然后关闭命令。

5）重新打开"基本视图"命令，选择要使用的模型视图为"正等测图"，并在合适的位置放置凸台正等测图，然后关闭命令。

6）单击"剖视图"命令按钮，在俯视图宽度对称处捕捉剖切位置，并在合适位置放置主视图全剖视图，完成凸台零件工程图的创建，如图 1-211 所示。

7）创建中心标记。单击"主页"选项卡中的"注释"工具栏中的"中心线下拉菜单"按钮，弹出"中心标记""螺栓圆中心线""圆形中心线""对称中心线""2D 中心线""3D 中心线""自动中心线"等命令，如图 1-212 所示，根据需要选择一种合适的中心线标记。

凸台零件工程图创建完成，如图 1-211 所示。

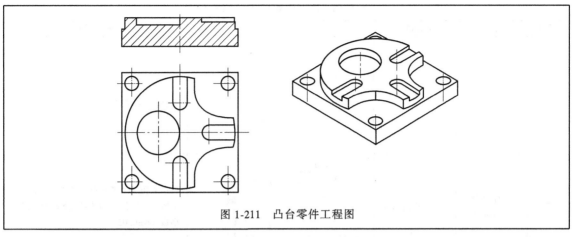

图 1-211　凸台零件工程图

图 1-212　"中心线下拉菜单"

2. 凸台零件工程图标注

（1）标注尺寸

单击制图模块下"主页"选项卡中的"尺寸"工具栏中的"快速尺寸"命令按钮，打开其对话框，如图 1-213 所示，在对话框中可以进行测量与驱动方法的选择。在图形中选择要标注的参考对象，一般可选一段直线或圆弧，也可选尺寸的两个边界点，并在屏幕跟踪对话框中进行标注方法、有无公差、前导或后导方式输入文本标注、尺寸后小数点位置、公差形式及小数点位数的选择等，还可对尺寸及公差等文本进行相关设置。本任务凸台零件尺寸标注情况见表 1-15。

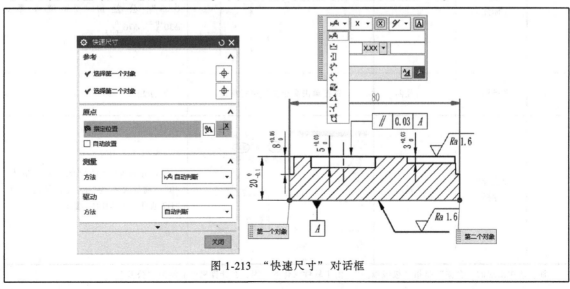

图 1-213　"快速尺寸"对话框

表 1-15　凸台零件尺寸标注情况

序号	尺寸类型	工具命令	命令设置	标注说明
1	自由尺寸标注	快速(D)		设置值为"无公差"，尺寸不带小数点：80、40、20、15、10
2	对称公差尺寸标注	快速(D)		设置值为"等双向公差"，尺寸不带小数点，公差为"0.03"，公差留"2"位小数：66±0.03
3	非对称公差尺寸标注	快速(D)		设置值为"单向正公差"或"单向负公差"，尺寸不带小数点，公差值上限为"0.03"、下限为"-0.03"、公差留"2"位小数：$10^{+0.03}_{0}$、$3^{+0.03}_{0}$、$8^{+0.05}_{0}$、$20^{0}_{-0.03}$
4	非整数非对称公差尺寸标注	快速(D)		设置值为"单向负公差"，尺寸留"1"位小数，公差值上限为"0"，下限为"-0.1"，公差留"1"位小数：$20^{0}_{-0.1}$
5	圆的非对称公差尺寸标注	快速(D)		设置方法为"圆柱式"，值为"单向正公差"或"单向负公差"，尺寸不带小数点，公差值上限为"0.03"，下限为"-0.03"，公差留"2"位小数：$\phi30^{+0.03}_{0}$、$\phi76^{0}_{-0.03}$
6	半径标注	径向	直接单击命令按钮进行标注	R5、R20
7	带注释的尺寸标注	径向		设置方法为"直径""无公差"，值为"0"，前导文本为"4×"，后导文本为"H7 通孔"：4×φ10H7 通孔

注：表中出现的"公差"是指"极限偏差"，由于软件汉化的原因，在计算机中显示为"公差"。

（2）标注形位公差

单击制图模块"主页"选项卡中"注释"工具栏中的标注工具按钮，分别打开"基准特征符号"命令与"特征控制框"命令，在合适的位置标注基准符号与平行度位置公差。

（3）标注注释文本

单击"主页"选项卡中的"注释"按钮，分别输入注释文本并设置技术要求为7号字、技术要求内容为5号字等，最后选择合适的位置放置即可。

（4）标注表面粗糙度

表面粗糙度应按照现行国家标准标注。标注时，直接打开"表面粗糙度符号"命令，输入相应的参数（$Ra1.6$、$Ra3.2$）即可。注意标注底面时，需引线标注。

完成视图创建与标注后如图1-214所示。

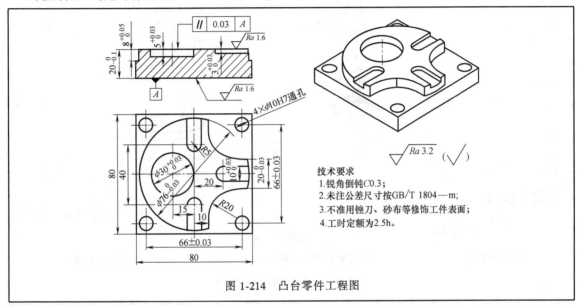

图1-214　凸台零件工程图

3. 创建标准图框

为了节省空间，UG NX软件图纸中的图框（含标题栏）均为Pattern（图样）文件。Pattern（图样）文件类似于AutoCAD软件中的Block（块）文件，可作为一个整体进行操作，也可以Expand（打散）。可类似于AutoCAD软件操作，创建A0、A1、A2、A3、A4五个图框，可含标题栏，并将各个Pattern（图样）文件存放在固定的文件夹内随时调用。下面进行A3标准图框的创建。

1）新建一个UG NX模型文件，文件名为"GBa3. prt"。

2）单击"应用模块"→"制图"按钮，进入"图纸页"对话框，还可双击图纸页的虚线框，打开"图纸页"对话框，如图1-215a所示，选择大小为"标准尺寸"选择大小"A3297×420"，设置单位为"毫米"，选择"第一角投影"，其余选项默认，单击"确定"按钮，完成图纸页的创建。

3）修改背景颜色。单击"菜单"→"首选项"→"可视化"命令按钮，打开其对话框，如图1-215b所示，在部件设置中设置背景为"白色"，单击"确定"按钮，完成背景设置。

4）按照现行机械制图图框与标题栏的国家标准，应用制图环境下"主页"选项卡中的"草图"命令，绘制标准图框、标题栏。绘制完成后单击鼠标右键选择"编辑显示"，进入"编辑显示"对话框进行修改线宽等操作。

5）文本的输入。选择制图环境中"主页"选项卡中的"注释"命令，按照国家标准规定的字体，分别在标题栏的不同的位置以不同字号输入文字。

6）单击"文件"→"选项"→"保存选项"按钮，如图 1-215c 所示，打开"保存选项"对话框，保存图样数据为"仅图样数据"，单击"确定"按钮，完成保存选项设置。

7）最后，在制图环境下直接选择"文件"→"保存"选项，将以上创建的标准图框保存到目标文件夹以方便调用。

图 1-216 所示为创建完成的 GBa3 图框与标题栏。

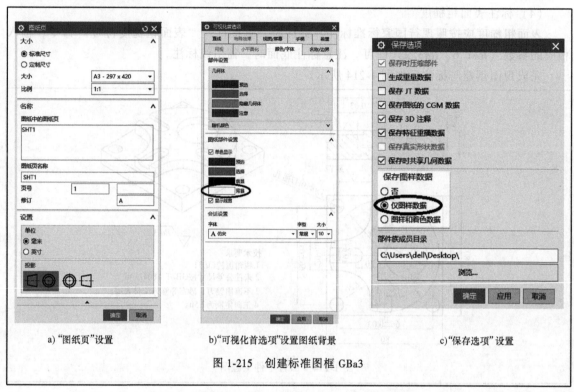

a)"图纸页"设置   b)"可视化首选项"设置图纸背景   c)"保存选项"设置

图 1-215   创建标准图框 GBa3

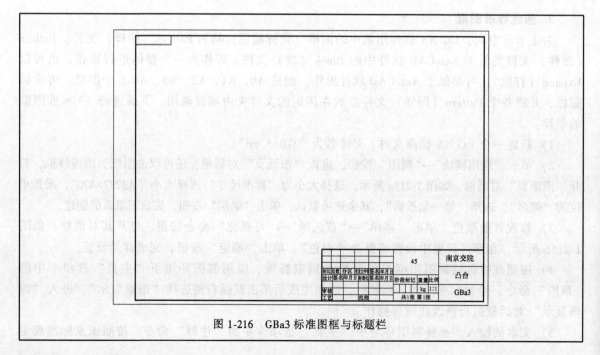

图 1-216   GBa3 标准图框与标题栏

4. 导入标准图框

单击"文件"→"导入"→"部件"菜单命令按钮，打开"导入部件"对话框，如图1-217a所示，默认各选项，单击"确定"按钮，打开"导入部件"对话框，如图1-217b所示，选择事先建好的"GBa3.prt"文件，弹出"点"对话框，如图1-217c所示，默认坐标为（0，0），单击"确定"按钮，系统弹出"导入部件"信息对话框，单击"确定"按钮，返回"点"对话框，同时将GBa3图框导入到当前图样中，如图1-217d所示，单击"取消"按钮，取消"点"对话框，完成标准图框文件导入。最终凸台零件工程图如图1-218所示。

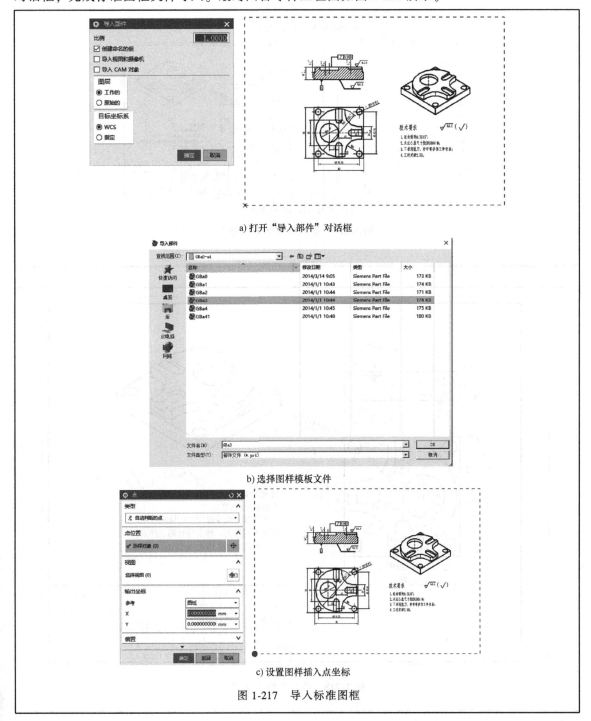

a) 打开"导入部件"对话框

b) 选择图样模板文件

c) 设置图样插入点坐标

图1-217 导入标准图框

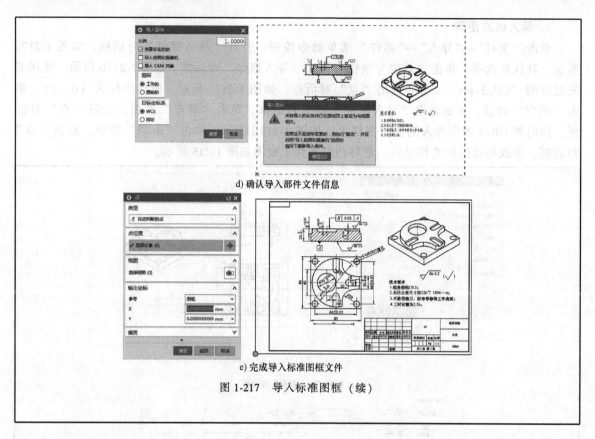

d) 确认导入部件文件信息

e) 完成导入标准图框文件

图 1-217　导入标准图框（续）

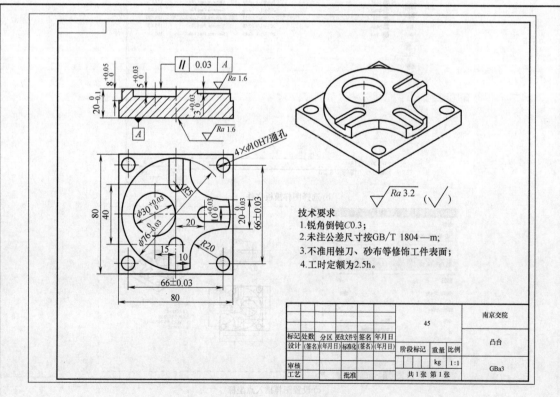

技术要求

1. 锐角倒钝C0.3；
2. 未注公差尺寸按GB/T 1804—m；
3. 不准用锉刀、砂布等修饰工件表面；
4. 工时定额为2.5h。

图 1-218　凸台零件工程图

任务17 长轴零件工程图设计

任务描述	图 解
完成图1-219所示长轴零件的工程图绘制。	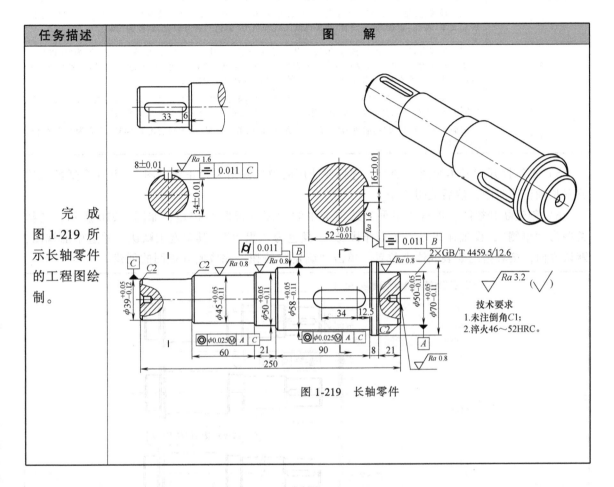 图 1-219 长轴零件

5.3 长轴零件工程图设计任务实施

1. 创建长轴零件工程图

本任务需要为长轴零件创建一个主视图、一个俯视图的断开视图、两个移出断面图、两处局部剖视图和一个正等测图。

1）启动 UG NX 软件，打开长轴三维模型文件。

2）单击"应用模块"选项卡中的"制图"命令，或者按〈Ctrl+Shift+D〉快捷键，弹出"制图创建向导"对话框，可以根据向导选择创建所需的图纸，也可单击"取消"按钮，即可进入图纸页。如果需要继续创建图纸，可单击"新建图纸页"，在弹出的"图纸页"对话框中选择大小为"标准尺寸""A2-420×594"，比例选择"1：1"，默认图纸页名称为"SHT1"、页号为"1"、修订为"A"，设置单位为"毫米"，选择"第一角投影"，单击"确定"按钮，进入新建图纸页，注意不要勾选"自动启动图纸视图命令"，完成图纸页的创建。

3）制图首选项设置见表1-16。

4）创建基本视图。单击"主页"选项卡中的"基本视图"按钮，选择"前视图"，并放置在合适的位置，接着创建"俯视图"，然后关闭命令，并把俯视图拖到主视图的上方，留出标注尺寸位置即可。

表 1-16　制图首选项设置

制图首选项	设 置 内 容
公共	文字设置:类型为"仿宋"、高度为"3.5"、NX 字体间隙因子为"0.5"、宽高比为"0.7",单击"应用于所有文本"按钮;直线/箭头设置:箭头与箭头线颜色为"黑色";符号设置:颜色为"黑色"
视图	工作流程设置:边界不勾选"显示";公共设置:可见线为"黑色";截面线设置:箭头长度为"0.001"、箭头线长度为"0.002"、边界到箭头距离为"6"、短划线长度为"4"、颜色为"黑色"、类型为"粗端,箭头远离直线",标签不勾选"显示字母"(为了使全剖视图只显示截面线)
尺寸	公差设置:小数位数为"3";文本设置:单位小数分隔符为".周期"、尺寸文本高度为"3.5"并勾选"应用于整个尺寸",公差文本取消勾选"应用于整个尺寸",双行公差文本高度为"2"
注释	表面粗糙度符号设置:颜色为"黑色";剖面线/区域填充设置:剖面线角度为"45"、距离为"3"、颜色为"黑色"

5)重新打开"基本视图"命令,选择要使用的模型视图为"正等测图",并在合适的位置放置长轴正等测图,然后关闭命令。

6)创建断开视图。单击"主页"选项卡中的"断开视图"按钮,如图 1-220 所示,选择类型为"单侧",设置样式为"实心杆状线"、颜色为"黑色",其余选项默认,并选中前视图,默认方向,接着指定断裂线锚点位置,单击"确定"按钮,完成断开视图的创建。

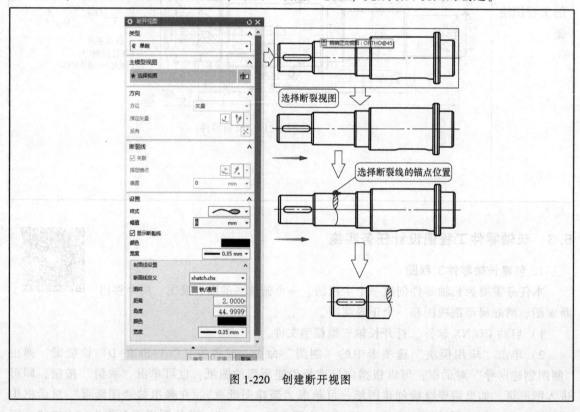

图 1-220　创建断开视图

7)创建两处断面图。单击"主页"选项卡中的"剖视图"命令按钮,或者选中要剖视的视图框,单击鼠标右键,选择"剖视图"命令,打开其对话框,如图 1-221a 所示,放置方法选择"自动判断",单击"设置"按钮,打开其对话框,单击"截面线"→"设置"按钮,打开"设置"对话框,不勾选格式中的"显示背景"项,单击"确定"按钮,返回"剖视图"对话框。选中前视图,并在键槽部位捕捉剖切位置(最好捕捉键槽中点,方便后面对齐),并在合适位置放置右侧剖视图。用同样的方法创建左侧键槽的剖视图,如图 1-221b 所示。

最后把两个剖视图拖至各自键槽的正上方，再选中该剖视图（如先选左侧键槽剖视图），在右键菜单中选择"视图对齐"命令，打开"视图对齐"对话框，如图1-221c所示，选择放置方法为"竖直"，对齐为"点到点"，并在前视图中选择左侧键槽长边中点为"指定静止视点"，左侧键槽剖视图的圆心为"指定当前视点"，单击"确定"按钮，完成视图对齐。应用同样的方法完成右侧键槽视图对齐，对齐后的效果如图1-221d所示。

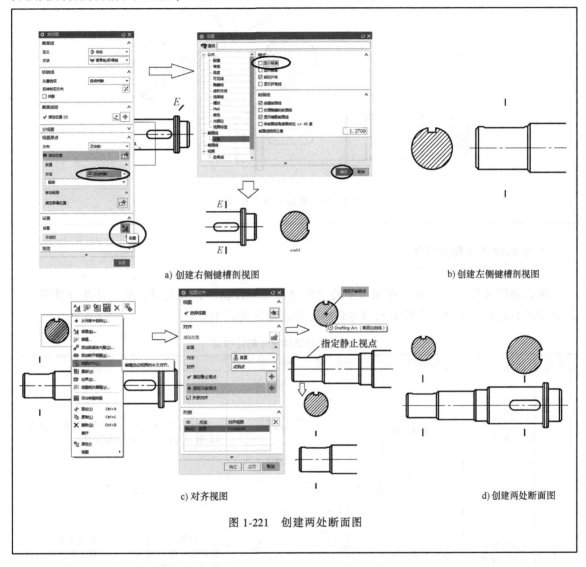

a) 创建右侧键槽剖视图   b) 创建左侧键槽剖视图

c) 对齐视图   d) 创建两处断面图

图1-221　创建两处断面图

8) 创建局部剖视图。在主视图两端中心孔的位置创建局部剖视图，创建顺序：选中视图框，在右键菜单中单击"展开"按钮，调用"艺术样条"命令，绘制局部剖视范围曲线，单击鼠标右键关闭"扩大"命令，打开"局部剖视图"命令，选择要局部剖的视图，指定基点并单击"选择曲线"按钮，选择艺术样条曲线，最后单击"确定"按钮，完成局部剖视图的创建，如图1-222所示。

9) 补充创建、修改中心线。单击"主页"选项卡"中心线下拉菜单"中的"中心标记"按钮，根据需要补充创建、修改中心线。对于

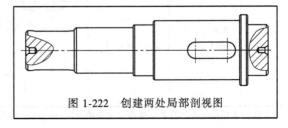

图1-222　创建两处局部剖视图

长短不合适的中心线可直接双击该中心线，勾选"单独设置延伸"选项，调整其长短。

如图 1-223 所示，完成长轴零件工程图创建。

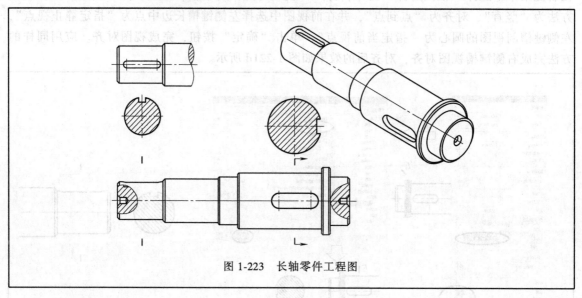

图 1-223　长轴零件工程图

2. 长轴零件工程图标注

（1）标注尺寸

单击制图环境下"主页"选项卡中的"快速尺寸"按钮，打开其对话框，并在屏幕跟踪对话框中进行选择与操作。本任务长轴零件尺寸标注情况见表 1-17。

表 1-17　长轴零件尺寸标注情况

序号	尺寸类型	工具命令	命令设置	标注说明
1	自由尺寸标注	快速（D）		设置值为"无公差"、尺寸带"1"位小数：60/21/90/8/21/250/34/12.5/33/6/52/34
2	对称公差尺寸标注	快速（D）		设置值为"等双向公差"、尺寸不带小数点、公差绝对值为"0.01"、公差留"2"位小数：8±0.01、16±0.01
3	非对称公差圆柱尺寸标注	快速（D）		设置方法为"圆柱式"、值为"双向公差"、尺寸不带小数点，公差值上限分别为"0.005""0.015"下限分别为"−0.011""−0.005"：$\phi39^{+0.015}_{-0.005}$、$\phi45^{+0.005}_{-0.011}$、$\phi50^{+0.005}_{-0.011}$、$\phi58^{+0.005}_{-0.011}$、$\phi50^{+0.005}_{-0.011}$、$\phi70^{+0.005}_{-0.011}$

注：表中出现的"公差"是指"极限偏差"，由于软件汉化原因，在计算机中显示为"公差"。

（2）标注形位公差

单击"主页"选项卡"注释"工具栏中的标注工具按钮，分别打开"基准特征符号"与"特征控制框"命令，在合适的位置标注基准符号与形位公差。

（3）标注注释文本

单击"主页"选项卡中的"注释"命令按钮，分别输入注释文本并设置。选择技术要求为7号字、技术要求内容为5号字。倒角及中心孔文本为"C2""2×GB/T 4459.5/12.6"（3.5号字引出标注，并双击引线修改成无箭头，其中C2共有3处）。

（4）标注表面粗糙度

表面粗糙度按照现行国家标准标注。标注时，直接单击"主页"选项卡"注释"工具栏中的"表面粗糙度符号"按钮，打开其对话框，输入相应的参数"Ra 0.8（共有4处，其中从端部引出标注，并双击引线修改为无箭头，中心孔处需设置角度为45"）、"Ra1.6"（共有2处，竖直处需设置角度为"90"）、"Ra3.2"（共有1处）。

图1-224所示为完成视图创建与标注的长轴零件工程图。

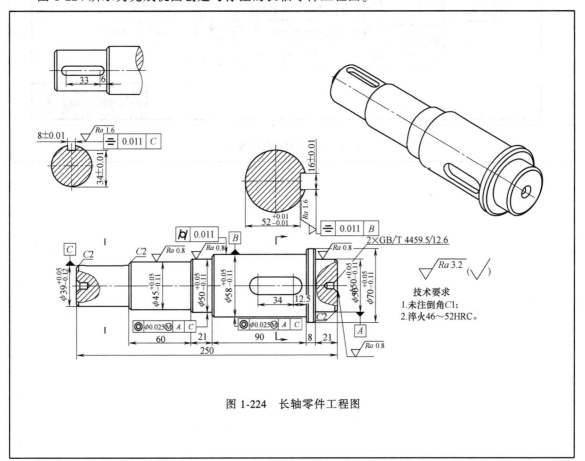

图 1-224　长轴零件工程图

3. 导入标准图框

单击"文件"→"导入"→"部件"菜单按钮，参照任务16导入标准图框的方法，选择事先建好的"GBa2.prt"文件，把GBa2标准图框导入到当前图样中，最终长轴零件工程图如图1-225所示。

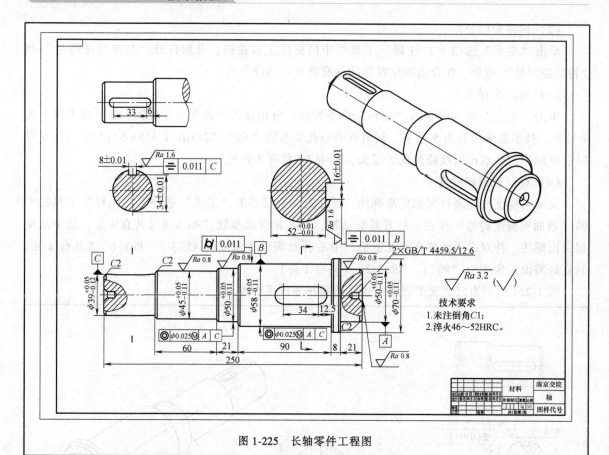

图 1-225　长轴零件工程图

→ 项目 ⑥ ←

装配设计

知 识 目 标	能 力 目 标
(1) 了解 UG NX 软件中装配的基本概念与基本方法； (2) 熟悉装配环境与工具的使用方法； (3) 掌握自底向上装配中组件的添加方法以及装配约束； (4) 掌握创建部件装配的基本流程； (5) 掌握添加装配约束、创建爆炸视图等操作的方法与技巧。	(1) 能正确进入装配环境与使用装配工具； (2) 能应用自底向上装配方法，并能在装配中添加组件与约束； (3) 能综合应用装配模块功能完成复杂部件装配。

任务18 机械手装配

任务描述	图 解
根据图 1-226 所示的机械手部件图与装配图，创建机械手的各零件模型文件，命名为 "01-底座" "02-连杆" "03-转轴" "机械手"，最后完成爆炸图，要求所有文件保存在一个文件夹（机械手）中。	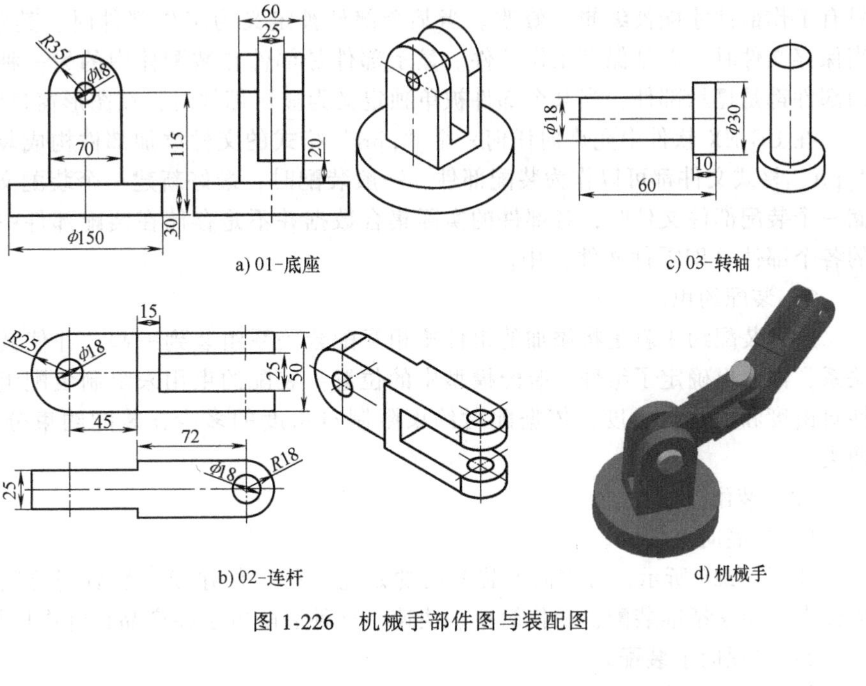 a) 01-底座　　b) 02-连杆　　c) 03-转轴　　d) 机械手 图 1-226　机械手部件图与装配图

131

6.1 知识链接

1. 基本概念

（1）装配相交概念

1）装配。

UG NX 软件中的装配就是在要进行装配的各个部件之间建立配对关系，并且通过配对关系在部件之间建立约束关系，从而确定部件在装配体中的准确位置。在装配操作中，部件的几何体是被引用到装配环境中，而不是被复制到装配环境中。不管如何编辑部件和在何处编辑部件，整个装配部件始终保持关联性。如果某部件被修改，则引用它的装配部件将自动更新，以反映部件的最新变化。图 1-227 所示为装配体与组件的关系。

图 1-227 装配体与组件关系

装配建模的过程是建立组件装配关系的过程。装配体直接引用各零件的主要几何体，这个设计系统采用的是树状管理模式，一个装配体内可以包含多个子装配体和组件，层次清楚并且易于管理。

2）组件。在装配系统中，组件可以指装配进来的单个部件，也可以指子装配体。子装配体是在高一级装配体中被用作组件的装配体，子装配体也拥有自己的组件。

在装配环境中，部件的状态分为工作部件和显示部件。需要时，可直接在导航器中单击鼠标右键进行设置。工作部件是部件在装配体中的一种状态，在装配环境中，工作部件只有一个，只有工作部件才能被编辑、修改。当某个部件被定义为工作部件时，其余部件均显示为灰色。当保存文件时，总是保存工作部件。显示部件是部件在装配体中的另一种状态，屏幕上能看到的部件都是显示部件，当某个部件被单独定义为显示部件时，在图形窗口中只显示该部件本身。

在 UG NX 软件中允许向任何一个".prt"格式的文件添加部件构成装配体，因此任何一个".prt"格式文件都可以作为装配部件，一般装配时，最好新建一个装配文件，方便编辑。当存储一个装配部件文件时，各部件的实际集合数据并不是存储在装配部件中，而是存储在其相应的各个部件（即零件文件）中。

3）装配约束。

所谓装配约束就是将添加的组件按相互配合关系组装到一起，并使其始终保持设定的配合关系，同时也确定了组件在装配模型中的位置。装配约束用来限制装配组件的自由度，包括线性自由度和旋转自由度，依据配对约束限制自由度的多少，装配约束分为完全约束和欠约束两类。

（2）装配方法

1）自底向上装配。

如图 1-228 所示，自底向上装配指的是先进行零件建模，然后到总装配体中装配零件。它的优点是能够精准装配，操作简单、快速。这种装配方法在产品设计中应用较为普遍。

2）自顶向下装配。

如图 1-229 所示，自顶向下装配指的是先建装配图，然后在总装配图中建模零件图。它的优点是方便设计，可以边改边装配。

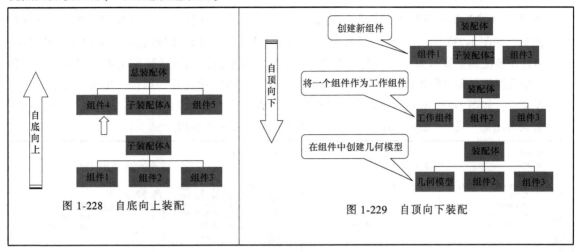

图 1-228 自底向上装配

图 1-229 自顶向下装配

2．装配基本功能

（1）装配环境

用户可在启动软件后，新建文件时，直接在模板中选择"装配"选项，这样在命名、选择存储路径后，单击"确定"按钮，即可直接进入装配环境。一般情况下，是在新建模型文件后，单击"应用模块"选项卡中的"装配"命令按钮，进入装配环境，同时生成"装配"选项卡，如图 1-230 所示。

装配环境界面如图 1-231 所示。与建模环境界面类似，其界面左侧为装配导航区，中间为装配区，上方为"装配"选项卡，主

图 1-230 进入装配环境

要由"组件"工具栏、"组件位置"工具栏、"爆炸图"工具菜单等组成。

图 1-231 装配环境界面

（2）装配导航器。

用户在 UG NX 软件装配环境中单击左侧的资源导航器中的图标 ，系统便会展开"装配导航器"窗口，如图 1-232 所示。"装配导航器"是将部件的装配结构用图形表示，类似于树的结构，每个组件在装配树上显示为一个节点，通过装配导航器能更清楚地表达装配关系，它提供了一种在装配中选择组件和操作组件的简单方法。在"装配导航器"中选择一组件，单击鼠标右键，出现选择菜单，如图 1-233 所示，可以选择"设为工作部件""设为显示部件""隐藏""仅显示"和"替换引用集"等。"装配导航器"窗口中各图标的含义见表 1-18。

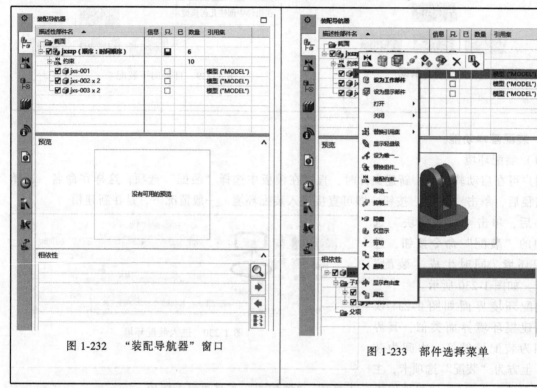

图 1-232　"装配导航器"窗口　　　图 1-233　部件选择菜单

表 1-18　"装配导航器"窗口中各图标的含义

图标	含 义
⊟	在装配体树形结构展开的情况下，单击减号表示折叠装配体或子装配体，装配体或子装配体将被叠成一个节点
⊞	在装配体树形结构折叠的情况下，单击加号表示展开装配体或子装配体
▢	表示组件。当图标为黄色时，表示该组件被完全加载；当图标为灰色且边缘仍是实线时，表示该组件被部分加载；当图标为灰色且边缘线是虚线时，表示该组件没有被加载
▢	该图标表示总的装配体或者子装配体。装配体图标和组件图标类似，也有三种状态
☑	红色选框☑表示装配体和组件处于显示状态；灰色选框☑表示装配体和组件处于隐藏状态；空白选框☐表示组件或子装配体为关闭状态（即在装配体中没有被加载）
☑	绿色选框☑表示组件约束是显示状态，空白选框☐表示组件约束为关闭状态

3. 装配操作

（1）添加组件

1）设置添加组件参数。

单击"装配"选项卡"组件"工具栏中的"添加组件"命令按钮,打开如图 1-234 所示的"添加组件"对话框。该对话框由多个面板构成,主要用于选择已创建的模型部件、设置定位方式等。"添加组件"对话框设置内容及其含义见表 1-19。

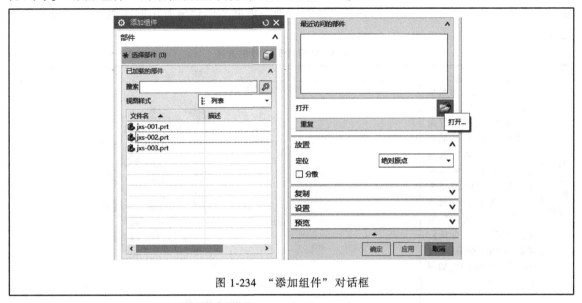

图 1-234 "添加组件"对话框

表 1-19 "添加组件"对话框设置内容及其含义

选项	功能	含义
部件	选择部件	单击"选择部件"按钮,直接选择绘图区中的零部件模型
	已加载的部件	这些组件当前已被加载到装配体中
	最近访问的部件	这些组件是之前选择的时候单击过的
	打开	单击"打开"按钮,可以从目标文件夹中选择已经完成建模的装配部件
放置(定位)	绝对原点	添加组件的位置与原坐标系位置(即绝对位置)保持一致。一般第一个添加的组件采用"绝对原点"定位
	选择原点	通过选择原点的方式添加组件
	通过约束	将按添加的约束条件指定组件在装配体中的位置,这直接影响装配关系的正确与否
	移动	通过"类选择"对话框选定组件,将组件添加到装配体中后重新定位
复制	多重添加	设置多重组件添加方式,主要用于装配过程中重复使用的相同组件,包括"无""添加后重复""添加后创建阵列"3 个选项。其中"添加后重复"选项在装配操作后将再次弹出相应对话框,即可执行定位操作,而无需重新添加 如果一个组件装配在同一个装配体中的不同位置,可以通过设置组件名来区别不同位置的相同组件
设置引用集	MODEL(模型)	只包含部件的实体特征,其余的都忽略,为常用的选项
	整个部件	包含该部件创建过程中的全部特征,如将建模中使用的坐标系、辅助曲线等一起添加进来,一般不选,若已经添加进来,后期也可以通过导航工具中的"替换引用集"命令更换
	空	不包含零件的任何对象特征,即在装配体中不显示该零件

2）创建阵列组件。

单击"装配"选项卡中的"阵列组件"命令按钮。打开"阵列组件"对话框，在该对话框中，通过阵列定义及参数设置等操作，可创建线性阵列、圆形阵列等，其创建方法见表1-20。装配阵列也有线性（矩形）和圆形两种，还有一种是借助实体建模时用的实例特征作为参考来创建阵列。

表1-20 创建阵列组件的方法

方法	说 明	图 解
创建线性阵列组件	在"阵列组件"对话框中选中组件之后，设置阵列定义为"线性"，方向指定矢量为"ZC"，间距为"数量和间隔"，数量为"4"、节距为"50"（可正可负），勾选"使用方向2"，设置间距为"数量和间隔"，数量为"4"、节距为"50"（可正可负），单击"确定"按钮，即可创建线性阵列组件，如图1-235a所示	a) 创建线性阵列
创建圆形阵列组件	在"阵列组件"对话框中，选中组件之后，设置阵列定义为"圆形"，方向指定矢量为"YC"，间距为"数量和间隔"、数量为"12"、节距角为"30"（可正可负），勾选"创建同心成员"，设置间距为"数量和间隔"，数量为"3"、节距"50"（可正可负），单击"确定"按钮，即可创建圆形阵列组件，如图1-235b所示	b) 创建圆形阵列 图1-235 创建装配阵列

3）镜像装配。

说 明	图 解
①启动镜像装配向导。 单击"装配"选项卡中的"镜像装配"命令按钮，打开"镜像装配向导"对话框，如图1-236a所示。	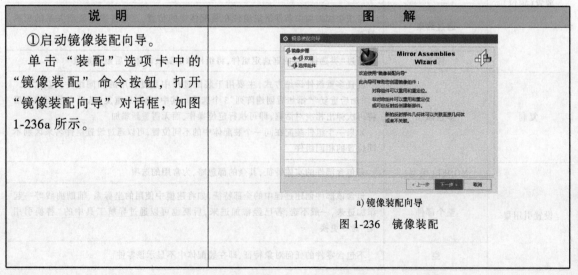 a) 镜像装配向导 图1-236 镜像装配

说 明	图 解
②选择镜像组件。 在"镜像装配向导"对话框中，默认设置，单击"下一步"按钮，进入向导的下一步，选择镜像组件，如图 1-236b 所示，在装配模型图中选择要镜像的组件。	 b) 选择镜像组件
③选择镜像平面。 在"镜像装配向导"对话框中，继续单击"下一步"按钮，启动镜像平面选择，选择基准平面 XOY 作为镜像平面，如图 1-236c 所示。	 c) 选择镜像平面
④完成镜像设置操作。 在"镜像装配向导"对话框中，完成镜像平面选择后，继续单击"下一步"按钮，进入镜像设置，默认设置，如图 1-236d 所示，连续两次单击"下一步"按钮，即可生成镜像组件。	 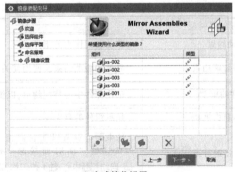 d) 完成镜像设置
⑤创建镜像组件。 生成镜像体后，在"镜像设置向导"对话框中单击"完成"按钮完成镜像组件创建，如图 1-236e 所示。	 e) 完成镜像组件创建 图 1-236 镜像装配（续）

说　　明	图　　解
⑥镜像装配效果图。 　　单击"完成"按钮后，对话框消失，效果图如图 1-236f 所示，镜像组件创建完成。	 f）镜像组件效果图 图 1-236　镜像装配（续）

（2）组件位置

　　当采用自底向上的装配设计方式时，除了第一个组件采用绝对坐标系定位方式添加外，接下来的组件添加定位时，均采用装配约束方式。单击"装配"选项卡中的"装配约束"按钮 ，打开其对话框，如图 1-237 所示，对话框中有"约束类型""要约束的几何体""设置"等选项，其中"约束类型"包括 11 种装配约束。组件位置类型含义见表 1-21。

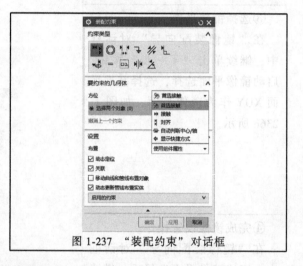

图 1-237　"装配约束"对话框

表 1-21　组件位置类型含义

组件位置类型		含　　义
	移动约束	移动装配体中的组件
	显示和隐藏约束	显示和隐藏约束及使用其关系的组件
	记住约束	记住部件中的装配约束，以供在其他组件中重用
	显示自由度	显示组件的自由度
装配约束	接触对齐	约束两个对象以使它们相互接触或对齐。这是最常用的约束，一般有"首选接触""面对面接触""朝向一致对齐""自动判断中心/轴"4 种二次方位约束选项
	同心	约束两条圆边或椭圆边以使中心重合并使边的平面共面
	距离	指定两个对象之间的 3D 距离
	固定	将对象固定在其当前位置
	平行	将两个对象的方向矢量定义为互相平行
	垂直	将两个对象的方向矢量定义为互相垂直
	对齐锁定	对齐不同对象中的两个轴，同时防止绕公共轴旋转
	拟合	约束具有等半径的两个对象，例如圆边或椭圆边、圆柱面或球面
	胶合	将对象约束到在一起，以使它们作为刚体移动
	中心	使一个或两个对象处于一对象之间，或使一对对象沿着另一个对象处于中间
	角度	指定两个对象(可绕指定轴)之间的角度

（3）爆炸图

单击"装配"选项卡"爆炸图"下拉菜单中的"新建爆炸"按钮，如图 1-238a 所示，弹出"新建操作"对话框，默认爆炸名称，如图 1-238b 所示，单击"确定"按钮，即可激活其他命令。通过"新建爆炸"命令，可以创建与自动创建爆炸图，并且可以对爆炸图进行删除、取消、显示无爆炸、显示爆炸状态、显示隐藏组件等操作。

1）创建自动爆炸。

单击"爆炸图"菜单中的"自动爆炸组件"按钮，弹出"类选择"对话框，如图 1-238c 所示，全选添加的模型组件，单击"确定"按钮，弹出"自动爆炸组件"对话框，输入距离"100"，单击"确定"按钮，完成自动爆炸。

2）编辑爆炸图。

单击"爆炸图"菜单中的"编辑爆炸"按钮，弹出"编辑爆炸"对话框，如图 1-238d 所示，在"选择对象"选项中，选中一组件，再在对话框中选择"移动对象"选项，如图 1-238e 所示，在模型图中生成动态坐标系，单击 Z 轴移动手柄，并在对话框中输入距离"100"，单击"确定"按钮，完成组件移动。若距离不合适，再重新编辑即可。采取相同的方法即可创建其余组件。图 1-238f 所示为编辑爆炸效果图。

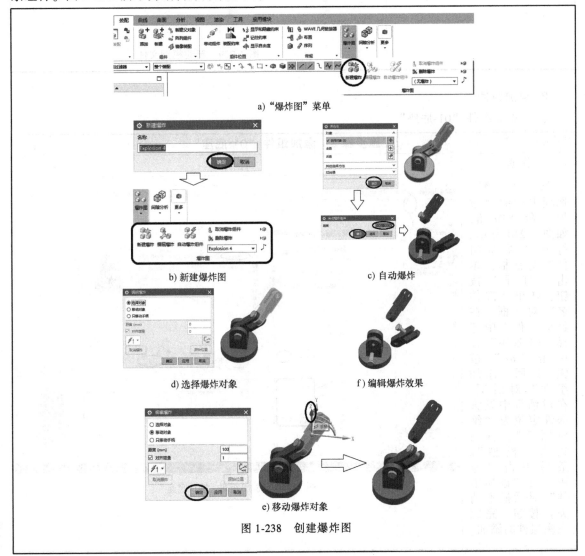

图 1-238 创建爆炸图

6.2 机械手装配任务实施

1. 新建模型文件

实施步骤 1　新建模型文件并创建"装配"选项卡	
说明	图解
启动 UG NX 软件，在"机械手装配"文件夹中新建模型文件，并将其命名为"机械手.prt"，如图 1-239 所示，单击"确定"按钮，进入模型环境，并单击"应用模块"选项卡中的"装配"按钮，即可创建"装配"选项卡。	 图 1-239　新建模型文件

2. 添加组件

（1）添加组件"01-底座"

实施步骤 2　添加组件"01-底座"	
说明	图解
单击"装配"选项卡中的"添加"命令按钮，如图 1-240 所示，打开"添加组件"对话框，单击"打开"按钮，弹出"部件名"对话框，在目标文件夹中选择"01-底座"并单击"ok"按钮，返回"添加组件"对话框，在对话框中设置部件定位为"绝对原点"、引用集为"模型"。最后单击"应用"（"添加组件"对话框不消失）按钮，完成底座组件的添加。	图 1-240　添加组件"01-底座"

（2）添加组件"02-连杆"

实施步骤3　添加组件"02-连杆"	
说明	图解
如图 1-241 所示，在"添加组件"对话框中，设置重复数量为"2"、放置定位为"选择原点"并勾选"分散"，设置引用集为"模型"。单击"打开"按钮，选择"02-连杆"组件，并单击"ok"按钮，返回"添加组件"对话框，单击"应用"按钮，弹出"点"对话框，在底座附近单击一点，即可添加 2 个连杆组件，同时返回"添加组件"对话框。	 图 1-241　添加组件"02-连杆"

（3）添加组件"03-转轴"

实施步骤4　添加组件"03-转轴"	
说明	图解
采用与实施步骤 2 相同的方法添加 2 个转轴组件，效果图如图 1-242 所示，最后，单击"取消"按钮，关闭"添加组件"对话框。	图 1-242　添加组件"03-转轴"

3. 添加装配约束

（1）固定底座

实施步骤5　固定底座	
说明	图解
单击"装配"选项卡中的"装配约束"按钮，打开其对话框，选择约束类型为"固定"，选中"01-底座"模型图，单击"应用"按钮，完成底座固定，如图 1-243 所示。	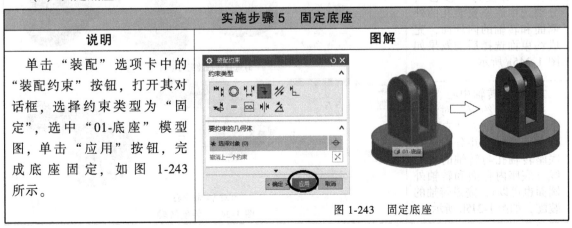 图 1-243　固定底座

（2）装配连杆

实施步骤 6　装配连杆	
说明	图解
1）约束连杆装配面。 在"装配约束"对话框中，如图 1-244a 所示，选择约束类型为"接触对齐"、方位为"接触"，分别选中底座安装内侧面和连杆转轴孔的一个侧面，完成连杆装配面接触约束。 2）对齐转轴中心。 继续在"装配约束"对话框中修改方位为"自动判断中心/轴"，并分别选择底座与连杆转轴孔的中心线，如图 1-244b 所示。 3）设置连杆倾斜。 最后在"装配约束"对话框中，选择约束类型为"角度"，在底座与连杆共面上各选一条棱边（要求不平行），并按住"圆球"旋转到合适位置，或者直接输入角度"135"，单击"应用"按钮，完成一个连杆的装配，如图 1-244c 所示。	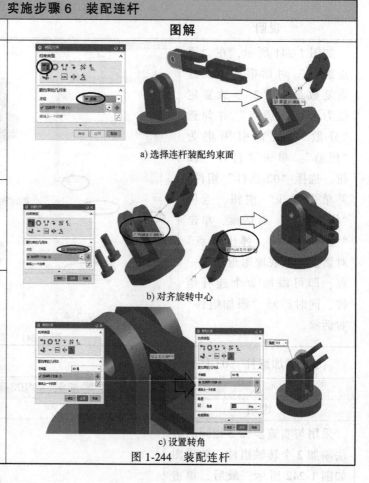 a) 选择连杆装配约束面 b) 对齐旋转中心 c) 设置转角 图 1-244　装配连杆

（3）装配转轴

实施步骤 7　装配转轴	
说明	图解
1）选定约束面。 在"装配约束"对话框中选择类型为"接触对齐"，方位为"接触"，分别选中底座安装孔的外侧面和转轴的内环面，完成约束面选择后的效果如图 1-245a 所示。 2）对齐转轴中心。 在"装配约束"对话框中，修改方位为"自动判断中心/轴"，并分别选择底座转轴孔与转轴的中心线（底座内孔面和转轴外圆面也可以），完成转轴的装配，如图 1-245b 所示。	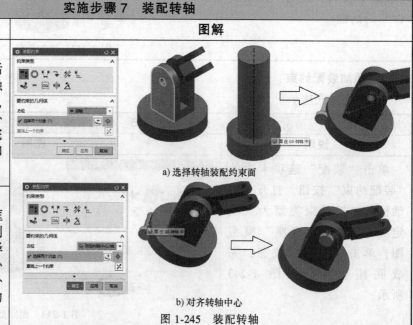 a) 选择转轴装配约束面 b) 对齐转轴中心 图 1-245　装配转轴

（4）装配另一连杆和转轴

实施步骤8 装配另一连杆和转轴	
说明	图解
按照与实施步骤6相同的方法，完成另一连杆和转轴的装配，完成后如图1-246所示。	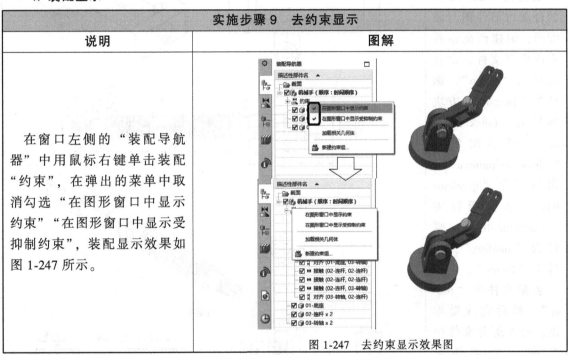图 1-246 装配另一连杆和转轴

4. 装配显示

实施步骤9 去约束显示	
说明	图解
在窗口左侧的"装配导航器"中用鼠标右键单击装配"约束"，在弹出的菜单中取消勾选"在图形窗口中显示约束""在图形窗口中显示受抑制约束"，装配显示效果如图1-247所示。	图 1-247 去约束显示效果图

5. 爆炸图

实施步骤10 爆炸图	
说明	图解
按照知识链接中"爆炸图"的介绍，手工添加爆炸图，效果如图1-248所示。	图 1-248 机械手爆炸图

任务 19　台虎钳装配

任务描述	图　解
根据图 1-249 所示的台虎钳部件图与装配图，创建台虎钳各零件模型文件，命名底座为"dizuo"、螺杆为"luogan"、方块螺母为"fangkuailuo-mu"、活动钳口为"huodongqiankou"、钳口板为"qiankou-ban"、沉头螺钉为"chentouluoding"、螺钉为"luoding"、螺母为"luomu"、机械手装配文件为"thq-zp"，最后完成爆炸图。要求所有文件保存在一个文件夹"thq"中。	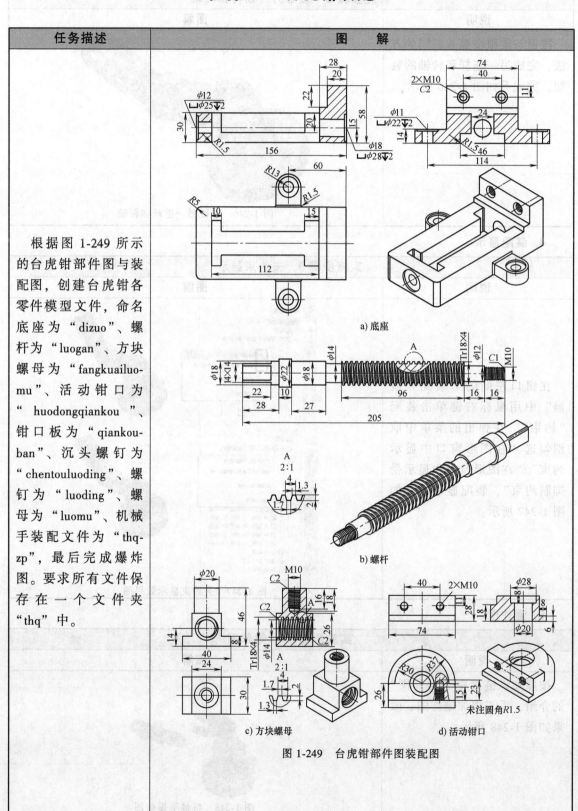 图 1-249　台虎钳部件图装配图

任务描述	图 解
根据图 1-249 所示的台虎钳部件图与装配图，创建台虎钳各零件模型文件，命名底座为 "dizuo"、螺杆为 "luogan"、方块螺母为 "fangkuailuo-mu"、活动钳口为 "huodongqiankou"、钳口板为 "qiankou-ban"、沉头螺钉为 "chentouluoding"、螺钉为 "luoding"、螺母为 "luomu"、机械手装配文件为 "thq-zp"，最后完成爆炸图。要求所有文件保存在一个文件夹 "thq" 中。	 e) 钳口板　　　　　f) 沉头螺钉 g) 螺钉　　　　　h) 螺母  i) 装配图　　　　　j) 爆炸图 图 1-249　台虎钳部件图装配图（续）

6.3　台虎钳装配任务实施

1. 新建模型文件

实施步骤 1　新建模型文件	
说明	**图解**
启动 UG NX 软件，新建模型文件，保存在 "thq-zp" 目标文件夹中，文件命名为 "thq-zp.prt"，如图 1-250 所示，单击 "确定" 按钮，进入模型环境，再单击 "应用模块" 下的 "装配" 命令按钮，即可进入装配环境。	图 1-250　新建模型文件

2. 添加组件

（1）添加底座组件"dizuo"

实施步骤2　添加底座组件"dizuo"	
说明	图解
单击"装配"选项卡中的"添加"命令按钮，如图1-251所示，打开"添加组件"对话框，单击"打开"按钮，弹出"部件名"对话框，在目标文件夹中选择"dizuo"并单击"ok"按钮，返回"添加组件"对话框，在对话框中设置部件定位为"绝对原点"、引用集为"模型"。最后单击"应用"（"添加组件"对话框不消失）按钮，完成底座组件的添加。	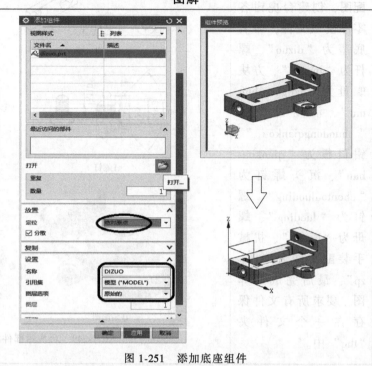 图1-251　添加底座组件

（2）添加螺杆组件"luogan"

实施步骤3　添加螺杆组件"luogan"	
说明	图解
如图1-252所示，在"添加组件"对话框中，设置放置定位为"选择原点"、引用集为"模型"，单击"打开"按钮，选择"luogan"组件，并单击"ok"按钮，返回"添加组件"对话框，单击"应用"按钮，弹出"点"对话框，在底座附近用鼠标单击一点，即可添加螺杆组件，同时返回"添加组件"对话框。	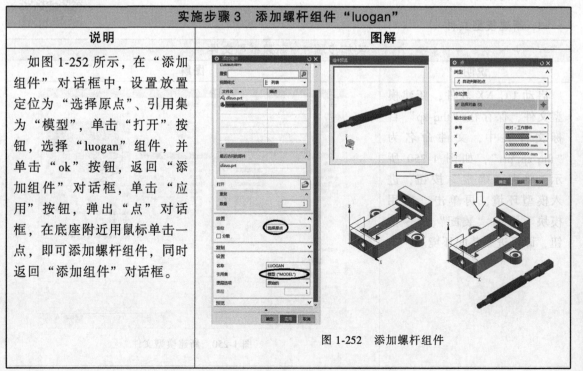 图1-252　添加螺杆组件

（3）添加方块螺母组件 "fangkuailuomu"

实施步骤 4　添加方块螺母组件 "fangkuailuomu"	
说明	图解
采用与实施步骤 3 相同的方法，添加方块螺母组件，如图 1-253 所示。	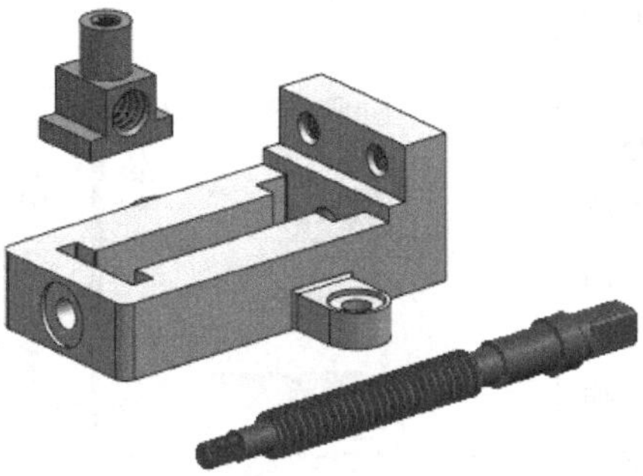 图 1-253　添加方块螺母组件

（4）添加活动钳口组件 "huodongqiankou"

实施步骤 5　添加活动钳口组件 "huodongqiankou"	
说明	图解
采用与实施步骤 3 相同的方法，添加活动钳口组件，如图 1-254 所示。	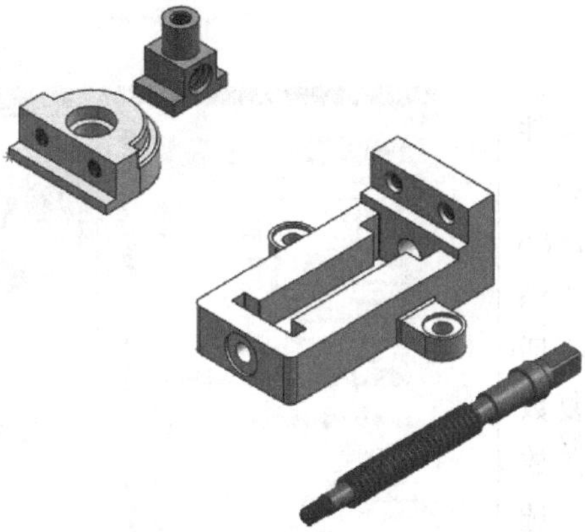 图 1-254　添加活动钳口组件

（5）添加沉头螺钉组件 "chentouluoding"

实施步骤 6　添加沉头螺钉组件 "chentouluoding"	
说明	图解
采用与实施步骤 3 相同的方法，添加沉头螺钉组件，如图 1-255 所示。	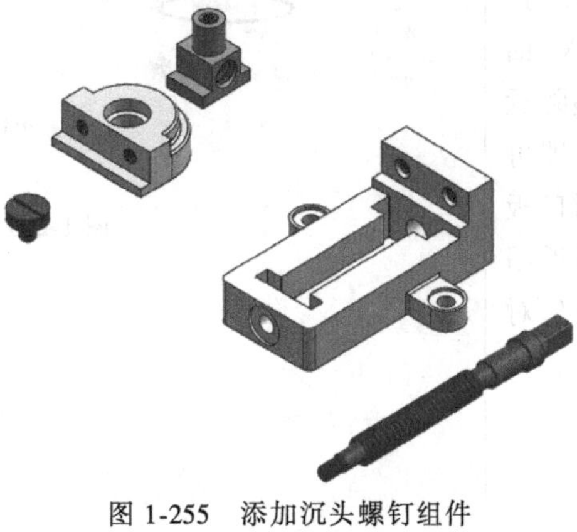 图 1-255　添加沉头螺钉组件

（6）添加两件钳口板组件"qiankouban"

实施步骤7 添加两件钳口板组件"qiankouban"	
说明	图解
1）选择活动钳口组件。 如图 1-256a 所示，在"添加组件"对话框中单击"打开"按钮，弹出"部件名"对话框，选择"qiankouban"组件，单击"ok"按钮，返回"添加组件"对话框。	 a) 选择活动钳口组件
2）完成两件钳口板的添加 如图 1-256b 所示，在"添加组件"对话框中设置重复数量为"2"、放置定位为"选择原点"并勾选"分散"，引用集为"模型"，单击"应用"按钮，弹出"点"对话框，在底座附近单击一点，即可添加两个钳口板组件，同时返回"添加组件"对话框。	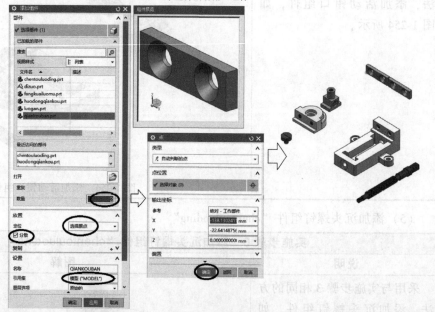 b) 添加活动钳口组件 图 1-256 添加两件钳口板组件

（7）添加螺钉组件"luoding"

实施步骤8　添加螺钉组件"luoding"	
说明	图解
采用与实施步骤3相同的方法，添加螺钉组件，但在"添加组件"对话框中，设置重复数量为"4"，如图1-257所示。	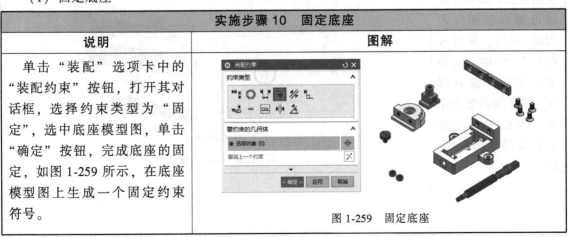图1-257　添加螺钉组件

（8）添加螺母组件"luomu"

实施步骤9　添加螺母组件"luomu"	
说明	图解
采用与实施步骤3相同的方法，添加两个螺母组件，如图1-258所示。	图1-258　添加螺母组件

3. 添加装配约束

（1）固定底座

实施步骤10　固定底座	
说明	图解
单击"装配"选项卡中的"装配约束"按钮，打开其对话框，选择约束类型为"固定"，选中底座模型图，单击"确定"按钮，完成底座的固定，如图1-259所示，在底座模型图上生成一个固定约束符号。	图1-259　固定底座

（2）装配方块螺母

实施步骤 11　装配方块螺母	
说明	图解
1）选择水平面约束。 在"装配约束"对话框中选择类型为"接触对齐"、方位为"接触"。在模型图中，分别选择底座导轨底面和方块螺母底板接触上面，完成约束面选择后的效果如图1-260a所示。	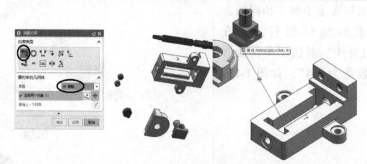 a）选择约束水平面
2）选择侧面约束。 继续按上述方法分别选中方块螺母接触侧面和底座侧面，完成约束面选择后的效果如图1-260b所示。	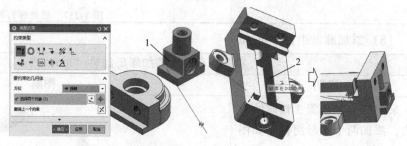 b）选择约束侧面
3）设置距离约束。 在"装配约束"对话框中选择类型为"距离"，分别选中底座导轨后面和方块螺母螺口端面（两面需平行），并输入距离为"-80"（如果方块螺母没有露出，则距离参数为正值），完成约束面选择后的效果如图1-260c所示。	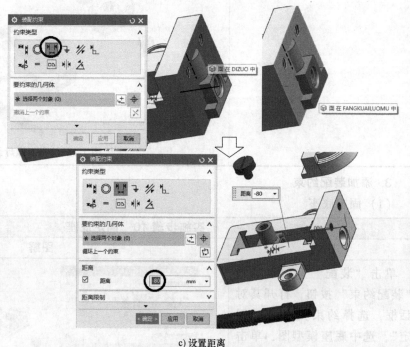 c）设置距离 图1-260　装配方块螺母

（3）装配螺杆

实施步骤 12　装配螺杆	
说明	**图解**
1）选择接触面约束。 在"装配约束"对话框中选择类型为"接触对齐"、方位为"接触"，分别选中底座孔外侧环面和螺杆轴肩对应的环面，完成约束面选择后的效果如图 1-261a 所示。	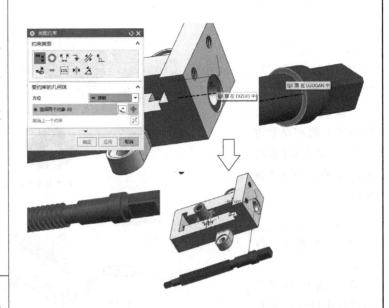 a) 选择转轴装配约束面
2）对齐转轴中心。 在"装配约束"对话框中选择对齐方位为"自动判断中心/轴"，并分别选中底座孔与转轴的中心线，完成对齐转轴中心约束，如图 1-261b 所示。	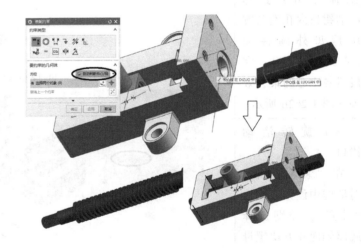 b) 对齐转轴中心 图 1-261　装配螺杆

（4）装配活动钳口

实施步骤 13　装配活动钳口	
说明	图解
1）选择水平面约束。 在"装配约束"对话框中选择类型为"接触对齐"、方位为"接触"，分别选择底座上面和活动钳口底面，完成水平面约束，效果如图 1-262a 所示。	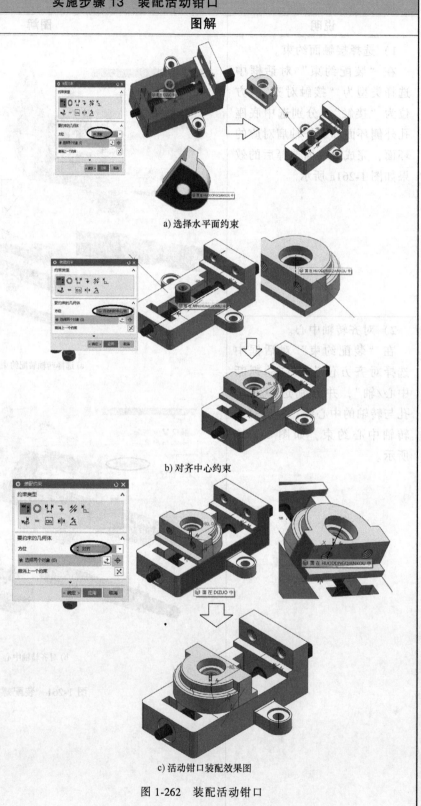 a) 选择水平面约束
2）对齐中心约束。 在"装配约束"对话框中设置对齐方位为"自动判断中心/轴"，分别选择活动钳口内孔面与方块螺母外圆柱面（或其中心线），完成对齐中心约束，效果如图 1-262b 所示。	b) 对齐中心约束
3）旋转活动钳口。 在"装配约束"对话框中设置方位为"对齐"，分别选择底座侧面和方块螺母接触对齐的侧面，完成旋转活动钳口，效果如图 1-262c 所示。	c) 活动钳口装配效果图 图 1-262　装配活动钳口

（5）装配沉头螺钉

实施步骤 14 装配沉头螺钉	
说明	**图解**
1）选择水平面约束。 如图 1-263a 所示，在"装配约束"对话框中选择类型为"接触对齐"、方位为"接触"，分别选择活动钳口内环面和沉头螺钉底环面，完成水平面约束。	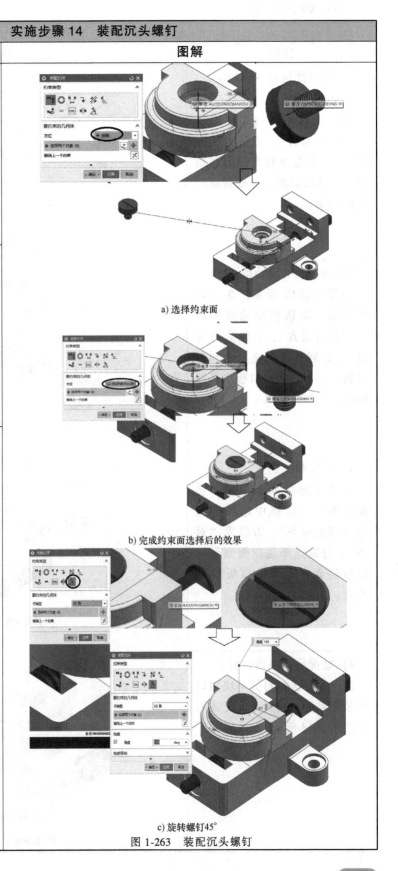
2）对齐中心。 如图 1-263b 所示，在"装配约束"对话框中选择方位为"自动判断中心/轴"，分别选中活动钳口内圆柱面和沉头螺钉的外圆柱面（或其中心线），完成对齐中心约束。	a) 选择约束面
3）旋转螺钉45°。 如图 1-263c 所示，在"装配约束"对话框中选择约束类型为"角度"，分别选中活动钳口的一条侧边和沉头螺钉直槽的一条边线（两条边线不可平行），并在"装配约束"对话框中输入角度为"135"，单击"应用"按钮，完成沉头螺钉45°旋转。	b) 完成约束面选择后的效果 c) 旋转螺钉45° 图 1-263 装配沉头螺钉

（6）装配钳口板

实施步骤 15　装配钳口板

说明	图解
1）选择接触对齐面约束。 如图 1-264a 所示，在"装配约束"对话框中选择类型为"接触对齐"、方位为"接触"，分别选择底座侧面和钳口板安装接触面，完成接触对齐面约束。	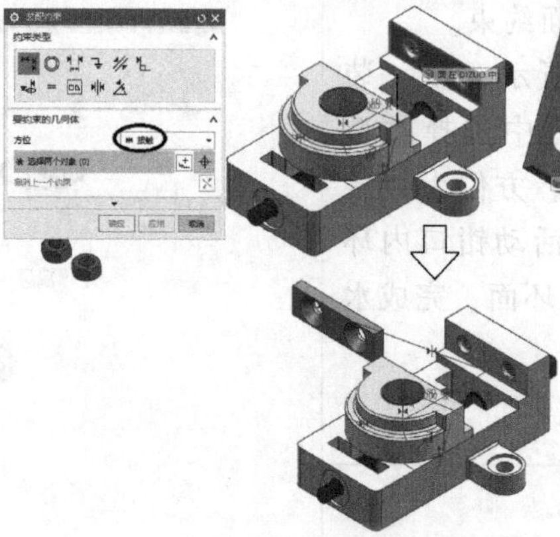 a) 选择约束接触对齐面
2）选择水平面约束。 如图 1-264b 所示，在"装配约束"对话框中选择类型为"接触对齐"，方位为"对齐"，分别选择底座上面和钳口板上面，完成钳口板水平面约束。	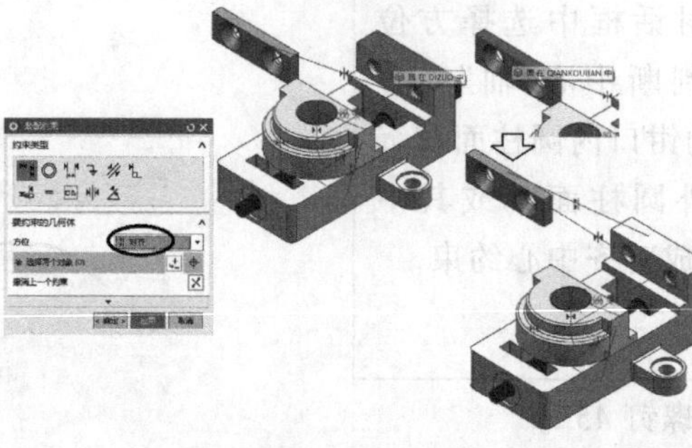 b) 选择约束水平面
3）选择侧面约束。 如图 1-264c 所示，在"装配约束"对话框中选择类型为"接触对齐"、方位为"对齐"，分别选择底座侧面和钳口板侧面，完成钳口板侧面约束。	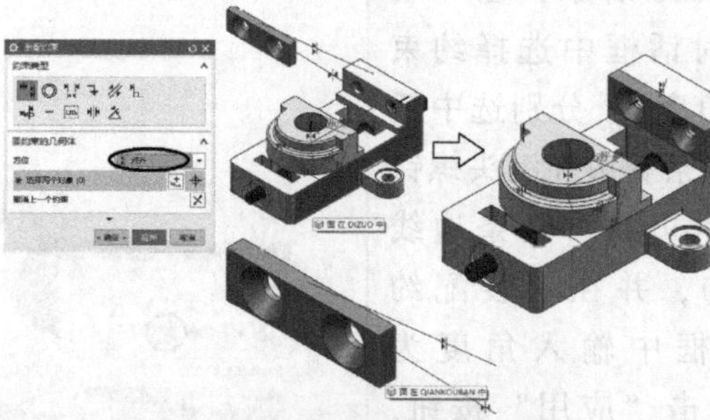 c) 完成约束面选择后的效果
4）装配另一块钳口板。 按上述方法，将另一块钳口板装配到活动钳口上，完成后如图 1-264d 所示。	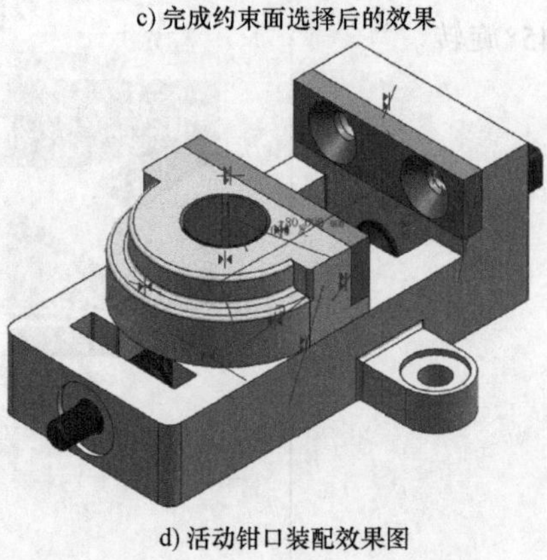 d) 活动钳口装配效果图 图 1-264　装配钳口板

（7）装配螺钉

实施步骤16　装配螺钉	
说明	图解
1）选择约束面。 　　在"装配约束"对话框中选择类型为"接触对齐"、方位为"对齐"，选择钳口板沉孔面，并选择螺钉平面，如图1-265a所示。	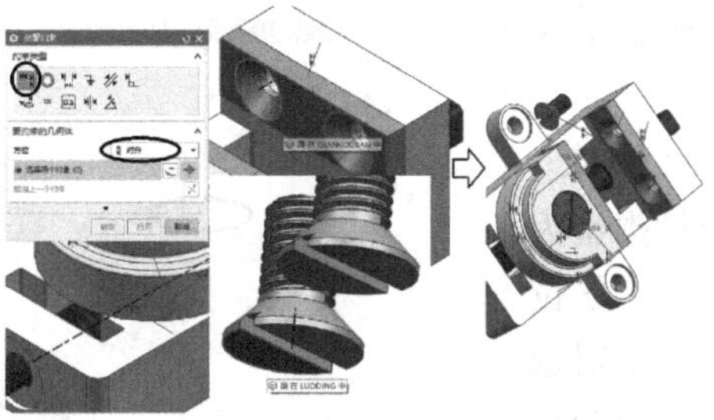 a) 选择约束面
2）对齐中心。 　　完成约束面选择后，接着设置方位为"自动判断中心/轴"，并选择螺孔与螺钉的中心线，如图1-265b所示。	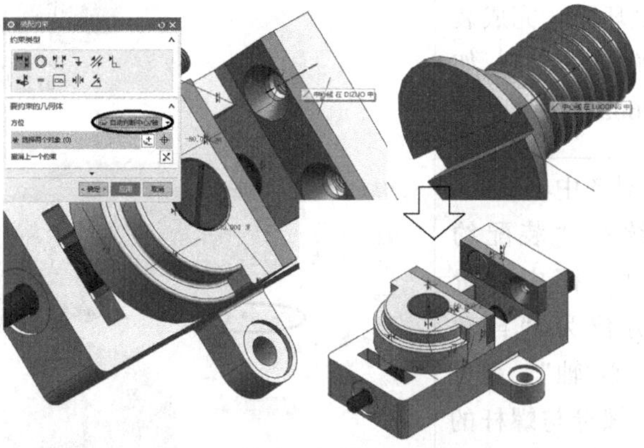 b) 选择螺孔与螺钉的中心线
3）调整平口螺钉方向。 　　如图1-265c所示，在"装配约束"对话框中选择类型为"角度"，并选择螺钉平口一侧边与钳口板上侧边线（要求共面），输入角度"45"，单击"应用"按钮，完成平口螺钉方向的调整，效果如图1-265d所示。 　　重复1）~3）步，继续装配其余3个螺钉。	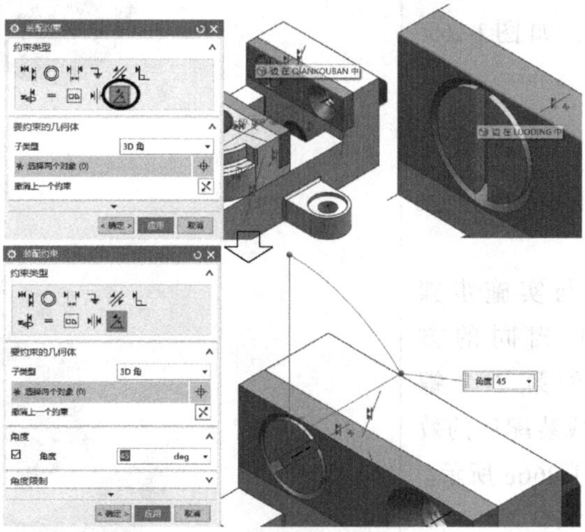 c) 调整平口螺钉方向 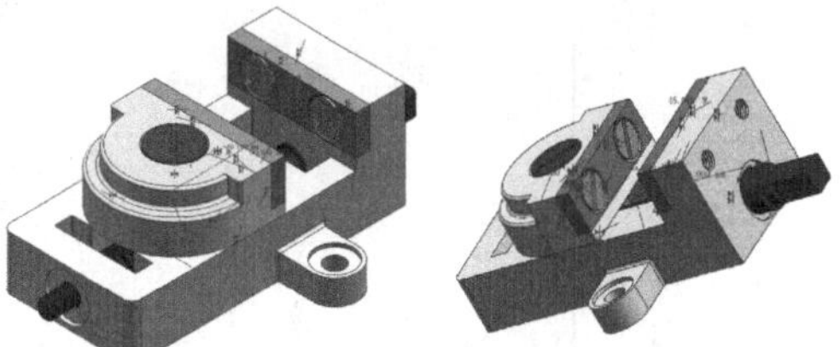 d) 螺钉效果图 图1-265　装配螺钉

（8）装配螺母

实施步骤 17　装配螺母	
说明	图解
1）选择装配接触环面约束。 在"装配约束"对话框中选择类型为"接触对齐"、方位为"接触"，分别选中底座装配环面和螺母接触环面，完成装配接触面约束，如图 1-266a 所示。	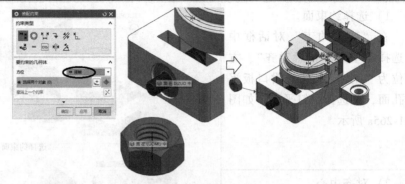 a) 选择装配接触环面约束
2）对齐中心。 继续在"装配约束"对话框中设置对齐方位为"自动判断中心/轴"，并分别选择螺母与螺杆的中心线，完成螺母对齐约束，如图 1-266b 所示。	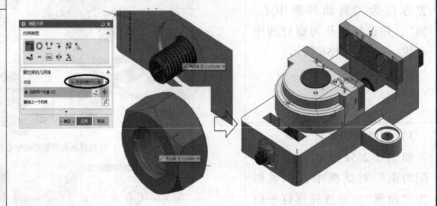 b) 对齐中心
3）完成约束效果图。 应用与实施步骤1）、2）相同的方法，装配第 2 个螺母，完成装配后的效果如图 1-266c 所示。	 c) 装配第2个螺母效果 图 1-266　装配螺母

4. 去约束符号的装配显示

实施步骤 18　去约束符号的装配显示	
说明	图解
如图 1-267 所示，在窗口左侧的"装配导航器"中选中装配"约束"并单击鼠标右键，在显示的菜单栏中取消勾选"在图形窗口中显示约束""在图形窗口中显示受抑制约束"，即可显示无约束符号的装配效果。	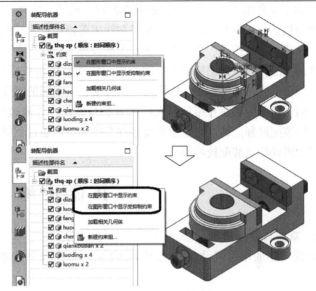 图 1-267　去约束符号的装配显示

5. 爆炸图

实施步骤 19　创建爆炸图	
说明	图解
按照知识链接中"爆炸图"的介绍，手工添加爆炸图，效果如图 1-268 所示。	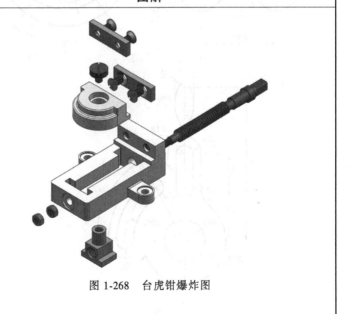 图 1-268　台虎钳爆炸图

第1篇 小　结

　　本篇主要介绍了 UG NX 软件的草图曲线、曲线、实体建模、曲面、工程图、装配设计等基本功能，主要包括：草图曲线的绘制、编辑和约束等操作；曲线的绘制、编辑方法；建模的视图布局、工作图层设置、对象操作、坐标系设置、参数设置等操作，介绍了基本实体模型的建模方法、由曲线生成实体的方法，以及实例特征的创建方法、特征操作和特征编辑方法；UG NX 制图环境的设置，工程图的视图创建与编辑方法、标注与编辑方法、工程图的制作方法，任务装配方法与条件设置等基本操作，通过简单的实例介绍装配操作的方法与流程，并通过生产中典型实例——台虎钳装配实例进一步理解装配过程。通过对企业典型零件实体模型创建过程的介绍，使读者能够快速掌握各种实体建模、工程图设计及装配技巧等。

技 能 训 练

1. 草图与曲线造型
根据给定的图形尺寸，完成图 1-269 所示草图及曲线造型。

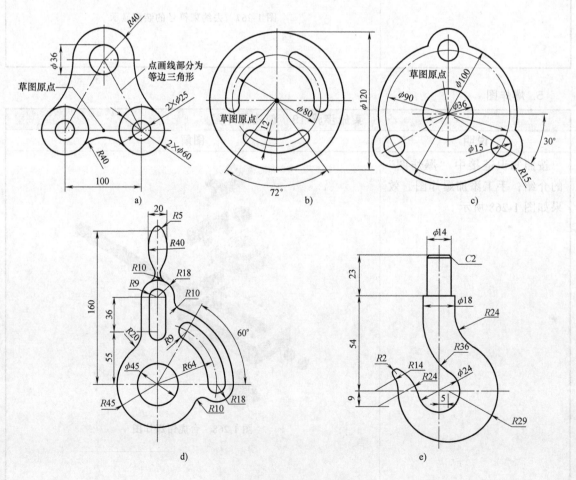

图 1-269　草图与曲线习题

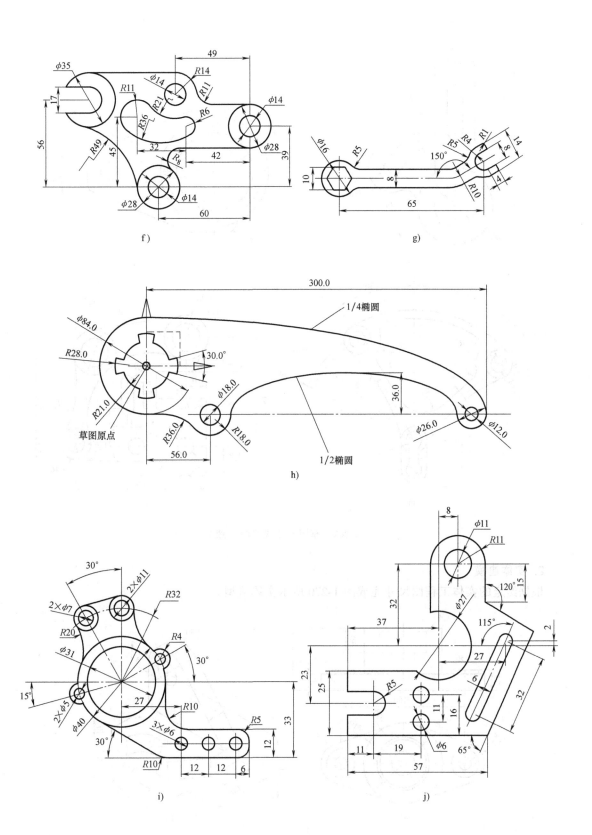

图 1-269 草图与曲线习题（续）

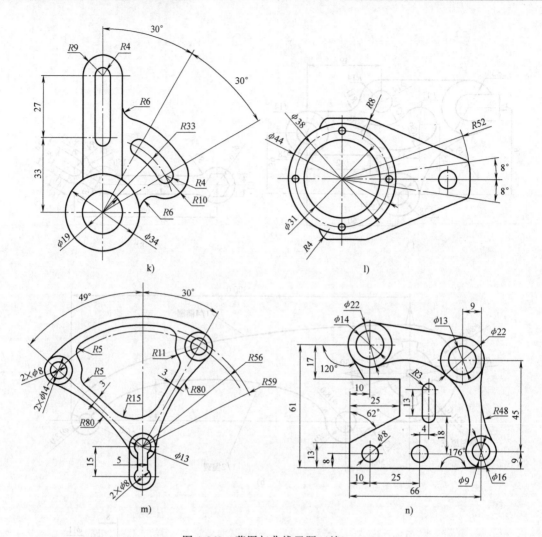

图 1-269　草图与曲线习题（续）

2. 实体建模

根据给定的实体工程图尺寸完成图 1-270 所示实体造型。

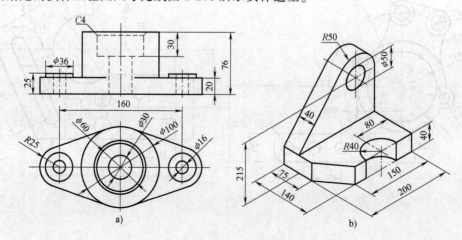

图 1-270　实体建模

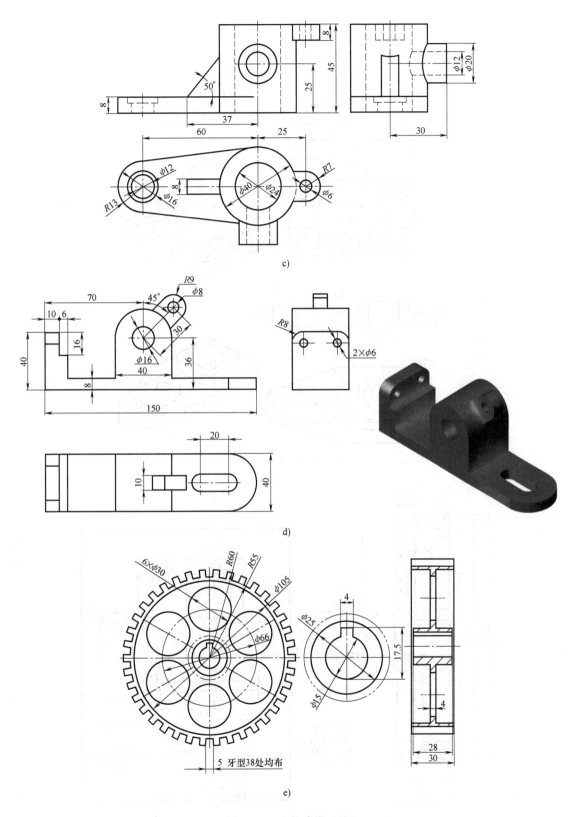

c)

d)

e)

图 1-270　实体建模（续）

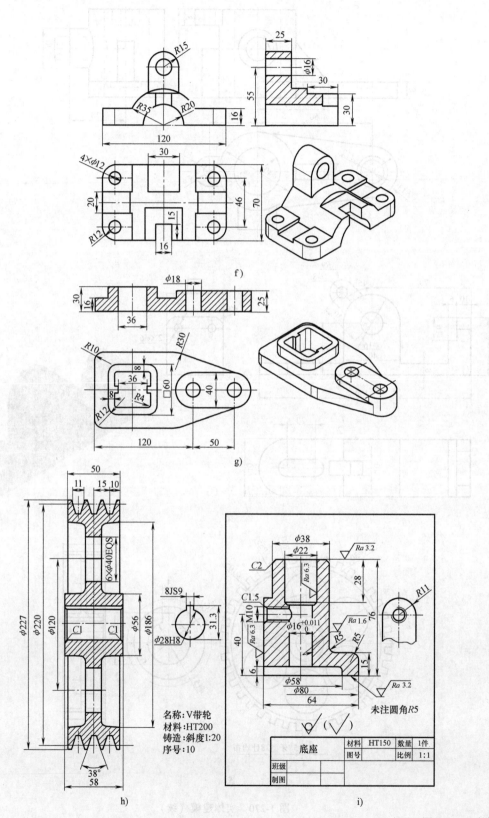

名称:V带轮
材料:HT200
铸造:斜度1:20
序号:10

底座	材料	HT150	数量	1件
	图号		比例	1:1
班级				
制图				

未注圆角R5

f)

g)

h)

i)

图 1-270　实体

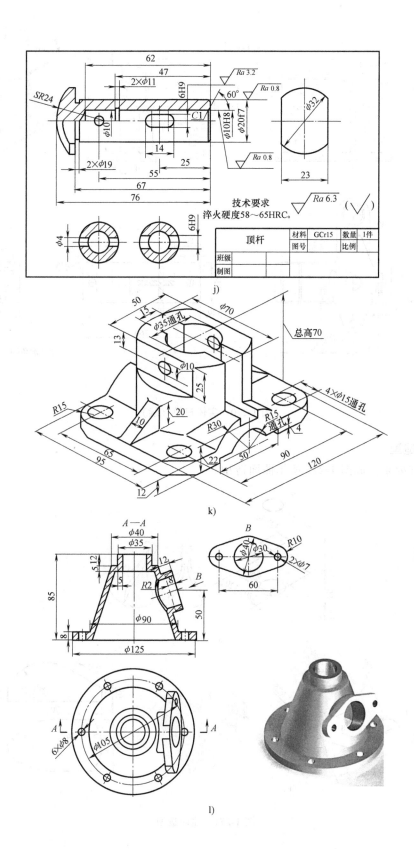

技术要求
淬火硬度58~65HRC。

顶杆	材料	GCr15	数量	1件
	图号		比例	
班级				
制图				

j)

k)

l)

建模（续）

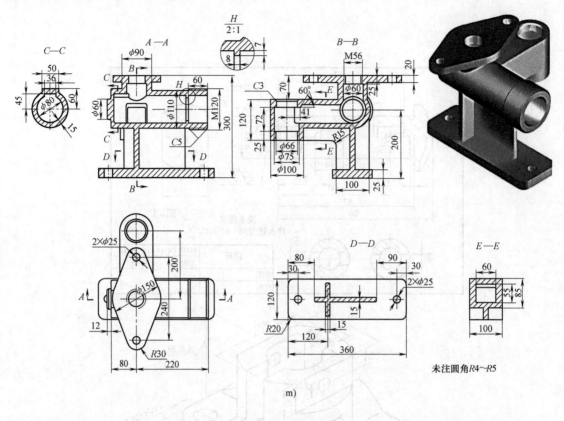

图 1-270　实体建模（续）

3. 曲面造型

根据图样要求完成图 1-271 所示曲面造型。

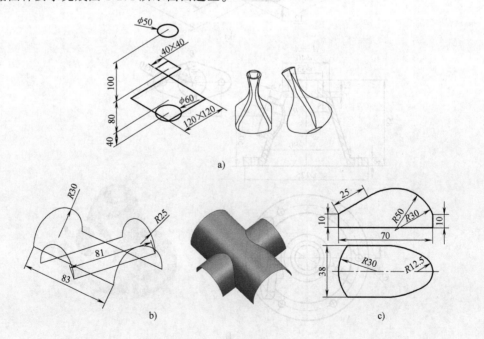

图 1-271　曲面造型

4. 自由造型

根据图样要求完成图示的曲面自由造型。

（1）完成图 1-272 所示茶壶的自由造型，要求茶壶外形最大直径为 φ90mm，其余尺寸自由设计，比例合适，细节完整，并定义合适的材料及颜色。

（2）如图 1-273 所示，要求荷花的总体外形尺寸按图示尺寸制作，其余尺寸自由设计，比例合适，细节完整，并定义合适的材料及颜色。

图 1-272 茶壶自由造型

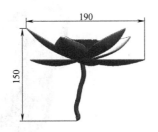

图 1-273 荷花自由造型

5. 工程图设计

（1）完成现行国家标准中 A1、A0 图纸的图框与标题栏的制作并正确保存。

（2）根据图 1-274 图形尺寸要求，完成其三维建模，并创建工程图。

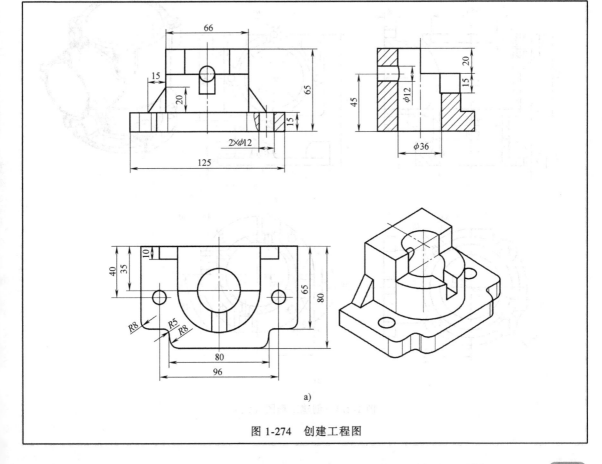

a)

图 1-274 创建工程图

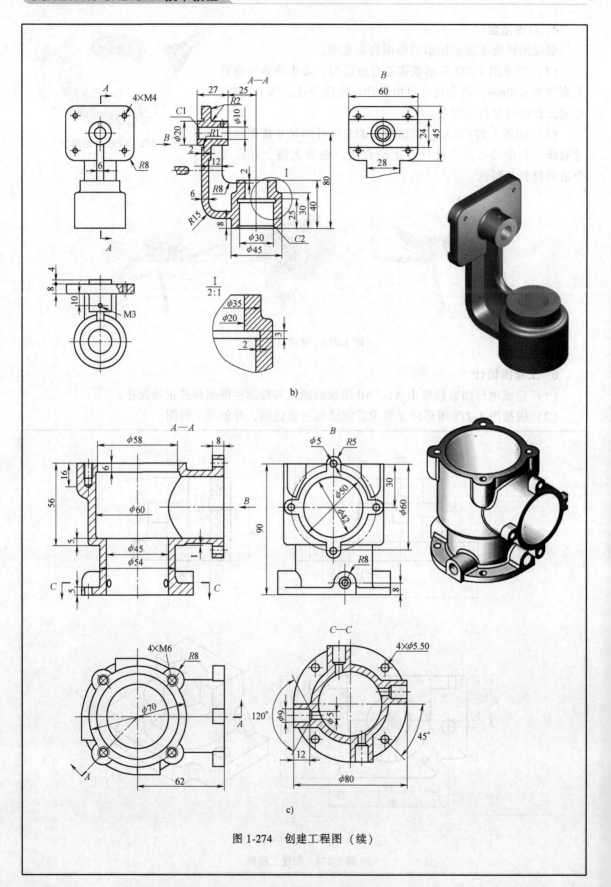

图 1-274 创建工程图（续）

6. 装配设计

（1）根据图 1-275 给定的千斤顶零件图及装配关系要求，完成零件实体建模并装配，然后生成爆炸图。

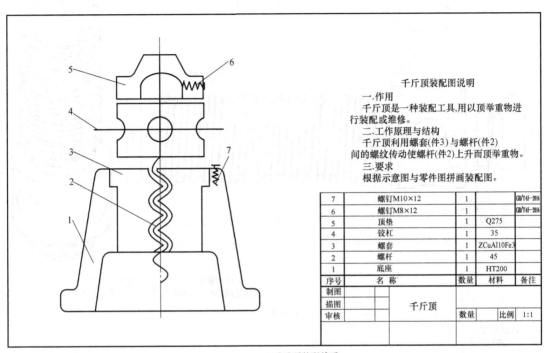

千斤顶装配图说明

一.作用
千斤顶是一种装配工具,用以顶举重物进行装配或维修。
二.工作原理与结构
千斤顶利用螺套(件3)与螺杆(件2)间的螺纹传动使螺杆(件2)上升而顶举重物。
三.要求
根据示意图与零件图拼画装配图。

7	螺钉M10×12	1	GB/T65—2016
6	螺钉M8×12	1	GB/T65—2016
5	顶垫	1	Q275
4	铰杠	1	35
3	螺套	1	ZCuAl10Fe3
2	螺杆	1	45
1	底座	1	HT200
序号	名　称	数量	材料　备注
制图			
描图		千斤顶	
审核		数量	比例　1:1

a) 千斤顶装配关系

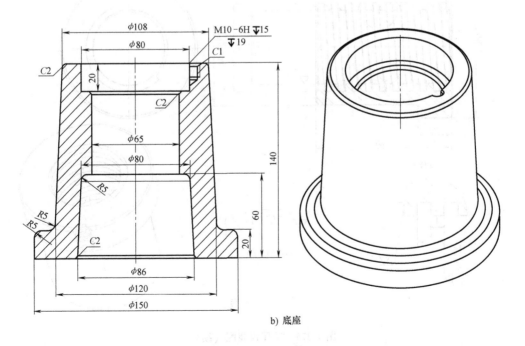

b) 底座

图 1-275 千斤顶装配

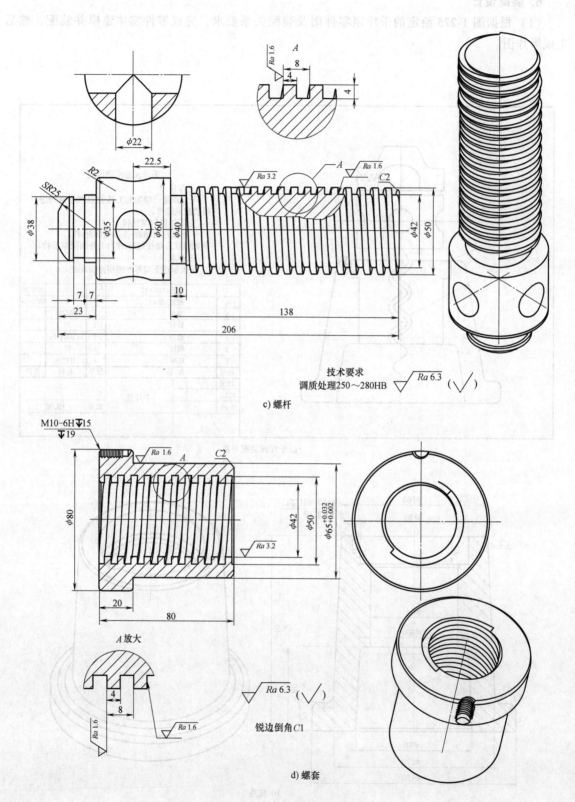

技术要求
调质处理250～280HB $\sqrt{Ra\ 6.3}$ ($\sqrt{}$)

c) 螺杆

M10-6H▽15
▽19

A放大

锐边倒角C1

$\sqrt{Ra\ 6.3}$ ($\sqrt{}$)

d) 螺套

图 1-275 千斤顶装配（续）

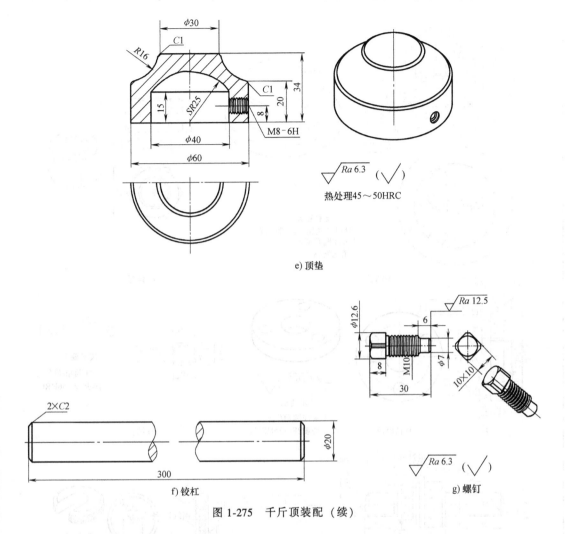

e) 顶垫

热处理45~50HRC

f) 铰杠

g) 螺钉

图 1-275　千斤顶装配（续）

（2）根据图 1-276 给定的钻模零件图及装配关系要求，完成零件实体建模并装配，生成爆炸图，标准件零件图可查阅相关标准建模。

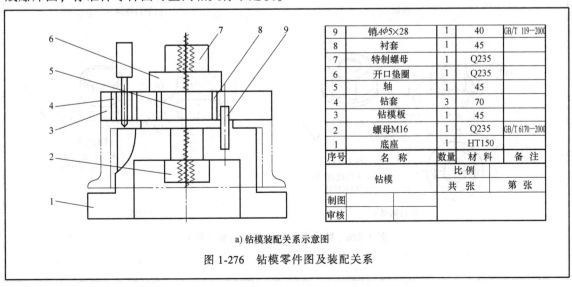

9	销Aϕ5×28	1	40	GB/T 119—2000
8	衬套	1	45	
7	特制螺母	1	Q235	
6	开口垫圈	1	Q235	
5	轴	1	45	
4	钻套	3	70	
3	钻模板	1	45	
2	螺母M16	1	Q235	GB/T 6170—2000
1	底座	1	HT150	
序号	名　称	数量	材　料	备　注

钻模	比　例		
	共　张		第　张

制图			
审核			

a) 钻模装配关系示意图

图 1-276　钻模零件图及装配关系

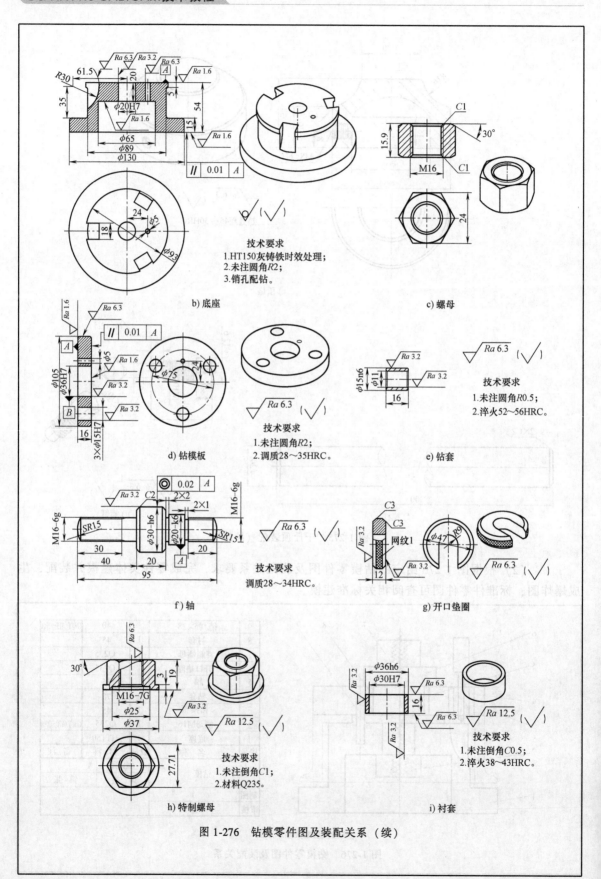

图 1-276　钻模零件图及装配关系（续）

2

第 2 篇　UG自动编程

知识目标

1. 掌握数控车铣床编程加工的操作方法与流程;
2. 掌握 UGCAM 数控车铣床编程、仿真加工与后处理方法。

技能目标

1. 具备 UGCAM 数控车铣床编程加工及后处理能力;
2. 具备数控车铣床在线加工产品实操能力。

素养目标

1. 培养学生良好的道德品质、沟通协调能力和团队合作及敬业精神;
2. 培养学生具有一定的计划、决策、组织、实施和总结的能力。
3. 培养学生创新能力、大国工匠精神、爱国主义情操;
4. 通过技能训练,企业实践,培养学生能吃苦、敢担当、以大国工匠为楷模,汲取榜样的力量。

学习资源:自学《创新中国》《大国工匠》等案例。可在中华人民共和国工业和信息化部网 (https://wap. miit. gov. cn/)、人民网 (http://www. people. com. cn/)、光明网 (https://www. gmw. cn/) 等网站上搜索观看。

UG平面铣

知 识 目 标	能 力 目 标
（1）了解数控加工编程流程和加工环境；	（1）具备 UG CAM 平面铣基本操作能力；
（2）掌握 UG CAM 数控铣削加工方法和基本操作步骤；	（2）会设置平面铣削加工环境；
（3）掌握 UG CAM 数控铣削参数的设置及应用；	（3）具备 UG CAM 平面铣削参数设置及应用能力；
（4）熟练掌握平面铣零件加工编程方法与步骤；	（4）具备平面铣零件编程操作、仿真加工及后处理能力；
（5）掌握后处理生成车间文件并应用到实际机床加工的方法与步骤。	（5）具备应用后处理程序进行实际机床加工的能力。

任务20　加工凹槽

任 务 描 述	图　　解
铣削凹槽零件，尺寸如图 2-1 所示，材料为 ZL104，毛坯尺寸为 80mm×80mm×15mm，要求对零件的凹槽及上表面进行粗、精加工。	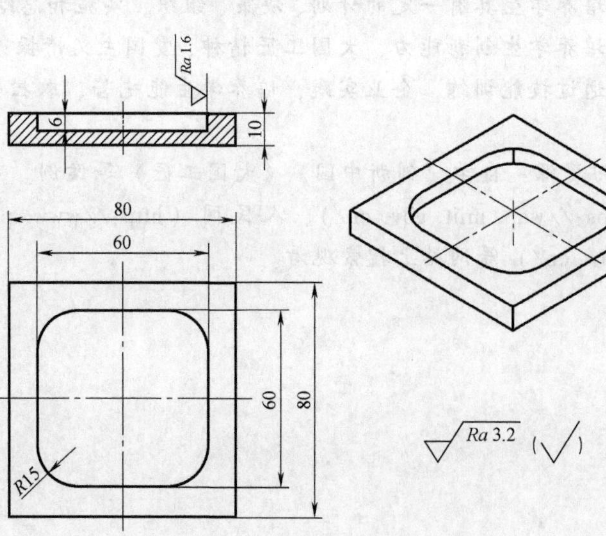

图 2-1　凹槽

7.1 知识链接

1. UG CAM 模块简介

UG CAM 加工模块具有非常强大的数控编程功能，能够编写铣削、钻削、车削、线切割等加工路径并能处理 NC 数据。UG CAM 模块中包含多种加工类型，如车削、铣削、钻削、线切割等。

（1）UG 自动编程一般流程

UG 自动编程加工是指系统根据用户指定的刀具、几何体、工序和方法等信息来创建数控程序，然后把程序输入到相应的数控机床中，数控程序将控制数控机床自动加工生成零件。因此，在创建数控程序之前，用户需要根据图样中的加工要求和零件的几何形状创建刀具、几何体、工序、加工方法等。

UG 自动编程加工流程一般包括：

1）图样中分析和零件几何形状分析；

2）创建零件的模型；

3）进入加工环境，根据模型创建加工刀具、几何体、工序及加工方法等；

4）生成刀具加工轨迹；

5）后置处理，输出数控程序清单。

（2）UG CAM 加工环境

在建模环境下，单击"应用模块"选项卡中的"加工"命令按钮，或按<Ctrl+Alt+M>组合键，即可进入加工环境，如图 2-2 所示。如果在进入加工环境之前弹出选择对话框，一般默认"cam general"，要创建的 CAM 设置选项见表 2-1，选好后单击"确定"按钮，即可进入加工环境。

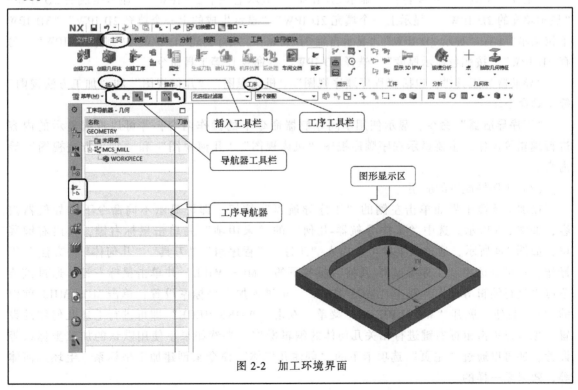

图 2-2 加工环境界面

表 2-1　常用 CAM 设置含义与应用

设置选项	名称	应　　用
mill_planar	平面铣	用于钻孔、平面粗铣、半精铣、精铣
mill_contour	轮廓铣	用于钻孔、平面铣、固定轴轮廓铣的粗铣、半精铣、精铣
mill_multi-axis	多轴铣	用于钻孔、平面铣、固定轴轮廓铣、可变轴轮廓铣的粗铣、半精铣、精铣
drill	钻削	用于钻孔、粗铣、半精铣、精铣
hol_making	孔加工	用于钻孔
turning	车削加工	用于车削
wire_edm	线切割加工	用于线切割加工
maching_knowledge	加工知识	用于钻孔、锪孔、铰孔、埋头孔加工、镗孔、型腔铣、面铣、和攻螺纹

加工环境主要工具说明如下：

"主页"选项卡：主要包含了"插入""操作""工序""显示"和"工件"等工具栏。

"插入"工具栏：主要包含了"创建刀具""创建几何体""创建工序""创建程序"和"创建方法"等命令。

"操作"工具栏：主要由"操作"下拉菜单组成，包括"属性""信息""显示对象""编辑对象""剪切对象""复制对象""粘贴对象""删除对象""变换对象"等命令。

"工序"工具栏：主要包括"生成刀轨""列出刀轨""校验刀轨"和"机床仿真"等命令。

"显示"工具栏：主要包括"显示下拉菜单"（有"显示刀轨""重播刀轨"等命令）、"显示切削移动""显示非切削移动""上色下拉菜单"（有"运动类型""工序""刀具""刀轨分析"等命令）、"显示刀具中心"等工具命令。

"工件"工具栏：主要包括"显示 2D IPW""显示上一个 2D IPW""显示生成的 2D IPW""显示填充的 2D IPW""显示上一个填充 2D IPW""显示生成的上一个填充 2D IPW""3D IPW 下拉菜单"（有"显示 3D IPW""显示自旋 3D IPW""并行创建 3D IPW""删除 3D IPW""另存 3D IPW""按颜色显示厚度""选择 2D IPW"等命令）等工具命令。

"导航器"工具栏：包括"程序顺序视图""机床视图""几何视图"和"加工方法视图"等工具命令。

"工序导航器"命令：显示使用不同导航器命令下的操作内容，并可以根据显示的内容进行编辑等操作，主要显示程序顺序视图"机床视图""几何视图"和"加工方法视图"等内容。

（3）工序导航器的应用

在加工环境主界面单击左侧的"工序导航器"按钮，即可显示不同命令下的导航器内容，如图 2-3 所示。选中"工序导航器-几何"的"未用项"并单击鼠标右键，弹出右键菜单，如图 2-4 所示，通过该菜单可以插入"工序""程序组""刀具""几何体""方法"等操作，也可以选中"工序导航器-几何"标签下的"MCS_MILL"并单击鼠标右键，通过该菜单可以进行编辑等操作；双击"MCS_MILL"，可进入加工坐标系设置；单击 MCS_MILL 前面的"+"按钮，展开"WORKPIECE"菜单，双击"WORKPIECE"即可进行毛坯几何体的设置，也可以单击鼠标右键进行相关几何体的编辑操作。当然如果不使用默认的加工坐标系等设置，还可以通过"主页"选项卡下的"创建几何体"命令来创建加工坐标系、毛坯几何体等，效果是一样的。

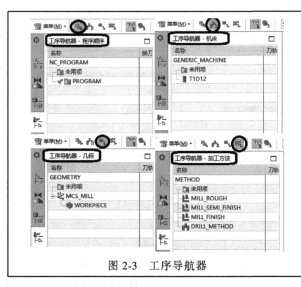

图 2-3　工序导航器

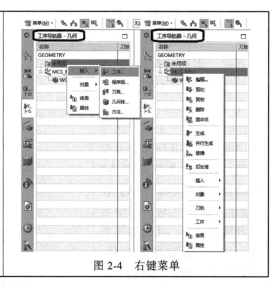

图 2-4　右键菜单

2. 创建加工基本操作

进行 UG CAM 操作时，应遵循一定的顺序和原则。企业编程师习惯首先创建加工所需要使用的刀具，接着设置加工坐标系、毛坯、部件，然后设置加工公差等一些公共参数。希望 UG CAM 初学者能像这些编程师一样养成良好的编程习惯。

（1）创建刀具

说明	图解
单击"主页"选项卡中的"创建刀具"命令按钮 ，打开"创建刀具"对话框，如图 2-5a 所示，首先选择刀具类型、子类型、位置等，并输入刀具的名称，如"T1D12"，单击"确定"或"应用"按钮，弹出"铣刀-5 参数"对话框，输入刀具直径和刀具号等，如图 2-5b 所示，最后单击"确定"按钮，完成刀具的创建。 注意：1）输入刀具名称时，系统不区分大小写，系统会自动将字母转为大写状态； 2）在"创建刀具"对话框中，单击"应用"按钮，对话框不关闭，还可以继续创建其他刀具；单击"确定"按钮，则"创建刀具"对话框消失； 3）设置刀具参数时，只需要设置刀具的直径即可，其他参数默认，如 1 号刀具编号都是"1"； 4）加工时，编程人员还需要编写加工工艺说明卡，注明刀具的类型和实际长度。	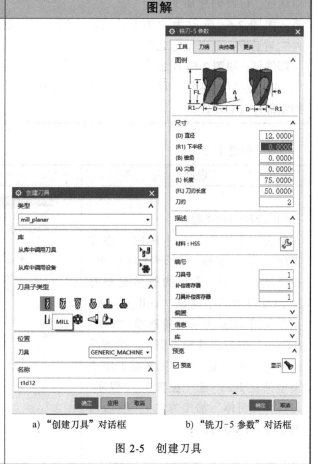 a）"创建刀具"对话框　　b）"铣刀-5 参数"对话框 图 2-5　创建刀具

（2）创建几何体

说明	图解
通过"创建几何体"，可以创建加工操作要使用的加工坐标系、毛坯与部件等。操作时，单击"主页"选项卡中的"创建几何体"命令按钮，打开"创建几何体"对话框，如图2-6a所示；在"创建几何体"对话框中可选择铣削类型、几何体子类型、位置，并可输入名称，然后单击"确定"按钮，即可进入几何体的创建。 在几何体子类型中，可以创建加工坐标系、指定毛坯、指定部件、边界等。如图2-6b所示为"MCS铣削"对话框，可以创建加工坐标系；如图2-6c所示为"工件"对话框，可以指定毛坯与部件等；如图2-6d所示为"铣削边界"对话框，可以指定部件与毛坯边界。	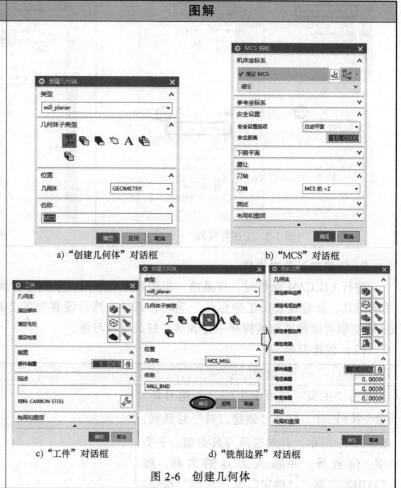 a)"创建几何体"对话框　　　b)"MCS"对话框 c)"工件"对话框　　　d)"铣削边界"对话框 图2-6　创建几何体

（3）创建工序

说明	图解
1）选择创建类型。 单击"主页"选项卡中的"创建工序"命令按钮，打开其对话框，在类型选项中，常见的铣削类型有图2-7a所示的平面铣"mill_planar"类型和图2-7b所示的轮廓铣"mill_contour"类型。选择类型后，接着选择"工序子类型"（常见铣削工序子类型见表2-2）与"位置"（程序、刀具、几何体、加工方法），然后命名工序名称即可。	a)平面铣类型　　　b)轮廓铣类型 图2-7　加工类型

说明	图解
2）设置粗加工余量和公差。 通常加工分为粗加工、半精加工和精加工三个阶段，不同阶段其余量及加工公差的设置都是不同的，下面介绍设置余量及公差的方法。 单击导航器工具栏中的"加工方法视图"命令按钮，如图2-8a所示，用鼠标右键单击左侧"MILL_ROUGH"，在右键菜单中，单击"编辑"按钮，打开"铣削粗加工"对话框，或者直接双击"MILL_ROUGH"打开其对话框，然后设置部件的余量为"0.5"，内公差为"0.05"，外公差为"0.05"，最后单击"确定"按钮，完成设置。 3）设置半精加工和精加工的余量和公差。 用与设置粗加工余量和公差相同的方法设置半精加工和精加工的余量和公差，半精加工余量为"0.2"、内外公差均为"0.03"；精加工余量为"0"、内外公差均为"0.01"，结果如图2-8b和图2-8c所示。	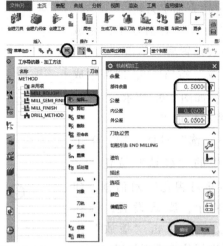 a）设置粗加工余量及公差 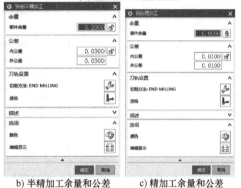 b）半精加工余量和公差　　c）精加工余量和公差 图2-8　设置加工余量和公差
4）设置刀轨参数。 单击"主页"选项卡中的"创建工序"命令按钮，打开其对话框，如图2-9a所示，在"创建工序"对话框中，选择合适的类型（如"mill_planar"）、工序子类型（如"平面铣"）后，选择位置（"程序""刀具""几何体""方法"），并输入名称，最后单击"确定"按钮，即可弹出"平面铣"对话框，如图2-9b所示，从而进一步设置"几何体""刀轨设置"等参数，其中主要"刀轨设置"参数有"方法""切削模式""步距""切削层""切削参数""非切削移动""进给率和速度"等。	 a）创建"平面铣"工序　　b）"平面铣"对话框 图2-9　设置刀轨参数与仿真模拟加工

说明	图解
5）生成仿真加工刀轨。 在"平面铣"对话框中，完成刀轨等参数设置后，单击"操作"中的"生成"按钮，即可生成加工刀轨，如图2-9c所示。 6）仿真模拟加工。 在"平面铣"对话框中，单击"操作"中的"确认"按钮，弹出"刀轨可视化"对话框，如图2-9d所示，默认设置，选择"3D动态"，并单击"播放"按钮，即可进行仿真模拟加工。	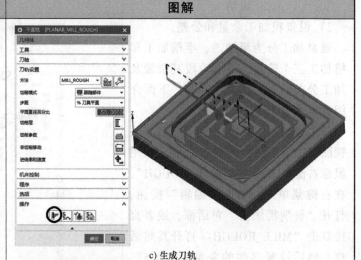 c) 生成刀轨  d) 3D动态仿真加工 图2-9 设置刀轨参数与仿真模拟加工（续）

在创建工序时，工序的子类型有多种，主要子类型的说明见表2-2。

表2-2 常见铣削工序子类型说明

操作子类型	图 解	加工范畴
底壁加工	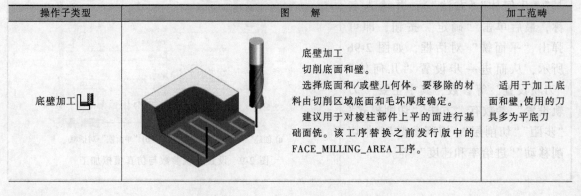 底壁加工 切削底面和壁。 选择底面和/或壁几何体。要移除的材料由切削区域底面和毛坯厚度确定。 建议用于对棱柱部件上平的面进行基础面铣。该工序替换之前发行版中的FACE_MILLING_AREA工序。	适用于加工底面和壁，使用的刀具多为平底刀

（续）

操作子类型	图　解	加工范畴
带 IPW 的底壁加工	**带 IPW 的底壁加工** 使用 IPW 切削底面和壁 选择底面和/或壁几何体。要移除的材料由所选几何体和 IPW 确定。 建议用于通过 IPW 跟踪未切削材料时铣削 2.5D 楼柱部件。	适用于使用 IPW 加工底面和壁,使用的刀具多为平底刀
使用边界面铣削 （FACE_MILLING）	**使用边界面铣削** 垂直于平面边界定义区域内的固定刀轴进行切削。 选择面,曲线或点来定义与要切削层的刀轴垂直的平面边界。 建议用于线框模型。	适用于平面区域的精加工,使用的刀具多为平底刀
手工面铣削 （FACE_MILLING_MANUAL）	**手工面铣削** 切削垂直于固定刀轴的平的面的同时允许向每个包含手工切削模式的切削区域指派不同切削模式。 选择部件上的面以定义切削区域。还可能要定义壁几何体。 建议用于具有各种形状和大小区域的部件,这些部件需要对模式或者每个区域中不同切削模式进行完整的手工控制。	适用于混合切削模式,能够单独为不同的区域设置不同的切削模式,这种加工方式还能为每个铣削区域单独设定切削参数
平面铣 （PLANAR_MILL）	**平面铣** 移除垂直于固定刀轴的平面切削层中的材料。 定义平行于底面的部件边界。部件边界确定关键切削层。 选择毛坯边界。选择底面来定义底部切削层。 建议通常用于粗加工带直壁的棱柱部件上的大量材料。	适用于加工阶梯的平面区域,使用的刀具多为平底刀
平面轮廓铣 （PLANAR_PROFILE）	**平面轮廓铣** 使用"轮廓"切削模式来生成单刀路和沿部件边界描绘轮廓的多层平面刀路。 定义平行于底面的部件边界。选择底面以定义底部切削层,可以使用带跟踪点的用户定义铣刀。	适用于平面壁或边的铣削加工,常用于修边模
清理拐角 （CLEANUP_CORNERS）	**清理拐角** 使用 2D 处理中工件来移除完成之前工序后所遗留材料。 部件和毛坯边界定义于 MILL_BND 父级。2D IPW 定义切削区域。请选择底面来定义底部切削层。 建议用于移除在之前工序中使用较大直径刀具后遗留在拐角的材料。	适用于移除在之前的工序中遗留在拐角的材料

（续）

操作子类型	图　解	加工范畴
精加工壁 （FINISH_WALLS）	**精加工壁** 使用"轮廓"切削模式来精加工壁,同时留出底面上的余量。 　　定义平行于底面的部件边界。选择底面来定义底部切削层。根据需要定义毛坯边界。根据需要编辑最终底面余量。 　　建议用于精加工直壁,同时留出余量以防止刀具与底面接触。	适用于精加工直壁,同时底面留出余量以防止刀具与底面接触
精加工底面 （FINISH_FLOOR	**精加工底面** 使用"跟随部件"切削模式来精加工底面,同时留出壁上的余量。 　　定义平行于底面的部件边界。选择底面来定义底部切削层。定义毛坯边界。根据需要编辑部件余量。 　　建议用于精加工底面,同时留出余量以防止刀具与壁接触。	适用于精加工底面,同时直壁留出余量以防止刀具与直壁接触
槽铣削 （SLOT_MILL）	**槽铣削** 使用 T 型刀切削单个线性槽。 　　指定部件和毛坯几何体。通过选择单个的平的面来指定槽几何体。切削区域可由处理中工件确定。 　　建议在需要使用 T 型刀对线性槽进行粗加工和精加工时使用。	适用于使用 T 型刀对线性槽进行粗精加工
孔铣 （HOLE_MILL）	**孔铣** 使用平面螺旋和/或螺旋切削模式来加工盲孔和通孔。 　　选择孔几何体或使用已识别的孔特征。处理中特征的体积确定待除料量。 　　推荐用于加工太大而无法钻削的孔。	适于用平底刀加工大直径且无法钻削的孔
螺纹铣 （THREAD_MILL）	**螺纹铣** 加工孔内螺纹。 　　螺纹参数和几何体信息可以从几何体、螺纹特征或刀具派生,也可以明确指定。刀具的牙型和螺距必须匹配工序中指定的牙型和螺距。选择孔几何体或使用已识别的孔特征。 　　推荐用于切削太大而无法攻螺纹的螺纹。	适用于加工大直径,且无法攻螺纹的内螺纹

（续）

操作子类型	图　　解	加工范畴
平面文本 **A** （PLANAR_TEXT）	**平面文本** 平的面上的机床文本。 将制图文本选做几何体来定义刀路。 选择底面来定义要加工的面。编辑文本 深度来确定切削的深度。文本将投影到 沿固定刀轴的面上。 建议用于加工简单文本,如标识号。	适用于在平面 上加工简单制图 文本
型腔铣 （CAVITY_MILL）	**型腔铣** 通过移除垂直于固定刀轴的平面切削 层中的材料对轮廓形状进行粗加工。 必须定义部件和毛坯几何体。 建议用于移除模具型腔与型芯、凹模、 铸件和锻件上的大量材料。	适用于模坯的 开粗和二次开粗 加工,使用圆角刀 或平底刀
插铣 （PLUNGE_MILLING）	**插铣** 通过沿连续插削运动中刀轴切削来粗 加工轮廓形状。 部件和毛坯几何体的定义方式与在型 腔铣中相同。 建议用于对需要较长刀具和增强刚度 的深层区域中的大量材料进行有效的粗 加工。	适于用较长的 刀具,对难以触及 的深层区域进行 粗加工
拐角粗加工 （CORNER_ROUGH）	**拐角粗加工** 通过型腔铣来对之前刀具处理不到的 拐角中的遗留材料进行粗加工。 必须定义部件和毛坯几何体。将在之 前粗加工工序中使用的刀具指定为"参考 刀具"以确定切削区域。 建议用于粗加工由于之前刀具直径和 拐角半径的原因而处理不到的材料。	适用于粗加工 因为之前切削时, 由于直径和拐角 半径的原因而处 理不到的剩余 材料
剩余铣 （REST_MILLING）	**剩余铣** 使用型腔铣来移除之前工序所遗留下 的材料。 部件和毛坯几何体必须定义于 WORK- PIECE 父级对象。 切削区域由基于层的 IPW 定义。 建议用于粗加工由于部件余量、刀具大 小或切削层而导致被之前工序遗留的 材料。	用于粗加工因 部件余量、刀具大 小或切削层导致 的前工序遗留 材料

操作子类型	图　解	加工范畴
深度轮廓加工 ⬛ (ZLEVEL_PROFILE)	**深度轮廓加工** 使用垂直于刀轴的平面切削对指定层的壁进行轮廓加工。还可以清理各层之间缝隙中遗留的材料。 指定部件几何体。指定切削区域以确定要进行轮廓加工的面。指定切削层来确定轮廓加工刀路之间的距离。 建议用于半精加工和精加工轮廓形状，如注塑模、凹模、铸件和锻件。	适用于模具中陡峭区域的半精加工和精加工，使用的刀具多为球刀或圆鼻刀
深度加工拐角 ⬈ (ZLEVEL_CORNER)	**深度加工拐角** 使用轮廓切削模式精加工指定层中前一个刀具无法触及的拐角。 必须定义部件几何体和参考刀具。指定切削层以确定轮廓加工刀路之间的距离。指定切削区域来确定要进行轮廓加工的面。 建议用于移除前一个刀具由于其直径和拐角半径的原因而无法触及的材料。	适用于使用轮廓切削模式精加工之前切削时由于直径和拐角半径的原因两无法触及的材料
固定轮廓铣 ⬇ (FIXED_CONTOUR)	**固定轮廓铣** 用于对具有各种驱动方法、空间范围和切削模式的部件或切削区域进行轮廓铣的基础固定轴曲面轮廓铣工序。 根据需要指定部件几何体和切削区域。选择并编辑驱动方法来指定驱动几何体和切削模式。 建议通常用于精加工轮廓形状。	适用于模具等轮廓的精加工
区域轮廓铣 ⬇ (CONTOUR_AREA)	**区域轮廓铣** 使用区域铣削驱动方法来加工切削区域中面的固定轴曲面轮廓铣工序。 指定部件几何体。选择面以指定切削区域。编辑驱动方法以指定切削模式。 建议用于精加工特定区域。	适用于模具中平缓区域的半精加工和精加工，使用的刀具多为球刀
曲面区域轮廓铣 ⬇ (CONTOUR_SURFACE_AREA)	**曲面区域轮廓铣** 使用曲面区域驱动方法对选定面定义的驱动几何体进行精加工的固定轴曲面轮廓铣工序。 指定部件几何体。编辑驱动方法以指定切削模式，并在矩形栅格中按行选择面以定义驱动几何体。 建议用于精加工包含顺序整齐的驱动曲面矩形栅格的单个区域。	适用于精加工包含顺序整齐的驱动曲面矩形栅格的单个区域，一般使用球刀

（续）

操作子类型	图 解	加工范畴
流线 🔧 （STREAMLINE）	流线 使用流曲线和交叉曲线来引导切削模式并遵照驱动几何体形状的固定轴曲面轮廓铣工序。 指定部件几何体和切削区域。编辑驱动方法来选择一组流曲线和交叉曲线以引导和包含路径。指定切削模式。 建议用于精加工复杂形状，尤其是要控制光顺切削模式的流和方向。	适用于精加工复杂形状，尤其是要控制光顺切削模式的流和方向，一般使用球刀
非陡峭区域轮廓铣 🔧 （CONTOUR_AREA_ NON_STEEP）	非陡峭区域轮廓铣 使用区域铣削驱动方法来切削陡峭度大于特定陡峭壁角度的区域的固定轴曲面轮廓铣工序。 指定部件几何体。选择面以指定切削区域。编辑驱动方法以指定陡峭壁角度和切削模式。 与 ZLEVEL_PROFILE 一起使用，以精加工具有不同策略的陡峭和非陡峭区域。切削区域将基于陡峭壁角度在两个工序间划分。	适用于使用区域驱动方法精加工非陡峭区域
陡峭区域轮廓铣 🔧 （CONTOUR_AREA_ DIR_STEEP）	陡峭区域轮廓铣 使用区域铣削驱动方法来切削陡峭度大于特定陡峭壁角度的区域的固定轴曲面轮廓铣工序。 指定部件几何体。选择面以指定切削区域。编辑驱动方法以指定陡峭壁角度和切削模式。 在 CONTOUR_AREA 后使用，以通过将陡峭区域中往复切削进行十字交叉来减少残余高度。	适用于使用区域驱动方法精加工陡峭区域
单刀路清根 🔧 （FLOWCUT_SINGLE）	单刀路清根 通过清根驱动方法使用单刀路精加工或修整拐角和凹部的固定轴曲面轮廓铣。 指定部件几何体。根据需要指定切削区域。 建议用于移除精加工前拐角处的余料。	适用于使用清根驱动方法单刀路移除精加工前拐角处的余料
多刀路清根 🔧 （FLOWCUT_MULTIPLE）	多刀路清根 通过清根驱动方法使用多刀路精加工或修整拐角和凹部的固定轴曲面轮廓铣。 指定部件几何体。根据需要指定切削区域和切削模式。 建议用于移除精加工前后拐角处的余料。	适用于使用清根驱动方法多刀路移除精加工前后拐角处的余料

操作子类型	图　解	加工范畴
清根参考刀具 （FLOWCUT_REF_TOOL）	**清根参考刀具** 使用清根驱动方法在指定参考刀具确定的切削区域中创建多刀路。 指定部件几何体。根据需要选择面以指定切削区域。编辑驱动方法以指定切削模式和参考刀具。 建议用于移除由于之前刀具直径和拐角半径的原因而处理不到的拐角中的材料。	适用于使用清根驱动方法在指定参考刀具确定切削区域中建立多刀路，来移除由于之前刀具直径和拐角半径的原因而处理不到的拐角中的材料
实体轮廓 3D （SOLID_PROFILE_3D）	**实体轮廓 3D** 沿着选定直壁的轮廓边描绘轮廓。 指定部件和壁几何体。	适用于精加工需要特定 3D 轮廓边的直壁
轮廓 3D （PROFILE_3D）	**轮廓 3D** 使用部件边界描绘 3D 边或曲线的轮廓。 选择 3D 边以指定平面上的部件边界。 建议用于线框模型。	适用于使用部件边界描绘 3D 边或曲线的轮廓边，用于线框模型
轮廓文本 （CONTOUR_TEXT）	**轮廓文本** 轮廓曲面上的机床文本。 指定部件几何体。选择制图文本作为定义刀路的几何体。编辑文本深度来确定切削深度。文本将投影到沿固定刀轴的部件上。 建议用于加工简单文本，如标识号。	适用于在轮廓曲面上加工简单制图文本

（4）后处理

说明	图解
1）打开后处理命令。 如图 2-10a 所示，在左侧的"工序导航器-几何"导航栏中，单击选择加工工序，然后单击"主页"选项卡中的"后处理"命令按钮，或者在"工序导航器-几何"导航栏中选中工序并单击鼠标右键选择右键菜单中的"后处理"命令即可。	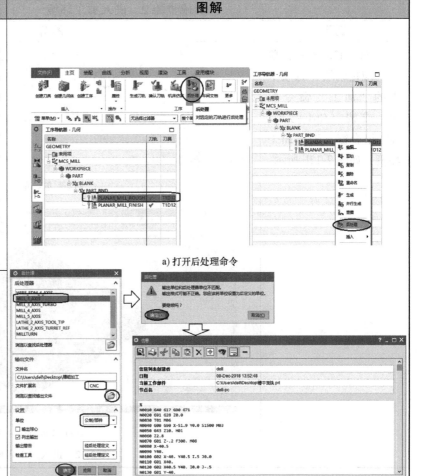 a) 打开后处理命令
2）生成程序清单信息。 如图 2-10b 所示，在"后处理"对话框中选择后处理器"MILL_3_AX-IS"，设置输出文件的文件名、程序文件名、文件扩展名、设置单位等，单击"确认"按钮，弹出"后处理"警告信息，单击"确定"按钮，即可生成加工程序清单信息。	 b) 生成程序清单信息 图 2-10 后处理

7.2 加工凹槽任务实施

1. 建模

实施步骤 1　建模	
说明	图解
在建模环境下，创建凹槽零件模型和毛坯，并设置毛坯透明度为 80%，如图 2-11 所示。	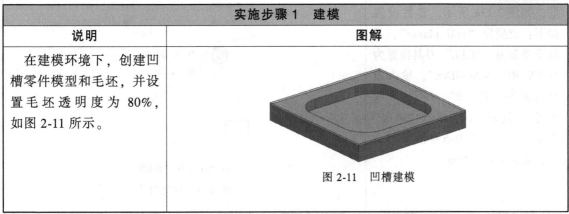 图 2-11 凹槽建模

2. 进入加工环境

实施步骤2　进入加工环境	
说明	图解
如图2-12a所示，单击"应用模块"选项卡中的"加工"命令按钮，或按〈Ctrl + Alt + M〉组合键，进入加工环境，如图2-12b所示。	 a)选择"加工"命令 b)加工环境界面 图2-12　进入加工环境

3. 创建刀具

实施步骤3　创建刀具	
说明	图解
（1）设置"创建刀具"参数 　　单击"主页"选项卡中的"创建刀具"命令按钮，打开其对话框，如图2-13a所示，参数设置如下：类型为"mill_planar"、刀具子类型为"MILL"刀具位置为"GENERIC_MACHINE"。输入刀具名称为"T1D12"（不区分大小写），其余默认，单击"确定"按钮，弹出"铣刀-5参数"对话框，如图2-13b所示。	a)"创建刀具"对话框 图2-13　创建刀具

说明	图解
（2）设置1号刀具参数 如图2-13b所示，在"铣刀-5参数"对话框中，输入直径尺寸为"12"、刀具号为"1"、补偿寄存器为"1"、刀具补偿寄存器为"1"，其余默认，单击"确定"按钮，完成1号刀具创建。 （3）显示刀具 单击"导航器"工具栏中的"机床视图"按钮，即可在左侧"工序导航器-机床"中显示"T1D12"刀具，如图2-13c所示。	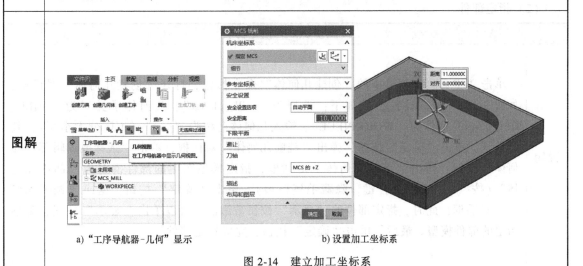 b) 设置1号刀具参数　　　c) 显示刀具 图2-13　创建刀具（续）

4. 建立加工坐标系

实施步骤4	建立加工坐标系
说明	（1）显示"MCS_MILL" 单击"导航器"工具栏中的"几何视图"按钮，在"工序导航器-几何"中显示"MCS_MILL""WORKPIECE"等内容，如图2-14a所示。 （2）设置加工坐标系 在"工序导航器-几何"中，双击"MCS_MILL"工序，即可打开如图2-14b所示"MCS铣削"对话框，并在模型图中生成动态的加工坐标系，单击ZM箭头，输入距离为"11"并按〈Enter〉键，加工坐标系即可移至毛坯上表面中心，其余参数默认，单击"确定"按钮，关闭对话框，完成加工坐标系的创建。
图解	a)"工序导航器-几何"显示　　　b) 设置加工坐标系 图2-14　建立加工坐标系

5. 创建几何体

（1）指定毛坯

实施步骤5　指定毛坯	
说明	在"工序导航器-几何"中，双击"WORKPIECE"工序，打开如图 2-15 所示的"工件"对话框，单击"选择或编辑毛坯几何体"按钮，弹出"毛坯几何体"对话框，选定毛坯模型为毛坯几何体，其余默认，单击"确定"按钮，返回"工件"对话框，此时，"指定毛坯"后面的"显示"按钮被激活，单击"显示"按钮，毛坯几何体模型即可高亮显示。最后单击"确定"按钮，关闭"工件"对话框，完成指定毛坯。
图解	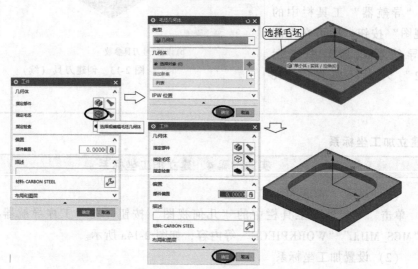 图 2-15　指定毛坯几何体

（2）指定部件

实施步骤6　指定部件	
说明	单击"主页"选项卡中的"创建几何体"命令按钮，打开"创建几何体"对话框，如图 2-16 所示，设置参数如下：类型为"mill_planar"、几何体子类型为"MILL_GEOM"、几何体为"WORKPIECE"、输入几何体名称为"part"（不区分大小写），其余默认，单击"确定"按钮，弹出"铣削几何体"对话框，单击"选择或编辑部件几何体"按钮，弹出"部件几何体"对话框，指定模型图中的部件模型为"部件几何体"（按〈Ctrl+B〉组合键，隐藏毛坯模型），单击"确定"按钮，返回"铣削几何体"对话框，此时，指定部件的"显示"按钮被激活，可以单击"显示"按钮，观察指定的部件模型。最后，单击"确定"按钮，完成指定部件。

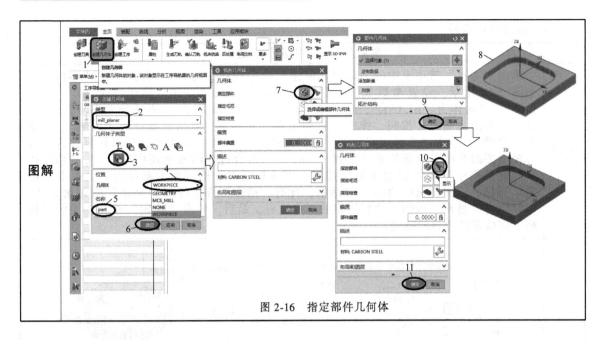

| 图解 | |

图 2-16 指定部件几何体

（3）指定毛坯边界

实施步骤 7 指定毛坯边界

说明	单击"主页"选项卡中的"创建几何体"命令按钮，打开"创建几何体"对话框，如图 2-17 所示，设置参数如下：类型为"mill_planar"、几何体子类型为"MILL_BND"、几何体为"PART"、输入几何体名称为"blank"（不区分大小写），其余默认，单击"确定"按钮，弹出"铣削边界"对话框，默认刀具侧为"内侧"、平面为"自动"，单击"选择或编辑毛坯边界"按钮，弹出"毛坯边界"对话框，选定毛坯模型图的上表面为毛坯边界（按〈Ctrl+Shift+K〉组合键，显示隐藏的毛坯模型），单击"确定"按钮，返回"铣削边界"对话框，此时，指定毛坯边界的"显示"按钮被激活，可以单击"显示"按钮，观察指定的毛坯边界。最后，单击"确定"按钮，关闭对话框，完成毛坯边界的指定。
图解	

图 2-17 指定毛坯边界

（4）指定部件边界

实施步骤 8	指定部件边界

说明

　　单击"主页"选项卡中的"创建几何体"命令按钮，打开"创建几何体"对话框，如图 2-18 所示，设置参数如下：类型为"mill_planar"、几何体子类型为"MILL_BND"、几何体为"BLANK"，输入几何体名称为"part_bnd"（不区分大小写），其余默认，单击"确定"按钮，弹出"铣削边界"对话框，默认刀具侧为"内侧"、平面为"自动"，单击"选择或编辑部件边界"按钮，弹出"部件边界"对话框，选定部件模型图的上环面为部件边界（按〈Ctrl+B〉组合键，隐藏毛坯模型），在"部件边界"对话框中单击"添加新集"按钮，继续指定部件槽底面为部件边界，单击"确定"按钮，返回"铣削边界"对话框，此时，指定部件边界的"显示"按钮被激活，可以单击"显示"按钮，观察指定的部件边界。最后，单击"确定"按钮，关闭对话框，完成部件边界的指定。

图解

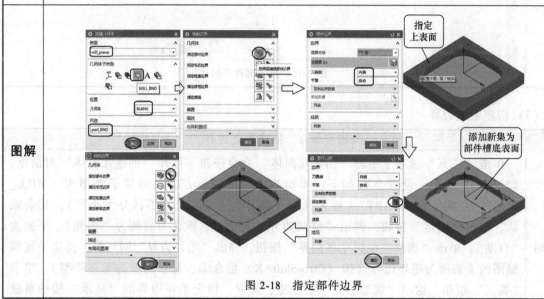

图 2-18　指定部件边界

6. 创建粗加工工序

（1）设置"创建工序"参数

实施步骤 9	设置"创建工序"参数
说明	图解

　　单击"主页"选项卡中的"创建工序"命令按钮，打开其对话框，如图 2-19 所示，依次设置类型为"mill_planar"、工序子类型为"平面铣"、程序为"NC_PROGRAM"、刀具为"T1D12（铣刀-5 参数）"、几何体为"PART_BND"、方法为"MILL_ROUGH"、名称为"PLANAR_MILL_ROUGH"，完成参数设置后，单击"确定"按钮，弹出"平面铣"对话框。

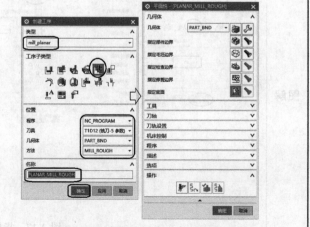

图 2-19　设置"创建工序"参数

（2）指定底面

	实施步骤 10 指定底面
说明	如图 2-20 所示，在"平面铣"对话框中单击"选择或编辑底平面几何体"按钮，打开"平面"对话框，默认设置，选定对象为槽的底面，单击"确定"按钮，返回"平面铣"对话框，此时，指定底面后面的"显示"按钮被激活，单击即可显示指定的底面，完成指定底面。
图解	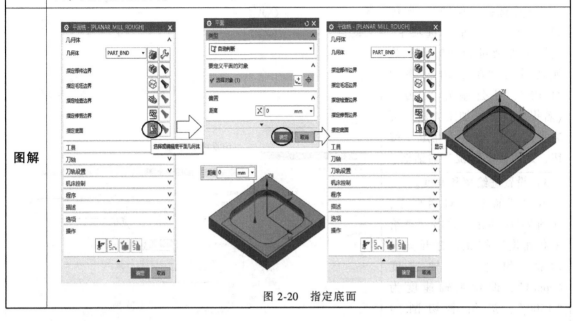 图 2-20 指定底面

（3）设置刀轨参数

	实施步骤 11 设置刀轨参数
说明	图解
1）设置刀轨基本参数与切削层参数。 如图 2-21a 所示，在"平面铣"对话框中，依次设置刀轨参数：切削模式为"跟随部件"、步距为"% 刀具平直"、平面直径百分比为"50"。 单击"切削层"按钮，打开其对话框，选择类型为"恒定"，每刀公共切削深度为"0.2"，其余默认，单击"确定"按钮，返回"平面铣"对话框。	a) 设置刀轨基本参数与切削层参数 图 2-21 设置刀轨参数

说明	图解
2）设置切削参数。 在"平面铣"对话框中，如图 2-21b 所示，单击刀轨设置中的"切削参数"按钮，打开其对话框，在"策略"选项卡中选择"顺铣""层优先"。单击"余量"选项卡，设置部件余量为"0.5"，其他余量为"0"，内公差为"0.05"、外公差为"0.05"（若提前设置好加工方法，可略省此步），单击"确定"按钮，返回"平面铣"对话框。 3）设置进给率和速度。 在"平面铣"对话框中，如图 2-21c 所示，单击"进给率和速度"按钮，打开其对话框，勾选"主轴速度（rpm）"，设置主轴速度为"1500"、进给率切削为"300mmpm"，单击"计算"按钮，则可自动计算表面速度与每齿进给量，单击"确定"按钮，返回"平面铣"对话框。	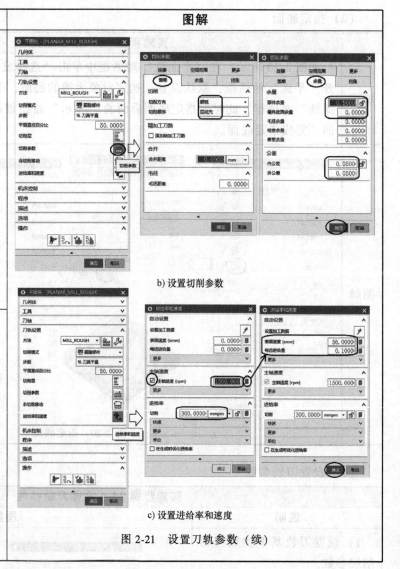 b) 设置切削参数 c) 设置进给率和速度 图 2-21 设置刀轨参数（续）

（4）仿真加工

实施步骤 12 仿真加工	
说明	图解
1）生成刀轨。 在"平面铣"对话框中，单击"生成"按钮，显示刀轨，如图 2-22a 所示。	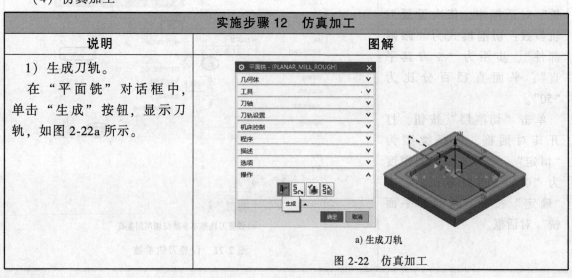 a) 生成刀轨 图 2-22 仿真加工

说明	图解
2）3D 动态仿真加工。 在"平面铣"对话框中，如图 2-22b 所示，单击"确认"按钮，打开"刀轨可视化"对话框，选择"3D 动态"选项卡，参数默认，单击"播放"按钮，即可进行仿真加工，最后单击"确定"按钮，返回"平面铣"对话框，再次单击"确定"按钮，关闭工序对话框，粗加工工序创建完成。	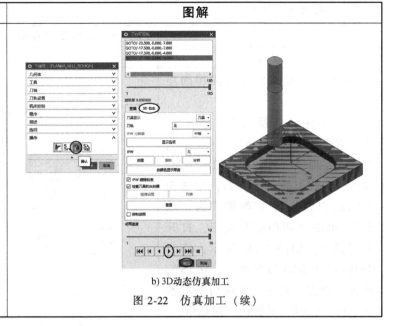 b）3D 动态仿真加工 图 2-22 仿真加工（续）

7. 创建精加工工序

（1）复制创建精加工工序

	实施步骤13　复制创建精加工工序
说明	如图 2-23 所示，选中"工序导航器-几何"导航栏中创建完成的工序 ✔💾 PLANAR_MILL_ROUGH，在右键菜单中选择"复制"命令，再在右键菜单中选择"粘贴"命令，则在左侧导航栏中，出现 ⊘💾 PLANAR_MILL_ROUGH_COPY 复制工序。单击该工序，在右键菜单中选择"重命名"命令，修改其名称为"PLANAR _MILL_FINISH"（或者在选中该工序后，再单击一次，即可直接修改工序名称）。
图解	图 2-23 复制创建精加工工序

（2）修改工序参数

实施步骤 14　修改工序参数	
说明	图解

1）修改刀轨基本参数和切削层参数。

在"工序导航器-几何"导航栏中，双击工序 ⊘📐 *PLANAR_MILL_FINISH*，打开"平面铣"对话框，如图 2-24a 所示，修改刀轨基本参数：方法为"MILL_FINISH"、切削模式为"轮廓"。单击"切削层"按钮，打开其对话框，如图 2-24b 所示，修改公共每刀切削深度参数为"0.15"，单击"确定"按钮，完成切削层参数修改，返回"平面铣"对话框。

a) 修改刀轨基本参数　　b) 修改切削层参数

2）修改切削参数。

在"平面铣"对话框中单击"切削参数"按钮，打开其对话框，如图 2-24c 所示，在"策略"选项卡中修改切削顺序为"深度优先"。单击"余量"选项卡，修改部件余量为"0"、内公差为"0.01"、外公差为"0.01"，单击"确定"按钮，返回"平面铣"对话框。

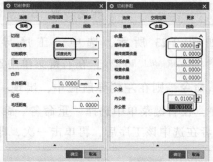

c) 修改切削参数

3）修改进给率和速度。

在"平面铣"对话框中单击"进给率和速度"按钮，打开其对话框，如图 2-24d 所示，修改主轴速度为"2000"、进给率切削为"200mmpm"，并单击"基于此值计算进给和速度"按钮，完成速度和进给的计算，单击"确定"按钮，返回"平面铣"对话框。

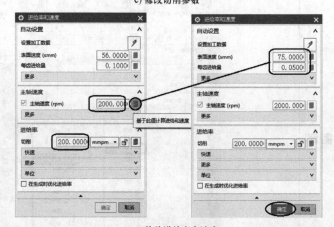

d) 修改进给率和速度

图 2-24　修改工序参数

（3）仿真加工

实施步骤 15　仿真加工	
说明	图解
1）生成刀轨。 在"平面铣"对话框中单击"生成"按钮，显示刀轨，如图2-25a所示。	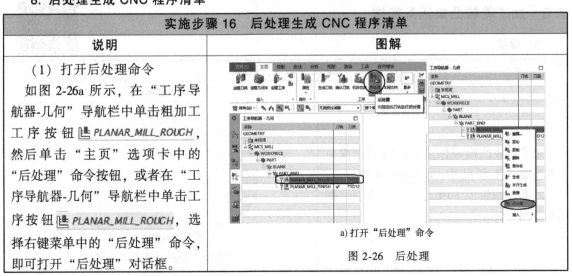
2）仿真加工 如图2-25b所示，在"平面铣"对话框中单击"确认"按钮，打开"刀轨可视化"对话框。选择"3D动态"，其余默认，单击"播放"按钮，即可进行仿真加工，最后单击"确定"按钮，返回"平面铣"对话框，再次单击"确定"按钮，关闭"平面铣"对话框，完成仿真加工。	a) 生成刀轨 b) 3D动态仿真加工 图 2-25　仿真加工

8. 后处理生成 CNC 程序清单

实施步骤 16　后处理生成 CNC 程序清单	
说明	图解
（1）打开后处理命令 如图2-26a所示，在"工序导航器-几何"导航栏中单击粗加工工序按钮 *PLANAR_MILL_ROUGH*，然后单击"主页"选项卡中的"后处理"命令按钮，或者在"工序导航器-几何"导航栏中单击工序按钮 *PLANAR_MILL_ROUGH*，选择右键菜单中的"后处理"命令，即可打开"后处理"对话框。	a) 打开"后处理"命令 图 2-26　后处理

说明	图解
（2）生成程序清单 如图 2-26b 所示，在"后处理"对话框中选择后处理器为"MILL_3_AXIS"，设置输出文件的文件名，文件扩展名为"CNC"，设置单位为"公制/部件"，其余默认，单击"确定"按钮，弹出"后处理"信息，单击"确定"按钮，即可生成粗加工程序清单信息，单击"关闭"按钮，完成后处理操作。	 b）生成程序清单 图 2-26 后处理（续）

完成后处理之后，可以到目标文件夹中找到生成的程序文件，用记事本打开即可，该程序可直接传输到机床进行在线加工，也可以重新命名后（如程序名 O0015）先传到机床系统中，再调出程序执行加工。

任务 21　加工轮毂凸模

任务描述	图解
铣削轮毂凸模零件，尺寸如图 2-27 所示，毛坯尺寸为 φ200mm×22mm，材料为 45 钢，毛坯上表面中心为加工坐标系原点，创建平面铣粗精加工。	 图 2-27 轮毂凸模

7.3　加工轮毂凸模任务实施

1. 建模

实施步骤 1　建模	
说明	图解
完成轮毂凸模部件建模，同时完成毛坯造型（毛坯尺寸：φ200mm×22mm），并把毛坯编辑成 80% 透明度的模型，如图 2-28 所示。	 图 2-28 创建部件与毛坯模型

2. 进入加工环境

实施步骤2　进入加工环境	
说明	图解
如图 2-29a 所示，单击"应用模块"选项卡中的"加工"命令按钮，或按〈Ctrl + Alt + M〉组合键，即可进入加工环境，如图 2-29b 所示。	　a) 选择 加工 命令 b) 加工环境界面 图 2-29　进入加工环境

3. 创建刀具

实施步骤3　创建刀具	
说明	（1）设置"创建刀具"参数 单击"主页"选项卡中的"创建刀具"命令按钮，打开其对话框，如图 2-30a 所示，参数设置如下：类型为"mill_planar"、刀具子类型为"MILL"、刀具为"GENERIC_MACHINE"，输入刀具名称为"T1D12"（不区分大小写），其余默认，单击"确定"按钮，弹出"铣刀-5 参数"对话框。 （2）设置 1 号刀具参数 如图 2-30b 所示，在"铣刀-5 参数"对话框中输入直径尺寸为"12"、刀具号为"1"、补偿寄存器为"1"、刀具补偿寄存器为"1"，其余默认，单击"确定"按钮，关闭对话框，完成 1 号刀具的创建。 （3）显示刀具 单击"导航器"工具栏中的"机床视图"按钮，即可在"工序导航器-机床"中显示"T1D12"刀具，如图 2-30c 所示。

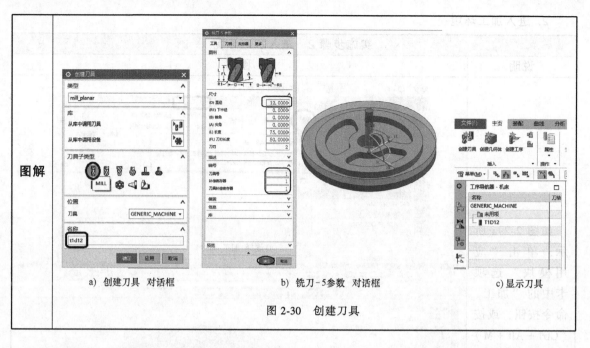

a) 创建刀具 对话框	b) 铣刀-5参数 对话框	c) 显示刀具

图 2-30 创建刀具

4. 建立加工坐标系

实施步骤 4 建立加工坐标系

说明

（1）显示"MCS_MILL"

单击"导航器"工具栏中的"几何视图"按钮，在"工序导航器-几何"中显示"MCS_MILL"、"WORKPIECE"等内容，如图 2-31a 所示。

（2）设置加工坐标系

在"工序导航器-几何"导航栏中双击"MCS_MILL"工序，即可打开如图 2-31b 所示的"MCS 铣削"对话框，并在模型图中生成动态的加工坐标系，单击 ZM 箭头，输入距离"11"并按〈Enter〉键，加工坐标系即可移至毛坯上表面中心（或者直接捕捉毛坯上表面圆心即可），其余参数默认，单击"确定"按钮，关闭对话框，完成加工坐标系的创建。

图解

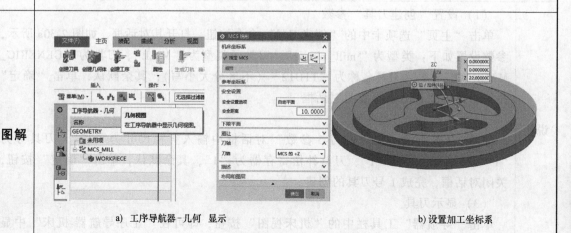

a) 工序导航器-几何 显示	b) 设置加工坐标系

图 2-31 建立加工坐标系

5. 创建几何体

（1）指定毛坯

	实施步骤 5　指定毛坯
说明	在"工序导航器-几何"中双击"WORKPIECE"工序，打开如图 2-32 所示的"工件"对话框，单击"选择或编辑毛坯几何体"按钮，弹出"毛坯几何体"对话框，选定毛坯模型为毛坯几何体，其余默认，单击"确定"按钮，返回"工件"对话框，在"工件"对话框中指定毛坯后面的"显示"按钮被激活，单击"显示"按钮，毛坯几何体模型即可高亮显示。最后单击"确定"按钮，关闭"工件"对话框，完成指定毛坯几何体。
图解	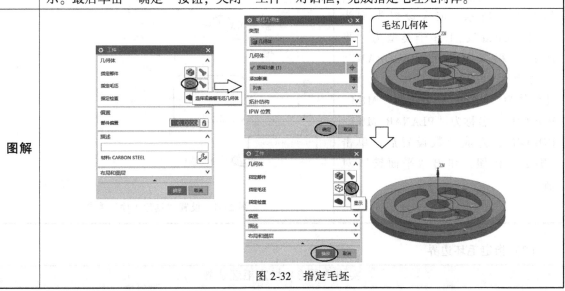 图 2-32　指定毛坯

（2）指定部件

	实施步骤 6　指定部件
说明	单击"主页"选项卡中的"创建几何体"命令按钮，打开"创建几何体"对话框，如图 2-33 所示，依次设置参数如下：类型为"mill_planar"、几何体子类型为"MILL_GEOM"、几何体为"WORKPIECE"，输入几何体名称为"part"（不区分大小写），其余默认，单击"确定"按钮，弹出"铣削几何体"对话框，单击"选择或编辑部件几何体"按钮，弹出"部件几何体"对话框，指定模型图中部件模型为部件几何体（按〈Ctrl+B〉组合键，隐藏毛坯模型），单击"确定"按钮，返回"铣削几何体"对话框，此时指定部件的"显示"按钮被激活，可以单击"显示"按钮观察指定的部件模型。最后单击"确定"按钮，关闭对话框，完成部件的指定。
图解	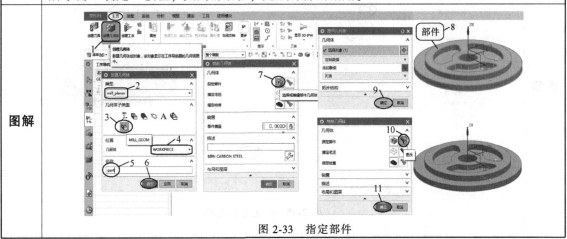 图 2-33　指定部件

6. 创建粗加工工序

(1) 设置"创建工序"参数

实施步骤7　设置"创建工序"参数	
说明	图解
单击"主页"选项卡中的"创建工序"命令按钮，打开其对话框，如图 2-34 所示，依次设置类型为"mill_planar"、工序子类型为"平面铣"、程序为"NC_PROGRAM"、刀具为"T1D12（铣刀-5 参数）"、几何体为"PART"、方法为"MILL_ROUGH"、名称为"PLANAR_MILL_ROUGH"，完成参数设置后，单击"确定"按钮，弹出"平面铣"对话框。	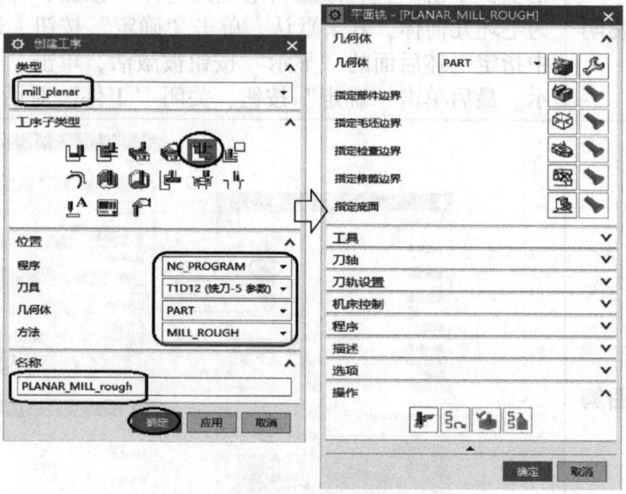 图 2-34　设置"创建工序"参数

(2) 指定毛坯边界

实施步骤8　指定毛坯边界	
说明	如图 2-35 所示，在"平面铣"对话框中单击"选择或编辑毛坯边界"按钮，打开"边界几何体"对话框，选择模式为"面"，材料侧为"内侧"，其余默认，选定毛坯模型图上表面为边界（按〈Ctrl+Shift+K〉组合键，显示隐藏的毛坯模型），单击"确定"按钮，返回"平面铣"对话框，此时指定毛坯边界的"显示"按钮被激活，可以单击"显示"按钮观察指定的毛坯边界，完成指定毛坯边界。
图解	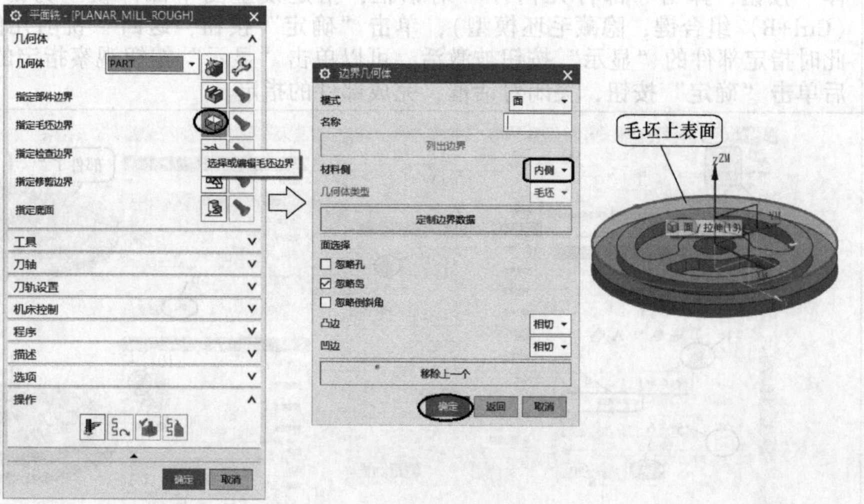 图 2-35　指定毛坯边界

（3）指定部件边界

实施步骤 9	指定部件边界
说明	如图 2-36 所示，在"平面铣"对话框中单击"选择或编辑部件边界"按钮，打开"边界几何体"对话框，选择模式为"面"，材料侧为"内侧"，其余默认，选定部件模型图上表面及所有底面（共 5 处）为边界（按〈Ctrl+B〉组合键，隐藏毛坯模型），单击"确定"按钮，返回"平面铣"对话框，此时指定部件边界的"显示"按钮被激活，可以单击"显示"按钮观察指定的部件边界，完成指定部件边界。
图解	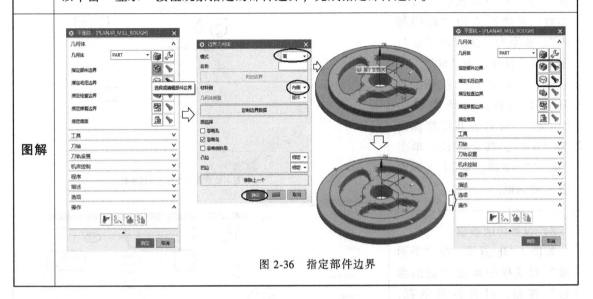 图 2-36 指定部件边界

（4）指定底面

实施步骤 10	指定底面
说明	如图 2-37 所示，在"平面铣"对话框中单击"选择或编辑底平面几何体"按钮，打开"平面"对话框，默认设置，选定对象为部件上方任一底面，单击"确定"按钮，返回"平面铣"对话框，此时指定底面后面的"显示"按钮被激活，单击即可显示指定的底面。
图解	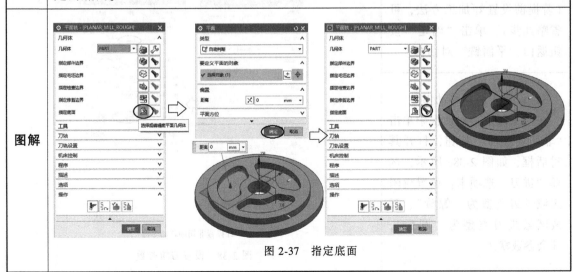 图 2-37 指定底面

（5）设置刀轨参数

实施步骤 11　设置刀轨参数	
说明	图解
1）设置刀轨基本参数与切削层参数。 如图 2-38a 所示，在"平面铣"对话框中依次设置刀轨参数：切削模式为"跟随部件"、步距为"%刀具平直"、平面直径百分比为"50"。 单击"切削层"按钮，打开其对话框，选择类型为"恒定"，每刀公共切削深度为"0.2"，其余默认，单击"确定"按钮，返回"平面铣"对话框。	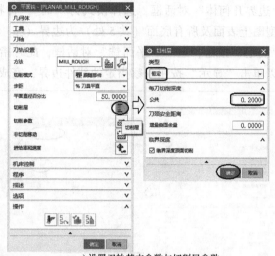 a) 设置刀轨基本参数与切削层参数
2）设置切削参数。 如图 2-38b 所示，在"平面铣"对话框中单击"切削参数"按钮，打开其对话框，在"策略"选项卡中选择"顺铣"、切削顺序为"层优先"。单击"余量"选项卡，设置部件余量为"0.5"，其他余量为"0"，内公差为"0.05"、外公差也为"0.05"（若提前设置好加工方法，可省略此步），单击"确定"按钮返回"平面铣"对话框。	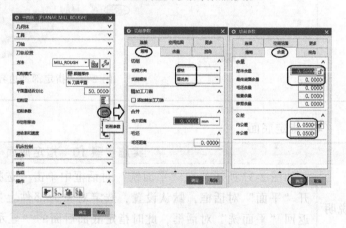 b) 设置切削参数
3）设置非切削移动参数。 在"平面铣"对话框中单击"非切削移动"按钮，打开其对话框，如图 2-38c 所示，选择"进刀"选项卡：设置封闭区域进刀类型为"螺旋"、开放区域进刀类型为"圆弧"，其余参数默认。	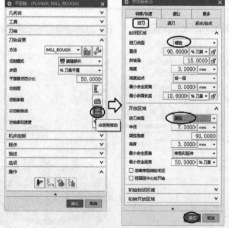 c) 设置非切削移动参数 图 2-38　设置刀轨参数

说明	图解
4）设置进给率和速度。 在"平面铣"对话框中单击"进给率和速度"按钮，打开其对话框，如图 2-38d 所示，勾选"主轴速度（rpm）"，设置主轴速度为"1500"、进给率切削为"300mmpm"，单击"计算"按钮，则可自动计算表面速度与每齿进给量，单击"确定"按钮，返回"平面铣"对话框。	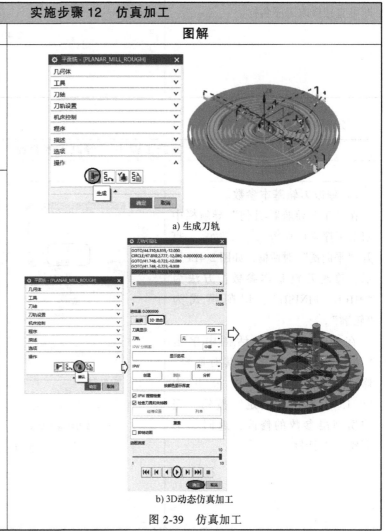 d）设置进给率和速度 图 2-38　设置刀轨参数（续）

（6）仿真加工

实施步骤 12　仿真加工

说明	图解
1）生成刀轨。 在"平面铣"对话框中单击"生成"按钮，显示刀轨，如图 2-39a 所示。	a）生成刀轨
2）3D 动态仿真加工。 如图 2-39b 所示，在"平面铣"对话框中单击"确认"按钮，打开"刀轨可视化"对话框，选择"3D 动态"选项卡，其余默认，单击"播放"按钮，即可进行仿真加工，最后单击"确定"按钮，返回"平面铣"对话框，再次单击"确定"按钮，关闭对话框，完成粗加工工序创建。	b）3D动态仿真加工 图 2-39　仿真加工

7. 创建精加工工序

（1）复制工序

实施步骤 13　复制工序	
说明	图解
如图 2-40 所示，用鼠标右键单击"工序导航器-几何"导航栏中的工序 ✔️ PLANAR_MILL_ROUGH，在右键菜单中选择"复制"命令，再在右键菜单中选择"粘贴"命令，则在左侧的导航栏中出现复制工序 ⊘ PLANAR_MILL_ROUGH_COPY。用鼠标右键单击该工序，在右键菜单中选择"重命名"命令，修改其名称为"PLANAR_MILL_FINISH"（或者在选中该工序后，再单击一次，即可直接修改工序名称）。	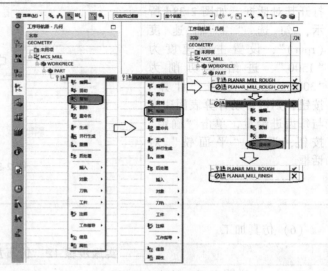 图 2-40　复制工序

（2）修改工序参数

实施步骤 14　修改工序参数	
说明	图解
1）修改刀轨基本参数。 在"工序导航器-几何"导航栏中双击工序 ⊘ PLANAR_MILL_FINISH，打开"平面铣"对话框，如图 2-41a 所示。修改刀轨基本参数：方法为"MILL_FINISH"、切削模式为"轮廓"。 在"平面铣"对话框中单击"切削层"按钮，打开其对话框，修改每刀切削深度公共为"0.15"，单击"确定"按钮，完成切削层参数的修改，返回"平面铣"对话框。	　 a) 修改刀轨基本参数　　　b) 修改切削层参数 图 2-41　修改工序参数

说明	图解
2）修改切削参数。 如图 2-41c 所示，在"平面铣"对话框中单击"切削参数"按钮，打开其对话框，在"策略"选项卡中，修改切削顺序为"深度优先"。单击"余量"选项卡，修改部件余量为"0"、内公差为"0.01"、外公差为"0.01"，单击"确定"按钮，返回"平面铣"对话框。	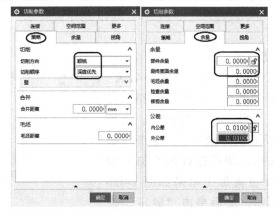 c) 修改切削参数
3）修改进给率和速度。 在"平面铣"对话框中单击"进给率和速度"按钮，打开其对话框，如图 2-41d 所示，修改主轴速度为"2000"、进给率切削为"200mmpm"，并单击"基于此值计算进给和速度"按钮，完成速度和进给的计算，单击"确定"按钮，返回"平面铣"对话框。	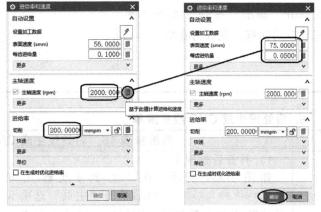 d) 修改进给率和速度 图 2-41 修改工序参数（续）

（3）仿真加工

实施步骤 15 仿真加工	
说明	图解
1）生成刀轨。 在"平面铣"对话框中单击"生成"按钮，显示刀轨，如图 2-42a 所示。	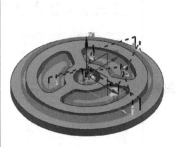 a) 生成刀轨 图 2-42 仿真加工

说明	图解
2）仿真加工。 如图 2-42b 所示，在"平面铣"对话框中单击"确认"按钮，打开"刀轨可视化"对话框。选择"3D 动态"，其余默认，单击"播放"按钮，即可进行仿真加工验证，3D 仿真加工结果如图 2-42b 右图所示，最后单击"确定"按钮，返回"平面铣"对话框，再次单击"确定"按钮，关闭"平面铣"对话框，完成仿真加工。	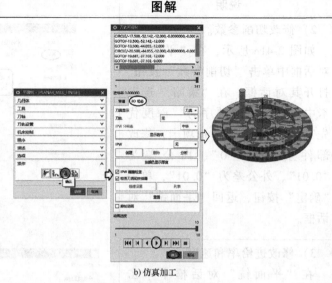 b）仿真加工 图 2-42 仿真加工（续）

8. 后处理生成 CNC 程序清单

实施步骤 16 后处理生成 CNC 程序清单

说明	1）打开后处理命令。 如图 2-43a 所示。在"工序导航器-几何"导航栏中单击选中粗加工工序 ↳ *PLANAR_MILL_ROUGH*，然后单击"主页"选项卡中的"后处理"命令，或者在"工序导航器-几何"导航栏中用鼠标右键单击工序 ↳ *PLANAR_MILL_ROUGH*，然后选择右键菜单中的"后处理"命令，即可打开"后处理"对话框。 2）生成程序清单。 如图 2-43b 所示，在"后处理"对话框中选择后处理器为"MILL_3_AXIS"、设置输出文件的文件名，并设文件扩展名为"CNC"，设置单位为"公制/部件"，其余默认，单击"确定"按钮，弹出"后处理"信息，单击"确定"按钮，即可生成粗加工程序清单信息，单击"关闭"按钮，完成粗加工 CNC 程序清单生成。
图解	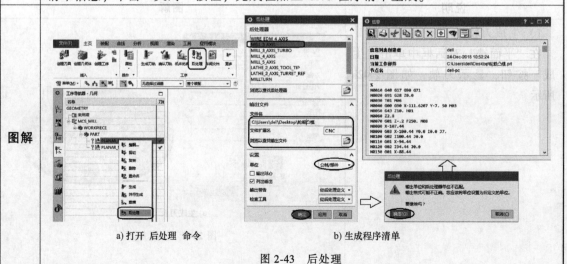 a）打开 后处理 命令　　　　　　b）生成程序清单 图 2-43 后处理

任务 22　加 工 文 字

任 务 描 述	图　　解
在零件上加工文字，如图 2-44 所示，零件尺寸为 ϕ80mm×20mm，毛坯尺寸为 ϕ81mm×21mm，材料为 45 钢，要求创建圆柱上表面、圆柱外圆表面与文字铣削加工工序。	图 2-44　加工文字

7.4　加工文字任务实施

1. 工艺分析

实施步骤 1　工艺分析

（1）加工毛坯：ϕ81mm×21mm； （2）加工工序见表 2-3。	表 2-3　加工工序			
	工序	内容	选用刀具	加工方式
	1	铣削上表面	T1D16	面铣（FACE_MILLING）
	2	铣削外圆表面	T1D16	轮廓铣（PLANAR_PROFILE）
	3	文本铣削	T2D2R1	平面铣（PLANAR_TEXT）

2. 建模

实施步骤 2　建模

说明	图　　解
创建直径为 80mm、高度为 20mm 的圆柱部件，同时创建直径为 81mm、高度为 21mm 的 80% 透明度的模型毛坯，如图 2-45 所示。	图 2-45　创建部件与毛坯模型

3. 进入加工环境

实施步骤 3　进入加工环境

说明	如图 2-46a 所示，单击"应用模块"选项卡中的"加工"命令按钮，或按<Ctrl+Alt+M>组合键，即可进入加工环境，如图 2-46b 所示。

图解	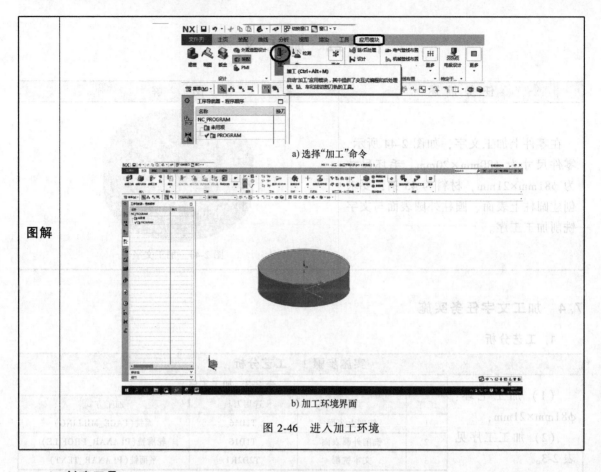 a) 选择"加工"命令 b) 加工环境界面 图 2-46　进入加工环境

4. 创建刀具

<table>
<tr><th colspan="2">实施步骤4　创建刀具</th></tr>
<tr><th>说明</th><th>图解</th></tr>
<tr>
<td>

（1）创建 1 号刀具

单击"主页"选项卡中的"创建刀具"命令按钮，打开其对话框，如图 2-47a 所示，参数设置如下：类型为"mill_planar"、刀具子类型为"MILL"、刀具为"GENERIC_MA-CHINE"，输入刀具名称为"T1D16"（不区分大小写），其余默认，单击"应用"按钮，弹出"铣刀-5 参数"对话框，输入直径为"16"、刀具号为"1"、补偿寄存器为"1"、刀具补偿寄存器为"1"，其余默认，单击"确定"按钮，完成 1 号刀具的创建。

</td>
<td>

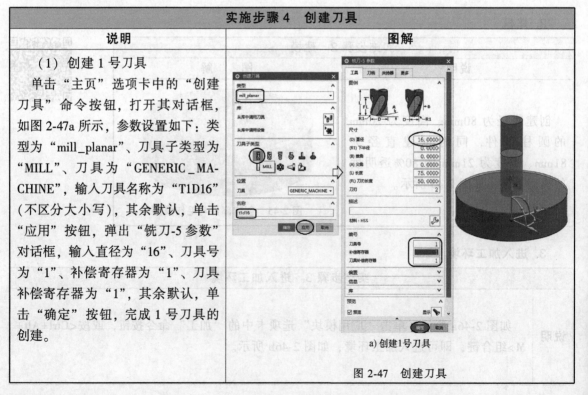

a) 创建1号刀具

图 2-47　创建刀具

</td>
</tr>
</table>

说明	图解
（2）创建2号刀具 如图2-47b所示，用同样的方法创建2号刀具，参数设置如下：类型为"mill_planar"、刀具子类型为"MILL"、刀具为"GENERIC_MACHINE"，输入刀具名称为"T2D2R1"（不区分大小写），其余默认，单击"确定"按钮，弹出"铣刀-5参数"对话框，输入直径为"2"、下半径为"1"、刀具号为"2"、补偿寄存器为"2"、刀具补偿寄存器为"2"，其余默认，单击"确定"按钮，完成2号刀具的创建。 单击"导航器"工具栏中的"机床视图"按钮，即可在左侧"工序导航器-机床"导航栏中显示创建好的两把刀具。	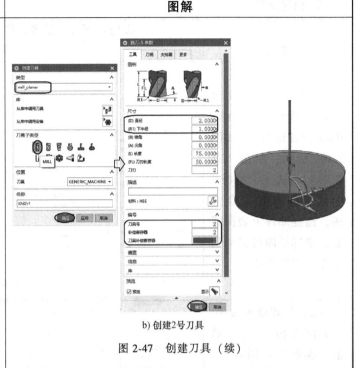 b) 创建2号刀具 图2-47 创建刀具（续）

5. 建立加工坐标系

实施步骤5 建立加工坐标系	
说明	图解
（1）显示"MCS_MILL" 单击"导航器"工具栏中的"几何视图"按钮，在"工序导航器-几何"中即可显示"MCS_MILL""WORKPIECE"等内容，如图2-48a所示。	 a)"工序导航器-几何"显示
（2）设置加工坐标系 在"工序导航器-几何"中双击"MCS_MILL"工序，即可打开如图2-48b所示的"MCS铣削"对话框，并在模型图中生成动态的加工坐标系，单击ZM轴箭头，输入距离为"21"并按〈Enter〉键，加工坐标系即可移至毛坯上表面中心（或者直接捕捉毛坯上表面圆心即可），其余参数默认，单击"确定"按钮，完成加工坐标系的创建。	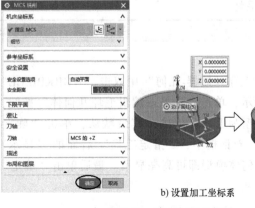 b) 设置加工坐标系 图2-48 建立加工坐标系

6. 创建文字

实施步骤6 创建文字	
说明	图解
（1）移动坐标系 　　隐藏毛坯模型（选择毛坯模型，按<Ctrl+B>快捷键即可），如图2-49a所示，单击"菜单"→"格式"→"WCS"中的"动态"命令按钮，捕捉部件上表面圆心，坐标系即可移动到部件上表面中心。	 a) 移动坐标系
（2）创建雕刻文字 　　如图2-49b所示，单击"菜单"→"插入"→"注释"命令按钮，创建雕刻文本，设置文字样式及字高，同时在部件上表面合适位置（可捕捉圆心，文字即可居中）完成文字创建。	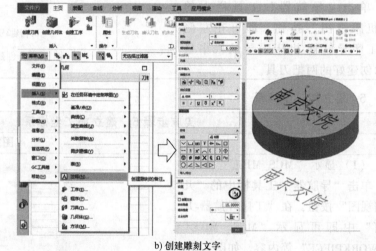 b) 创建雕刻文字 图2-49　创建文字

7. 创建几何体

（1）指定毛坯

实施步骤7 指定毛坯	
说明	在"工序导航器-几何"中双击"WORKPIECE"工序，打开"工件"对话框，如图2-50所示，单击"选择或编辑毛坯几何体"按钮，弹出"毛坯几何体"对话框，选定毛坯模型为毛坯几何体，其余默认，单击"确定"按钮，返回"工件"对话框，在"工件"对话框中，"指定毛坯"后面的"显示"按钮被激活，单击"显示"按钮，毛坯几何体模型即可高亮显示。最后单击"确定"按钮，关闭"工件"对话框，完成指定毛坯。

图解	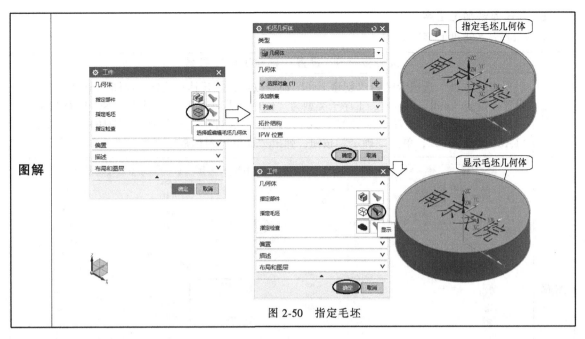 图 2-50　指定毛坯

（2）指定部件

	实施步骤8　指定部件
说明	单击"主页"选项卡中的"创建几何体"命令按钮，打开"创建几何体"对话框，如图2-51 所示，依次设置参数：类型为"mill_planar"、几何体子类型为"MILL_GEOM"、几何体为"WORKPIECE"、输入几何体名称为"part"（不区分大小写），其余默认，单击"确定"按钮，弹出"铣削几何体"对话框，单击"选择或编辑部件几何体"按钮，弹出"部件几何体"对话框，指定模型图中部件模型为部件几何体（按〈Ctrl+B〉组合键，隐藏毛坯模型），单击"确定"按钮，返回"铣削几何体"对话框，此时指定部件的"显示"按钮被激活，可以单击"显示"按钮观察指定的部件模型。最后单击"确定"按钮，关闭对话框，完成部件的指定。
图解	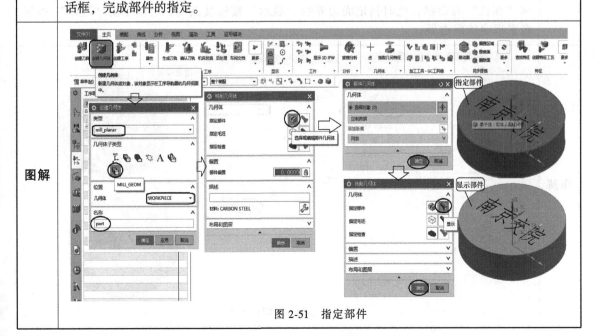 图 2-51　指定部件

8. 创建面铣加工工序

（1）设置"创建工序"参数

	实施步骤9　设置"创建工序"参数
说明	单击"主页"选项卡中的"创建工序"命令按钮，打开其对话框，如图2-52所示，依次设置类型为"mill_planar"、工序子类型为"使用边界面铣削"、程序为"NC_PROGRAM"、刀具为"T1D16（铣刀-5参数)"、几何体为"PART"、方法为"METHOD"、名称为"FACE_MILLING"，单击"确定"按钮，弹出"面铣"对话框。
图解	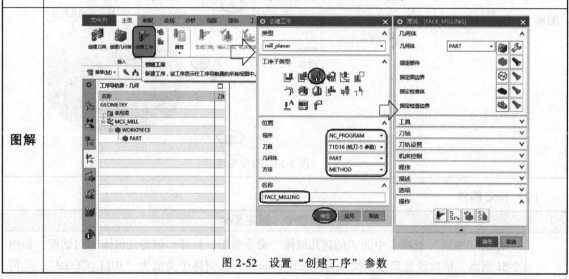 图2-52　设置"创建工序"参数

（2）指定面边界

	实施步骤10　指定面边界
说明	如图2-53所示，在"面铣"对话框中单击"选择或编辑面几何体"按钮，打开"毛坯边界"对话框，选择方法为"面"、刀具侧为"内侧"，其余默认，选定部件模型上表面为面边界（按〈Ctrl+B〉组合键，隐藏毛坯模型），单击"确定"按钮，返回"面铣"对话框，此时指定面边界的"显示"按钮被激活，可以单击"显示"按钮观察指定的面边界。
图解	 图2-53　指定面边界

（3）设置刀轨参数

实施步骤 11 设置刀轨参数	
说明	图解
1）设置刀轨基本参数与切削参数。 如图 2-54a 所示，在"面铣"对话框中依次设置刀轨参数如下：切削模式为"往复"、步距为"%刀具平直"、平面直径百分比为"75"、毛坯距离为"3"、每刀切削深度为"0"，最终底面余量为"0"。单击"切削参数"按钮，打开其对话框，设置"策略"选项卡中的切削方向为"顺铣"、切削角为"最长的边"、毛坯简化形状为"凸包"，其余参数默认，单击"确定"按钮，返回"面铣"对话框。	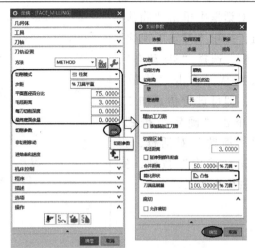 a) 设置刀轨基本参数与切削参数
2）设置进给率和速度。 如图 2-54b 所示，在"面铣"对话框中单击"进给率和速度"按钮，打开其对话框，勾选"主轴速度（rpm）"，设置主轴速度为"1500"、进给率切削为"400mmpm"，单击"计算"按钮，则可自动计算表面速度与每齿进给量，单击"确定"按钮，返回"面铣"对话框。	 b) 设置进给率和速度 图 2-54 设置刀轨参数

（4）仿真加工

实施步骤 12 仿真加工	
说明	图解
1）生成刀轨。 在"面铣"对话框中单击"生成"按钮，显示刀轨，如图 2-55a 所示。	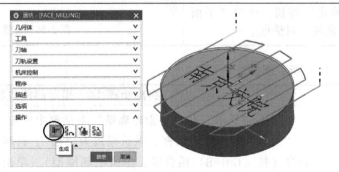 a) 生成刀轨 图 2-55 仿真加工

说明	图解
2）3D 动态仿真加工。 如图 2-55b 所示，在"面铣"对话框中单击"确认"按钮，打开"刀轨可视化"对话框，选择"3D 动态"，其余默认，单击"播放"按钮，即可进行仿真加工，最后单击"确定"按钮，返回"面铣"对话框，再次单击"确定"按钮，完成面铣仿真加工。	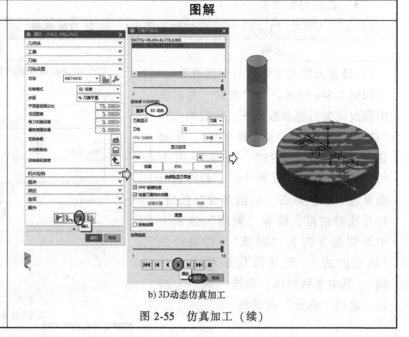 b）3D动态仿真加工 图 2-55　仿真加工（续）

9. 创建周边铣加工工序

（1）设置"创建工序"参数

实施步骤 13　设置"创建工序"参数	
说明	图解
单击"主页"选项卡中的"创建工序"命令按钮，打开其对话框，如图 2-56 所示，依次设置类型为"mill_planar"、工序子类型为"平面轮廓铣"、程序为"NC_PROGRAM"、刀具为"T1D16（铣刀-5 参数）"、几何体为"PART"、方法为"METHOD"、名称为"PLANAR_PROFILE"，单击"确定"按钮，弹出"平面轮廓铣"对话框。	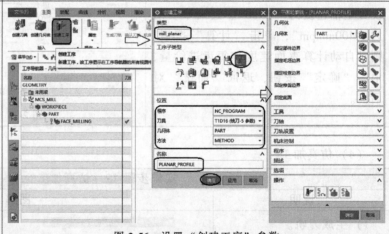 图 2-56　设置"创建工序"参数

（2）指定部件边界

实施步骤 14　指定部件边界	
说明	如图 2-57 所示，在"平面轮廓铣"对话框中单击"选择或编辑部件边界"按钮，打开"边界几何体"对话框，默认模式为"面"、材料侧为"内侧"，选定部件上面为面边界（按〈Ctrl+B〉组合键，隐藏毛坯模型），单击"确定"按钮，返回"平面轮廓铣"对话框，此时指定部件边界的"显示"按钮被激活，可以单击"显示"按钮观察指定的部件边界。

图解	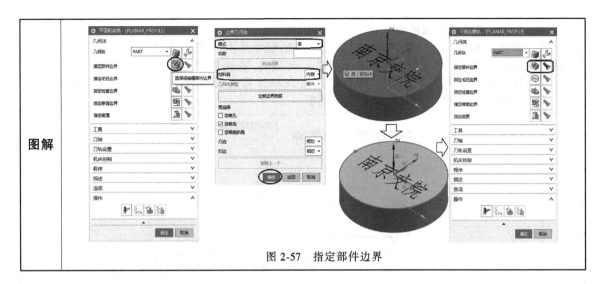

图 2-57　指定部件边界

（3）指定底面

实施步骤15　指定底面

说明	如图 2-58 所示，在"平面轮廓铣"对话框中单击"选择或编辑底平面几何体"按钮，打开"平面"对话框，默认设置，选部件下表面为"底面"，单击"确定"按钮，返回"平面轮廓铣"对话框，此时，指定底面后面的"显示"按钮被激活，单击按钮即可显示指定的底面，完成指定底面。
图解	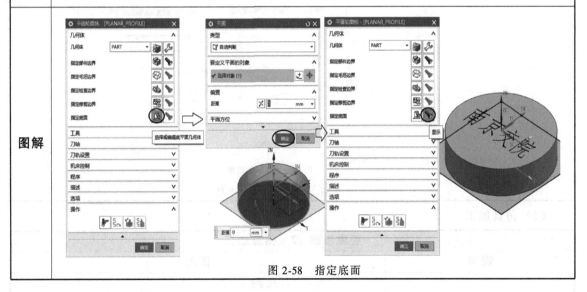

图 2-58　指定底面

（4）设置刀轨参数

实施步骤16　设置刀轨基本参数与非切削移动参数

说明	1）设置刀轨基本参数与非切削移动参数。 　　如图 2-59a 所示，在"平面轮廓铣"对话框中依次设置刀轨参数如下：切削进给为"300mmpm"、切削深度为"恒定"、公共为"1"。单击"非切削移动"命令按钮，单击"进刀"选项卡，选择开放区域进刀类型为"圆弧"，其余参数默认，单击"确定"按钮，返回"平面轮廓铣"对话框

	2）设置进给率和速度。
说明	如图 2-59b 所示，在"平面轮廓铣"对话框中单击"进给率和速度"按钮，打开其对话框，勾选"主轴速度（rpm）"，设置主轴速度为"1500"、进给率切削为"400mmpm"，单击"计算"按钮，则可自动计算表面速度与每齿进给量，单击"确定"按钮，返回"平面轮廓铣"对话框。
图解	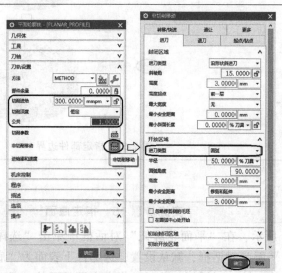 a) 设置刀轨基本参数与非切削移动参数 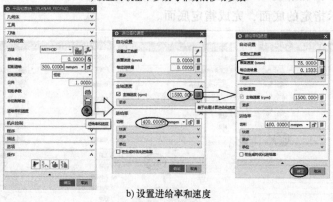 b) 设置进给率和速度 图 2-59　设置刀轨参数

（5）仿真加工

实施步骤 17　仿真加工	
说明	图解
1）生成刀轨。 在"平面轮廓铣"对话框中单击"生成"按钮，显示刀轨，如图 2-60a 所示。	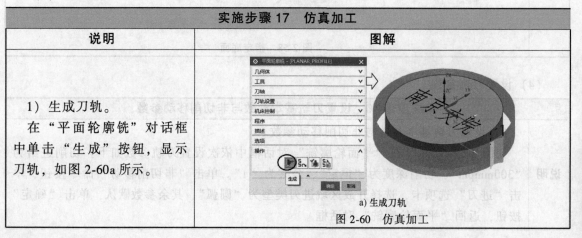 a) 生成刀轨 图 2-60　仿真加工

说明	图解
2）3D 动态仿真加工 　　如图 2-60b 所示，在"平面轮廓铣"对话框中单击"确认"按钮，打开"刀轨可视化"对话框，选择"3D 动态"，其余默认，单击"播放"按钮，即可进行仿真加工，最后单击"确定"按钮，返回"平面轮廓铣"对话框，再次单击"确定"按钮，完成面铣仿真加工。	 b）3D动态仿真加工 图 2-60　仿真加工（续）

10. 创建文字加工工序

（1）设置"创建工序"参数

实施步骤 18　设置"创建工序"参数	
说明	图解
单击"主页"选项卡中的"创建工序"命令按钮，打开其对话框，如图 2-61 所示，依次设置类型为"mill_planar"、工序子类型为"平面文本"、程序为"NC_PROGRAM"、刀具为"T2D2R1（铣刀-5 参数）"、几何体为"PART"、方法为"METHOD"、名称为"PLA-NAR_TEXT"，单击"确定"按钮，打开"平面文本"对话框。	图 2-61　设置"创建工序"参数

（2）指定制图文本

	实施步骤 19　指定制图文本
说明	如图 2-62 所示，在"平面文本"对话框中单击"选择或编辑制图文本几何体"按钮，打开"文本几何体"对话框，默认设置，选择部件模型上的文字，单击"确定"按钮，返回"平面文本"对话框。
图解	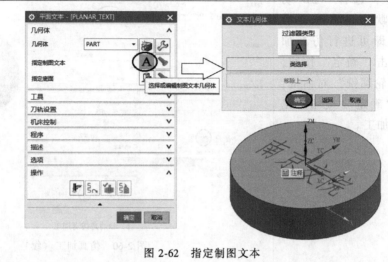 图 2-62　指定制图文本

（3）指定底面

	实施步骤 20　指定底面
说明	如图 2-63 所示，在"平面文本"对话框中单击"选择或编辑底平面几何体"命令按钮，打开"平面"对话框，选择部件上表面为"指定底面"，单击"确定"按钮，返回"平面文本"对话框。
图解	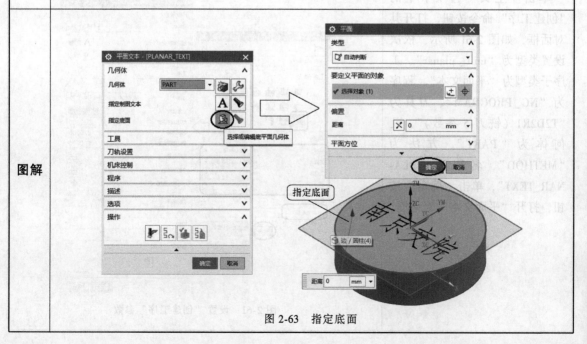 图 2-63　指定底面

（4）设置刀轨参数

实施步骤 21 设置刀轨基本参数与非切削移动参数	
说明	图解
1）设置刀轨基本参数与非切削移动参数。 　　如图 2-64a 所示，在"平面文本"对话框中，依次设置刀轨参数如下：文本深度为"0.2"、每刀切削深度为"0"、毛坯距离为"0"、最终底面余量为"0"。 　　单击"非切削移动"按钮，打开其对话框，单击"进刀"选项卡，选择封闭区域进刀类型为"插削"、高度为"0.5mm"，其余参数默认，单击"确定"按钮，返回"平面文本"对话框。	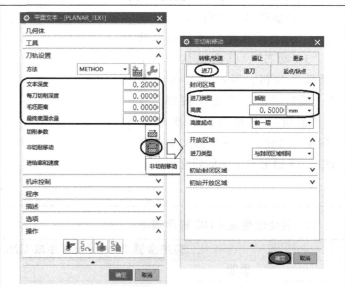 a）设置刀轨基本参数与非切削移动参数
2）设置进给率和速度。 　　如图 2-64b 所示，在"平面铣"对话框中单击"进给率和速度"按钮，打开其对话框，勾选"主轴速度（rpm）"，设置主轴转速为"500"、进给率切削为"50mmpm"，单击"计算"按钮，则可自动计算表面速度与每齿进给量，单击"确定"按钮，返回"平面文本"对话框。	 b）设置进给率和速度 图 2-64　设置刀轨参数

（5）仿真加工

实施步骤 22 仿真加工	
说明	图解
1）生成刀轨。 　　在"平面文本"对话框中单击"生成"按钮，显示刀轨，如图 2-65a 所示。	 a）生成刀轨 图 2-65　仿真加工

说明	图解
2）3D 动态仿真加工。 如图 2-65b 所示，在"平面文本"对话框中单击"确认"按钮，打开"刀轨可视化"对话框。选择"3D 动态"，其余默认，单击"播放"按钮，即可进行仿真加工，最后单击"确定"按钮，返回"面铣"对话框，再次单击"确定"按钮，完成平面文本仿真加工。平面文本工序创建完成。	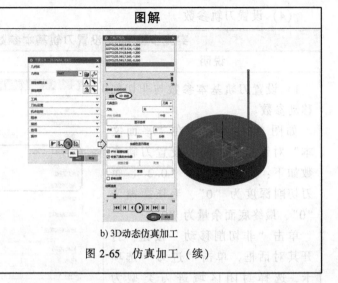 b) 3D动态仿真加工 图 2-65 仿真加工（续）

11. 后处理生成 CNC 程序清单

实施步骤23 后处理生成 CNC 程序清单	
说明	图解
（1）打开后处理命令 如图 2-66a 所示，在"工序导航器-几何"导航栏中选中"PLANAR_TEXT"工序，然后单击"主页"选项卡中的"后处理"命令按钮，或者在"工序导航器-几何"导航栏中单击"PLANAR_TEXT"工序，单击鼠标右键选择右键菜单中的"后处理"命令，即可打开"后处理"对话框。	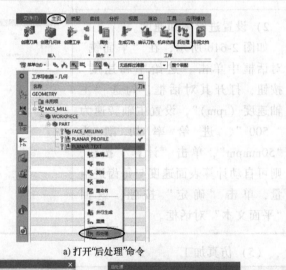 a) 打开"后处理"命令
（2）生成程序清单 如图 2-66b 所示，在"后处理"对话框中选择后处理器为"MILL_3_AXIS"、设置文件扩展名为"CNC"，设置单位为"公制/部件"，其余默认，单击"确定"按钮，弹出"后处理"信息，单击"确定"按钮，即可生成程序清单信息，单击"关闭"按钮，完成平面文本加工 CNC 程序清单的生成。	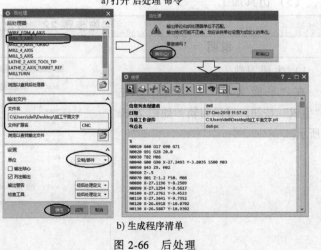 b) 生成程序清单 图 2-66 后处理

UG型腔铣

知 识 目 标	能 力 目 标
（1）掌握 UG CAM 数控铣削的加工方法、基本操作步骤以及铣削参数的设置及应用； （2）熟练掌握型腔铣零件加工编程方法与步骤； （3）掌握将后处理生成的程序应用到实际机床上进行加工的方法与步骤。	（1）会设置型腔铣加工环境； （2）具备 UG CAM 型腔铣削基本操作能力； （3）具备 UG CAM 型腔铣削参数设置及应用能力； （4）具备型腔铣零件编程操作及仿真加工能力； （5）具备应用后处理程序进行实际机床加工的能力。

任务23　加工烟灰缸

任 务 描 述	图　　解
铣削烟灰缸零件，尺寸如图 2-67 所示，毛坯尺寸为 φ95mm×22mm，材料为 45 钢，要加工内外表面等，要求创建型腔铣加工。	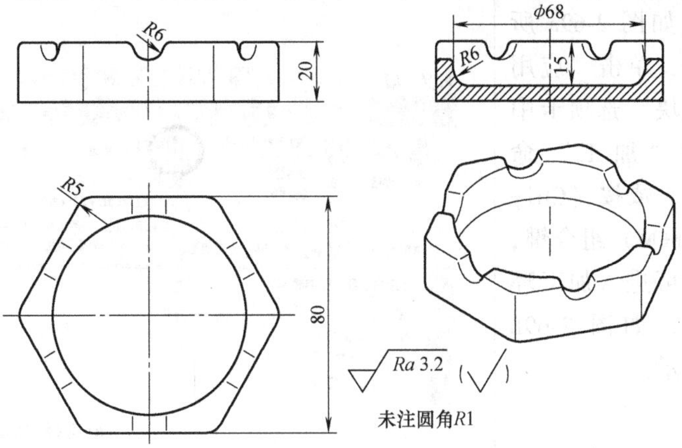 图 2-67　烟灰缸

8.1 加工烟灰缸任务实施

1. 工艺分析

实施步骤 1　工艺分析				
（1）加工毛坯：φ95mm×22mm； （2）加工工序见表2-4。	表 2-4　加工工序			
	工序	内容	选用刀具	加工方式	加工余量/mm
	1	粗铣	T1D12R1	型腔铣	0.4
	2	精铣	T1D12R1	型腔铣	0
	3	精铣烟槽	T2D6R3	型腔铣	0

2. 建模

实施步骤 2　建模	
说　明	图　解
按图 2-67 所示尺寸完成烟灰缸部件建模，同时完成尺寸为 φ95mm×22mm 的毛坯创建，并把毛坯设计成 80% 透明度的模型，如图 2-68 所示。	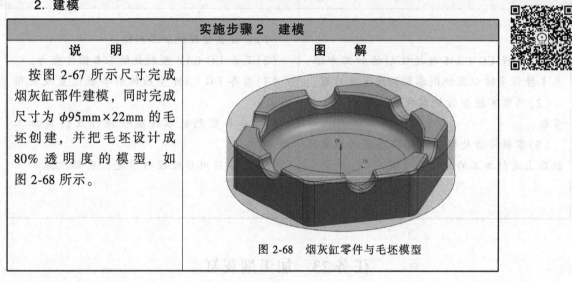 图 2-68　烟灰缸零件与毛坯模型

3. 进入加工环境

实施步骤 3　进入加工环境	
说　明	图　解
如图 2-69a 所示，单击"应用模块"选项卡中的"加工"命令，或按〈Ctrl+Alt+M〉组合键，即可进入加工环境，如图 2-69b 所示。	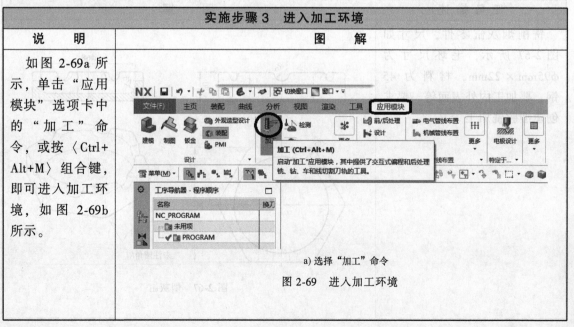 a) 选择"加工"命令 图 2-69　进入加工环境

说　　明	图　　解
如图 2-69a 所示，单击"应用模块"选项卡中的"加工"命令，或按〈Ctrl+Alt+M〉组合键，即可进入加工环境，如图 2-69b 所示。	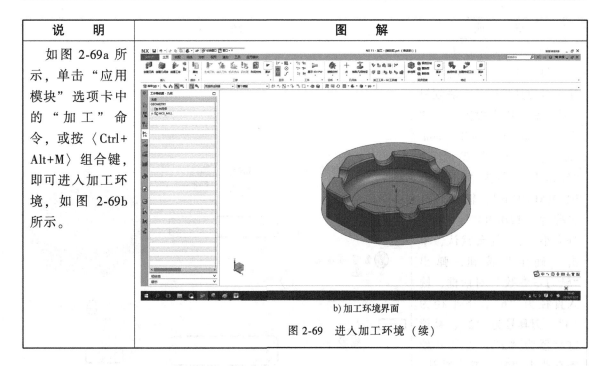 b) 加工环境界面 图 2-69　进入加工环境（续）

4. 创建刀具

实施步骤 4　创建刀具	
说　　明	图　　解
（1）创建 1 号刀具 单击"主页"选项卡中的"创建刀具"命令按钮，打开其对话框，如图 2-70 所示，依次设置参数如下：类型为"mill_contour"、刀具子类型为"MILL"、刀具为"GENERIC_MACHINE"，输入刀具名称"T1D12R1"（不区分大小写），其余默认，单击"应用"按钮，弹出"铣刀-5 参数"对话框，输入直径为"12"、下半径为"1"、刀具号为"1"、补偿寄存器为"1"、刀具补偿寄存器为"1"，其余默认，单击"确定"按钮，返回"创建刀具"对话框，完成 1 号刀具的创建。	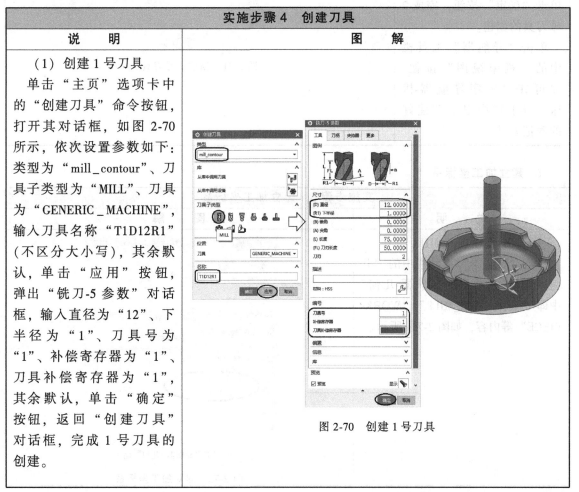 图 2-70　创建 1 号刀具

说　明	图　解
（2）创建2号刀具 如图2-71所示，用与创建1号刀具相同的方法创建2号刀具，依次设置参数如下：类型为"mill_contour"、刀具子类型为"MILL"、刀具为"GENERIC_MACHINE"，输入刀具名称为"T2D6R3"（不区分大小写），其余默认，单击"确定"按钮，弹出"铣刀-5参数"对话框，输入直径为"6"、下半径为"3"、刀具号为"2"、补偿寄存器为"2"、刀具补偿寄存器为"2"，其余默认，单击"确定"按钮，完成2号刀具的创建。 单击"导航器"工具栏中的"机床视图"按钮，即可在"工序导航器-机床"导航栏中显示创建好的两把刀具。	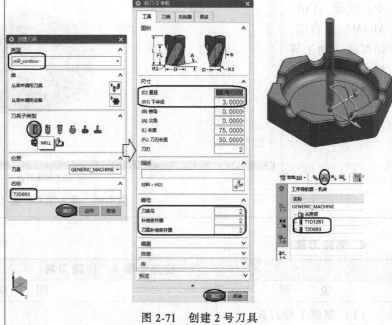 图2-71　创建2号刀具

5. 建立加工坐标系

实施步骤5　建立加工坐标系	
说　明	图　解
（1）显示"MCS_MILL" 单击"导航器"工具栏中的"几何视图"，在"工序导航器-几何"中即可显示"MCS_MILL""WORKPIECE"等内容，如图2-72a所示。	a)"工序导航器-几何"显示 图2-72　建立加工坐标系

说　　明	图　　解
（2）设置加工坐标系 　　在"工序导航器-几何"选项卡中双击"MCS_MILL"工序，即可打开如图 2-72b 所示的"MCS 铣削"对话框，并在模型图中生成动态的加工坐标系，单击 ZM 轴的箭头，输入距离为"22"并按〈Enter〉键，加工坐标系即可移至毛坯上表面中心（或者直接捕捉毛坯上表面圆心即可），其余参数默认，单击"确定"按钮，完成加工坐标系的创建。	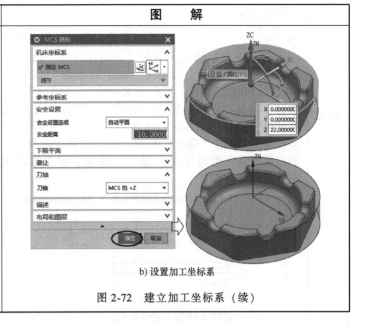 b) 设置加工坐标系 图 2-72　建立加工坐标系（续）

6. 创建几何体

（1）指定毛坯

实施步骤 6　指定毛坯	
说明	在"工序导航器-几何"中双击"WORKPIECE"工序，打开如图 2-73 所示的"工件"对话框，单击"选择或编辑毛坯几何体"按钮，弹出"毛坯几何体"对话框，选定毛坯模型为毛坯几何体，其余默认，单击"确定"按钮，返回"工件"对话框，此时，"指定毛坯"后面的"显示"按钮被激活，可以单击"显示"按钮，毛坯几何体模型即可高亮显示。最后单击"确定"按钮，关闭"工件"对话框，完成指定毛坯。
图解	图 2-73　指定毛坯

（2）指定部件

	实施步骤 7　指定部件
说明	单击"主页"选项卡中的"创建几何体"命令按钮，打开其对话框，如图 2-74 所示，依次设置参数如下：类型为"mill_contour"、几何体子类型为"MILL_GEOM"、几何体为"WORKPIECE"，输入几何体名称为"part"（不区分大小写），其余默认，单击"确定"按钮，弹出"铣削几何体"对话框，单击"选择或编辑部件几何体"按钮，弹出"部件几何体"对话框，指定模型图中部件模型为部件几何体（按〈Ctrl+B〉组合键，隐藏毛坯模型），单击"确定"按钮，返回"铣削几何体"对话框，此时，指定部件的"显示"按钮被激活，可以单击"显示"按钮，可观察指定的部件模型。最后单击"确定"按钮，完成指定部件。
图解	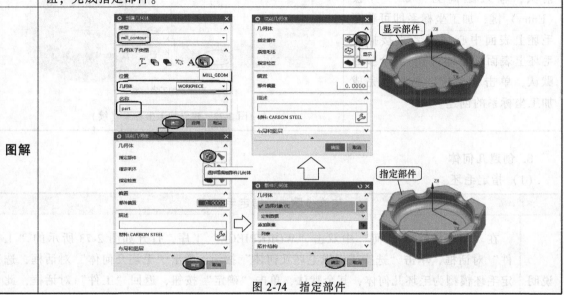 图 2-74　指定部件

7. 创建粗加工工序

（1）设置"创建工序"参数

实施步骤 8　设置"创建工序"参数	
说　　明	图　　解
单击"主页"选项卡中的"创建工序"命令按钮，打开其对话框，如图 2-75 所示，依次设置类型为"mill_ contour"、工序子类型为"型腔铣"、程序为"NC_PRO-GRAM"、刀具为"T1D12R1（铣刀-5 参数）"、几何体为"PART"、方法为"MILL_rough"、输入名称"CAVITY _ MILL _ rough"，单击"确定"按钮，弹出"型腔铣"对话框。	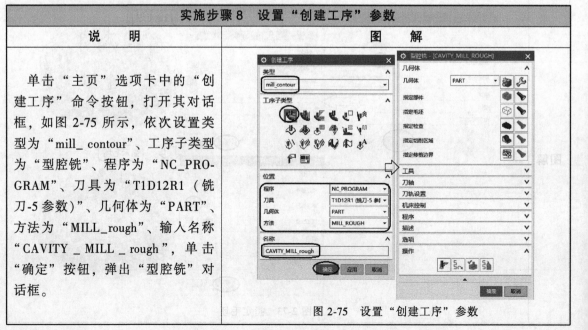 图 2-75　设置"创建工序"参数

（2）设置刀轨参数

实施步骤9　设置刀轨参数	
说　　明	图　　解
1）设置刀轨基本参数与切削层参数。 如图2-76a所示，在"型腔铣"对话框中依次设置刀轨基本参数如下：切削模式为"跟随部件"、步距为"%刀具平直"、平面直径百分比为"50"、公共每刀切削深度为"恒定"、最大距离为"0.2"。 单击"切削层"按钮，打开其对话框，选择范围类型为"用户定义"，输入范围深度为"24"并按〈Enter〉键（目的是让加工深度超过工件底部2mm，为精加工做准备，因精加工刀具半径为1mm），其余参数默认，单击"确定"按钮，返回"型腔铣"对话框。	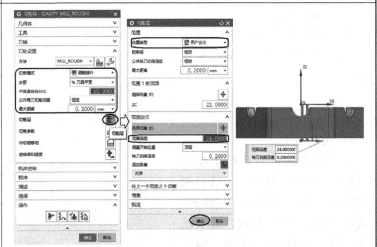 a）设置刀轨基本参数与切削层参数
2）设置切削参数。 在"型腔铣"对话框中单击"切削参数"按钮，打开其对话框，如图2-76b所示，单击"余量"选项卡，取消勾选"使底面余量与侧面余量一致"，设置部件侧面余量为"0.4"，其他余量均为"0"，内公差为"0.05"、外公差为"0.05"，单击"确定"按钮，返回"型腔铣"对话框。	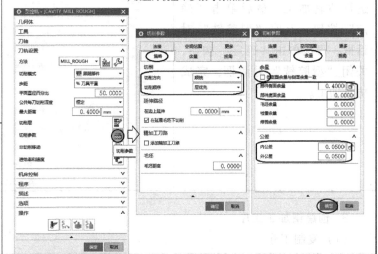 b）设置切削参数
3）设置进给率和速度。 在"型腔铣"对话框中单击"进给率和速度"按钮，打开其对话框，如图2-76c所示，勾选"主轴速度（rpm）"，设置主轴速度为"1500"、进给率切削为"500mmpm"，单击"确定"按钮，返回"型腔铣"对话框。	 c）设置进给率和速度 图2-76　设置刀轨参数

（3）仿真加工

实施步骤 10　仿真加工	
说　　明	图　　解
1）生成刀轨。 在"型腔铣"对话框中单击"生成"按钮，显示刀轨，如图2-77a所示。	a) 生成刀轨
2）仿真加工。 在"型腔铣"对话框中单击"确认"按钮，打开"刀轨可视化"对话框，如图2-77b所示。选择"3D动态"模式，其余默认，单击"播放"按钮，即可进行仿真加工，最后单击"确定"按钮，返回"型腔铣"对话框，再次单击"确定"按钮，关闭"型腔铣"对话框，完成仿真加工。	b) 仿真加工 图 2-77　仿真加工

8. 创建精加工工序

（1）复制工序

实施步骤 11　创建精加工工序	
说　　明	图　　解
如图2-78所示，选中"工序导航器-几何"导航栏中的 工序CAVITY_MILL_ROUGH ，在右键菜单中选择"复制"命令，再在右键菜单中选择"粘贴"命令，则在导航栏中出现复制工序CAVITY_MILL_ROUGH_COPY。用鼠标右键单击该工序，在右键菜单中选择"重命名"命令，修改其名称为"CAVITY_MILL_FINISH"（或者在选中该工序后，再单击一次，即可直接修改工序名称）。	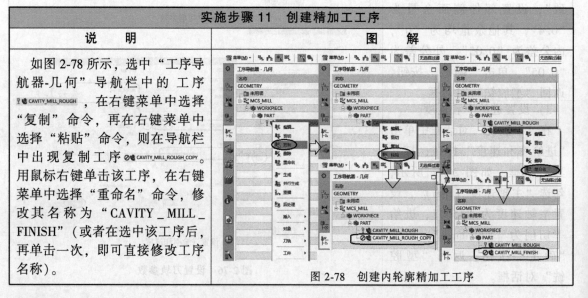 图 2-78　创建内轮廓精加工工序

（2）修改工序参数

实施步骤 12 修改精加工工序参数	
说　明	图　解
1）修改刀轨基本参数与切削参数。 在"工序导航器-几何"导航栏中双击工序 ⊘ CAVITY_MILL_FINISH，打开"型腔铣"对话框，修改刀轨基本参数如下：方法为"MILL_FINISH"、切削模式为"轮廓"、最大距离为"0.15mm"，如图 2-79a 所示。 在"型腔铣"对话框中单击"切削参数"按钮，打开其对话框，依次修改参数如下："策略"选项卡中切削顺序为"深度优先"；"余量"选项卡中部件侧面余量为"0"、其他余量均为"0"、内公差为"0.01"、外公差为"0.01"，单击"确定"按钮，返回"型腔铣"对话框。	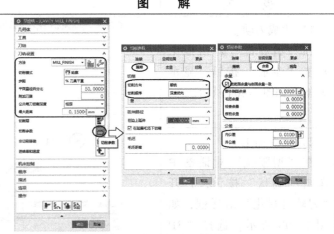 a) 修改刀轨基本参数与切削参数
2）修改非切削移动参数。 在"型腔铣"对话框中单击"非切削移动"按钮，打开其对话框，如图 2-79b 所示，单击"进刀"选项卡，修改开放区域进刀类型为"圆弧"，其余参数默认，单击"确定"按钮，返回"型腔铣"对话框。	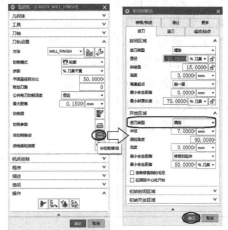 b) 修改非切削移动参数
3）修改进给率和速度。 在"型腔铣"对话框中单击"进给率和速度"按钮，打开其对话框，如图 2-79c 所示，依次修改：主轴速度为"2000"、进给率切削为"300mmpm"，单击"确定"按钮，返回"型腔铣"对话框。	 c) 修改进给率和速度 图 2-79　修改内轮廓精加工工序参数

（3）仿真加工

实施步骤 13　仿真加工	
说　明	图　解
1）生成刀轨。 在"型腔铣"对话框中单击"生成"按钮，显示刀轨，如图 2-80a 所示。 2）仿真加工。 在"型腔铣"对话框中单击"确认"按钮，打开"刀轨可视化"对话框，如图 2-80b 所示。选择"3D 动态"选项卡，其余默认，单击"播放"按钮，即可进行仿真加工，最后单击"确定"按钮，返回"型腔铣"对话框，再次单击"确定"按钮，关闭"型腔铣"对话框，完成仿真加工。	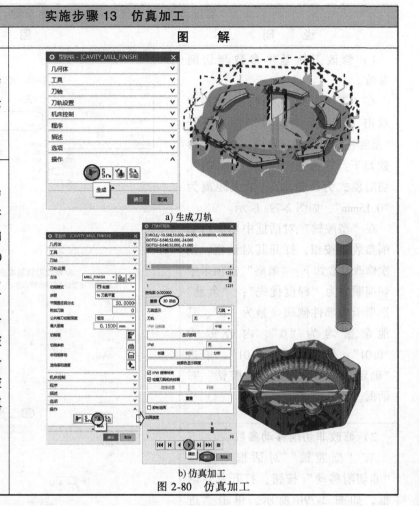 a) 生成刀轨 b) 仿真加工 图 2-80　仿真加工

9. 创建烟槽精加工工序

（1）复制工序

实施步骤 14　创建内轮廓精加工工序	
说　明	图　解
在"工序导航器-几何"导航栏中选中工序 CAVITY_MILL_FINISH 并单击鼠标右键，如图 2-81 所示，在右键菜单中选择"复制"命令，再在右键菜单中选择"粘贴"命令，则在导航栏中，出现复制工序"CAVITY_MILL_FINISH_COPY"。再次选择该工序并单击鼠标右键，选择"重命名"命令，修改其名称为"CAVITY_MILL_FINISH_CAO"。	图 2-81　创建内轮廓精加工工序

（2）指定切削区域

实施步骤 15 指定切削区域

说明	在"工序导航器-几何"导航栏中双击工序 ◎🔩 CAVITY_MILL_FINISH_CAO ，打开"型腔铣"对话框，如图2-82所示，单击"选择或编辑切削区域几何体"按钮，弹出"切削区域"对话框，单击"移除"按钮，重新在模型图中指定部件所有烟槽表面及其周围圆角面为切削区域，单击"确定"按钮，返回"型腔铣"对话框。
图解	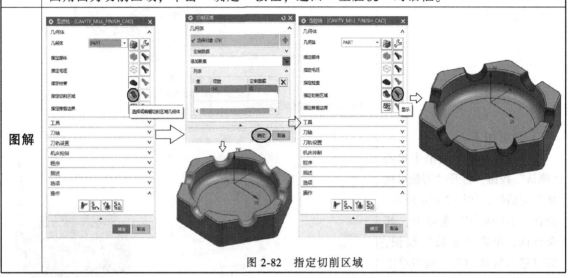

图 2-82　指定切削区域

（3）选择刀具与修改刀轨参数

实施步骤 16 选择刀具与修改刀轨参数

说　明	图　解
在"工序导航器-几何"导航栏中双击工序 CAVITY_MILL_FINISH_CAO，打开"型腔铣"对话框，如图 2-83 所示，选择刀具为"T2D6R3"、公共每刀切削深度为"恒定"、修改最大距离为"0.1mm"，修改切削模式为"跟随周边"，单击"进给率和速度"按钮，打开其对话框，修改主轴速度为"2000"、进给率切削为"200mmpm"，单击"确定"按钮，返回"型腔铣"对话框。	

图 2-83　修改刀轨参数

（4）仿真加工

实施步骤 17　仿真加工	
说　　明	图　　解
1）生成刀轨。 　　在"型腔铣"对话框中单击"生成"按钮，显示刀轨，如图 2-84a 所示。	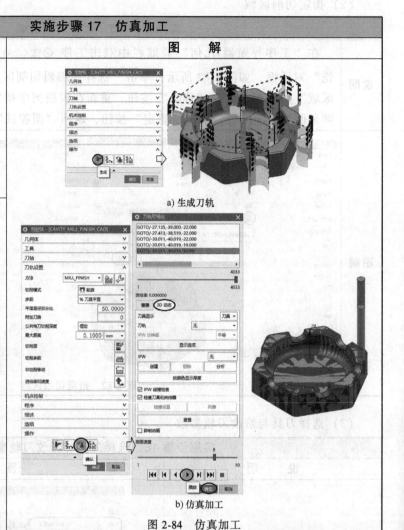 a) 生成刀轨
2）仿真加工。 　　在"型腔铣"对话框中单击"确认"按钮，打开"刀轨可视化"对话框，如图 2-84b 所示。选择"3D 动态"选项卡，其余默认，单击"播放"按钮，即可进行仿真加工，最后单击"确定"按钮，返回"型腔铣"对话框，再次单击"确定"按钮，关闭"型腔铣"对话框，完成仿真加工。	b) 仿真加工 图 2-84　仿真加工

10. 后处理生成 CNC 程序清单

实施步骤 18　后处理生成 CNC 程序清单	
说　　明	图　　解
（1）打开后处理命令。 　　如图 2-85a 所示，在"工序导航器-几何"导航栏中选中"CAVITY_MILL_FINISH_CAO"加工工序，然后单击"主页"选项卡中的"后处理"命令按钮，或者在选中"CAVITY _ MILL _ FINISH _ CAO"工序后，选择右键菜单中的"后处理"命令，即可打开"后处理"对话框。	a) 打开"后处理"命令 图 2-85　后处理

说　明	图　解
（2）生成程序清单。 　如图 2-85b 所示，在"后处理"对话框中，选择后处理器"MILL_3_AXIS"、设置输出文件的文件名，并输入文件扩展名为"CNC"，设置单位为"公制/部件"，其余默认，单击"确定"按钮，弹出"后处理"信息，单击"确定"按钮，即可生成加工程序清单信息，单击"关闭"按钮，关闭程序清单信息，生成烟槽精加工的 CNC 程序清单。	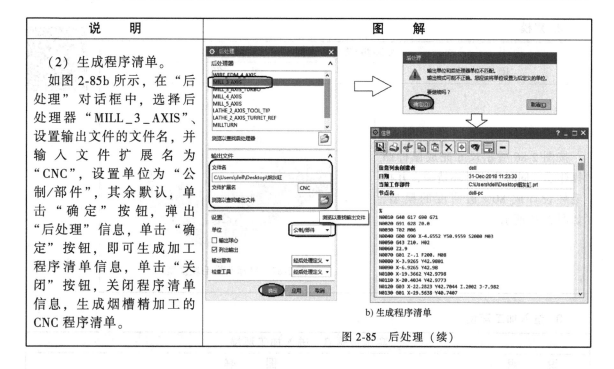 b）生成程序清单 图 2-85　后处理（续）

任务 24　加工鼠标凸模

任务描述	图解
铣削鼠标凸模零件，如图 2-86 所示，毛坯尺寸为 120mm×80mm×42mm，材料为 45 钢，要求创建鼠标凸模型面的粗加工、半精加工、精加工工序。	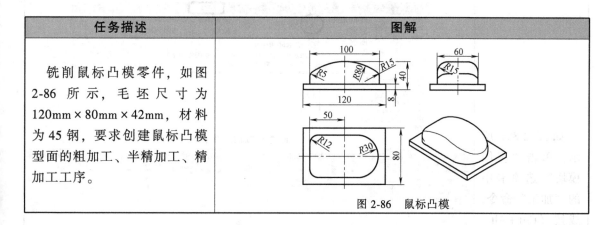 图 2-86　鼠标凸模

8.2　加工鼠标凸模任务实施

1. 工艺分析

实施步骤 1　工艺分析

	表 2-5　加工工序			
（1）加工毛坯尺寸为 120mm×80mm×42mm； （2）鼠标凸模加工工序见表 2-5。	**工序**	**内容**	**选用刀具**	**加工方式**	**加工余量/mm**
	1	粗铣外表面	T1D12R1	型腔铣	0.5
	2	半精铣外表面	T2D12R2	深度轮廓铣	0.3
	3	精铣外表面	T2D12R2	深度轮廓铣	0
	4	精铣顶面	T2D12R2	剩余铣	0
	5	精铣底座平面	T3D12	平面铣	0

2. 建模

实施步骤2 建模	
说　明	图　解
按图 2-86 所示尺寸完成鼠标凸模建模，同时完成毛坯造型，并把毛坯设计成 80% 透明度的模型，如图 2-87 所示。	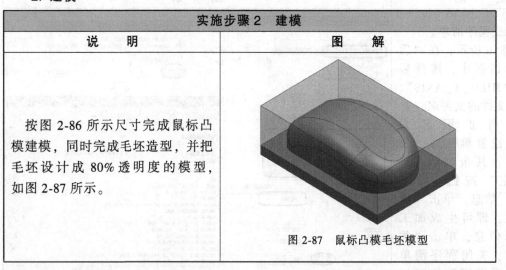 图 2-87　鼠标凸模毛坯模型

3. 进入加工环境

实施步骤3　进入加工环境	
说　明	图　解
如图 2-88a 所示，单击"应用模块"选项卡中的"加工"命令，或按〈Ctrl + Alt + M〉组合键，即可进入加工环境，如图 2-88b 所示。	 a) 选择"加工"命令 b) 加工环境界面 图 2-88　进入加工环境

4. 创建刀具

实施步骤4 创建刀具	
说明	单击"主页"选项卡中的"创建刀具"命令按钮，打开其对话框，如图2-89所示，依次设置参数如下：类型为"mill_contour"、刀具子类型为"MILL"、刀具为"GE-NERIC_MACHINE"，输入刀具名称为"T1D12R1"（不区分大小写），其余默认，单击"应用"按钮，弹出"铣刀-5参数"对话框，输入直径为"12"、下半径为"1"、刀具号为"1"、补偿寄存器为"1"、刀具补偿寄存器为"1"，其余默认，单击"确定"按钮，返回"创建刀具"对话框，完成1号刀具的创建。 用同样的方法创建2号刀具"T2D12R2"、3号刀具"T3D12"。 单击"导航器"工具栏中"机床视图"按钮，"工序导航器-机床"中即显示创建好的3把刀具。
图解	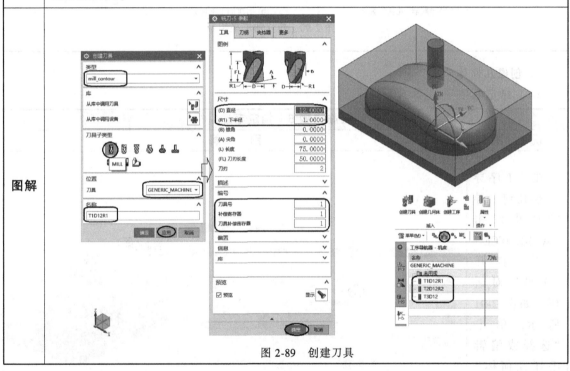 图2-89 创建刀具

5. 建立加工坐标系

实施步骤5 建立加工坐标系	
说明	（1）显示"MCS_MILL" 单击"导航器"工具栏中的"几何视图"按钮，在"工序导航器-几何"中即可显示"MCS_MILL""WORKPIECE"等内容，如图2-90a所示。 （2）创建加工坐标系 在"工序导航器-几何"导航栏中双击"MCS_MILL"工序，即可打开如图2-90b所示的"MCS铣削"对话框，并在模型图中生成动态的加工坐标系，单击ZM轴的箭头，输入距离为"42"并按〈Enter〉键，加工坐标系即可移至毛坯上表面中心，其余参数默认，单击"确定"按钮，完成加工坐标系的创建。

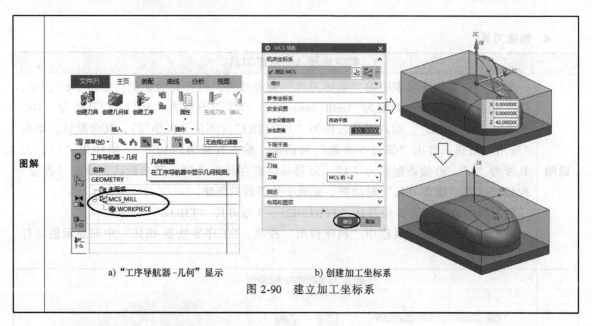

a）"工序导航器-几何"显示   b）创建加工坐标系

图 2-90　建立加工坐标系

6. 创建几何体

（1）指定毛坯

实施步骤 6　指定毛坯	
说　明	图　解
在"工序导航器-几何"导航栏中双击"WORKPIECE"工序，打开"工件"对话框，如图 2-91所示，单击"选择或编辑毛坯几何体"按钮，打开"毛坯几何体"对话框，默认设置，指定毛坯模型为毛坯几何体，单击"确定"按钮，返回"工件"对话框，完成毛坯的指定。	 图 2-91　指定毛坯

（2）指定部件

	实施步骤7 指定部件
说明	单击"主页"选项卡中的"创建几何体"命令按钮，打开其对话框，如图2-92所示，设置参数如下：类型为"mill_contour"、几何体子类型为"MILL_GEOM"、几何体为"WORKPIECE"，输入名称"part"（不区分大小写），其余默认，单击"确定"按钮，弹出"铣削几何体"对话框，单击"选择或编辑部件几何体"按钮，弹出"部件几何体"对话框，指定模型图中部件模型为部件几何体（按〈Ctrl+B〉组合键，隐藏毛坯模型后再选择），单击"确定"按钮，返回"铣削几何体"对话框，此时，指定部件的"显示"按钮被激活，可以单击"显示"按钮，观察指定的部件模型。最后单击"确定"按钮，完成部件的指定。
图解	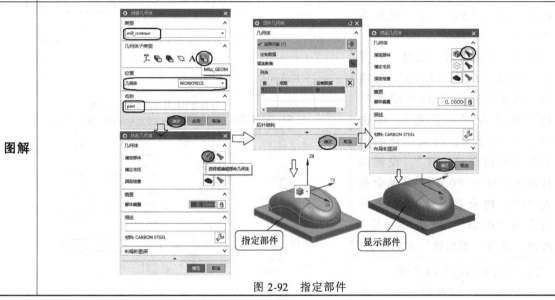 图2-92 指定部件

7. 创建外表面粗铣工序

（1）创建型腔铣工序

	实施步骤8 创建型腔铣工序	
说　　明		**图　　解**
单击"主页"选项卡中的"创建工序"命令按钮，打开其对话框，如图2-93所示，依次设置类型为"mill_contour"、工序子类型为"型腔铣"、程序为"NC_PROGRAM"、刀具为"T1D12R1（铣刀-5参数）"、几何体为"PART"、方法为"MILL_ROUGH"，输入名称"CAVITY_MILL_ROUGH"，单击"确定"按钮，弹出"型腔铣"对话框。		图2-93 创建型腔铣工序

（2）设置刀轨参数

实施步骤9　设置刀轨基本参数与切削参数	
说　　明	图　　解
1）设置刀轨基本参数与切削参数。 如图 2-94a 所示，在"型腔铣"对话框中依次设置刀轨基本参数如下：切削模式为"跟随部件"、步距为"%刀具平直"、平面直径百分比为"50"、最大距离为"0.4mm"。 单击"切削参数"按钮，打开其对话框，单击"策略"选项卡，选择切削方向为"顺铣"、切削顺序为"层优先"。单击"余量"选项卡，勾选"使底面余量与侧面余量一致"，设置部件侧面余量为"0.4"、其他余量为"0"、内公差为"0.05"、外公差为"0.05"，单击"确定"按钮，返回"型腔铣"对话框。	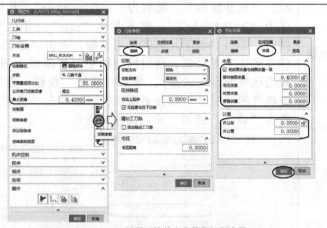 a) 设置刀轨基本参数与切削参数
2）设置非切削移动参数。 在"型腔铣"对话框中单击"非切削移动"按钮，打开其对话框，如图 2-94b 所示。单击"进刀"选项卡，选择开放区域进刀类型为"圆弧"，其余参数默认，单击"确定"按钮，返回"型腔铣"对话框。	 b) 修改非切削移动参数
3）设置进给率和速度 在"型腔铣"对话框中单击"进给率和速度"按钮，打开其对话框，如图 2-94c 所示，勾选"主轴速度（rpm）"，设置主轴转速为"1500"、进给率切削为"500mmpm"，单击"确定"按钮，返回"型腔铣"对话框。	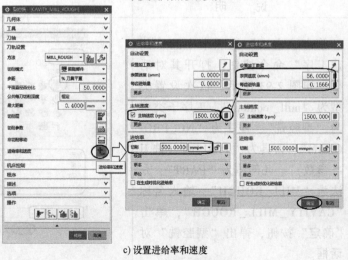 c) 设置进给率和速度 图 2-94　设置刀轨参数

（3）仿真加工

实施步骤 10　仿真加工

说　明	图　解
1）生成刀轨。 在"型腔铣"对话框中单击"生成"按钮，显示刀轨，如图 2-95a 所示。 2）仿真加工。 在"型腔铣"对话框中单击"确认"按钮，打开"刀轨可视化"对话框，如图 所示。选择"3D 动态"选项卡，其余默认，单击"播放"按钮，即可进行仿真加工，最后单击"确定"按钮，返回"型腔铣"对话框，再次单击"确定"按钮，关闭"型腔铣"对话框，完成仿真加工。	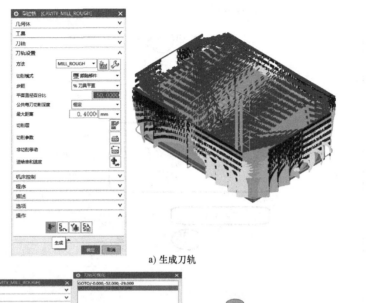 a) 生成刀轨 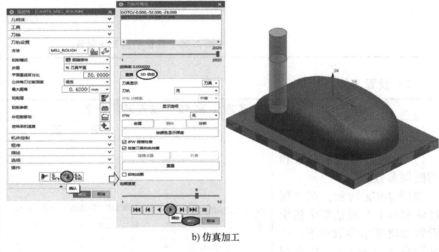 b) 仿真加工 图 2-95　仿真加工

8. 创建半精铣外表面加工工序

（1）创建深度轮廓加工工序

实施步骤 11　创建深度轮廓加工工序

说明	单击"主页"选项卡中的"创建工序"命令按钮，打开其对话框，如图 2-96 所示，依次设置类型为"mill_contour"、工序子类型为"深度轮廓加工"、程序为"NC_PRO-GRAM"、刀具为"T2D12R2（铣刀-5 参数）"、几何体为"PART"、方法为"MILL_SEMI_FINISH"、名称为"ZLEVEL_PROFILE_semi_finish"，单击"确定"按钮，弹出"深度轮廓加工"对话框。

| 图解 | 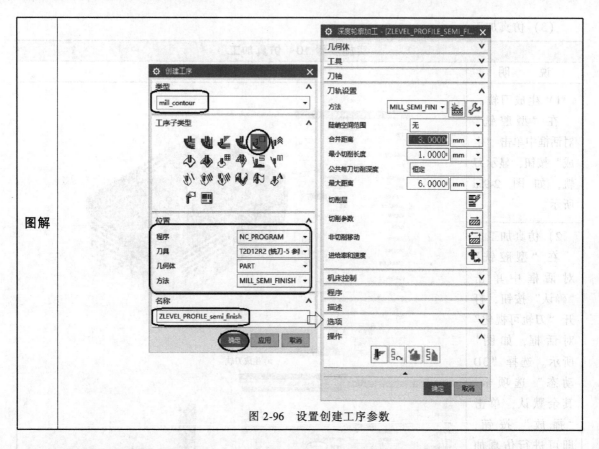 |

图 2-96　设置创建工序参数

（2）设置刀轨参数

实施步骤 12　设置刀轨参数

说　　明	图　　解
1）设置刀轨基本参数和切削层参数。 如图 2-97a 所示，在"深度轮廓加工"对话框中依次设置刀轨基本参数如下：合并距离为"3mm"，最小切削长度为"0.5mm"、公共每刀切削深度为"恒定"、最大距离为"0.3mm"。 单击"切削层"按钮，打开其对话框，选择范围类型为"用户定义"，在"列表"中选中范围"2"（显示范围深度为"40"），修改范围深度为"32"，并按〈Enter〉键，完成用户范围定义，单击"确定"按钮，返回"深度轮廓加工"对话框。	 a）设置刀轨基本参数和切削层参数 图 2-97　设置刀轨参数

说　　明	图　　解
2）设置切削参数。 在"深度轮廓加工"对话框中单击"切削参数"按钮，打开其对话框，如图 2-97b 所示，单击"策略"选项卡，设置切削方向为"顺铣"、切削顺序为"层优先"；单击"余量"选项卡，设置部件侧面余量为"0.25"、其他余量为"0"、内公差为"0.03"、外公差为"0.03"。单击"确定"按钮，返回"深度轮廓加工"对话框。	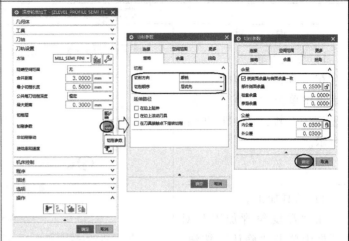 b) 设置切削参数
3）设置非切削移动参数。 在"深度轮廓加工"对话框中单击"非切削移动"按钮，打开其对话框，如图 2-97c 所示，选择开放区域进刀类型为"圆弧"，其余参数默认，单击"确定"按钮，返回"深度轮廓加工"对话框。	 c) 设置非切削移动参数
4）设置进给率和速度。 在"深度轮廓加工"对话框中单击"进给率和速度"按钮，打开其对话框，如图 2-97d 所示，勾选"主轴速度（rpm）"，设置主轴速度为"2000"、进给率切削为"400mmpm"，单击"确定"按钮，返回"深度轮廓加工"对话框。	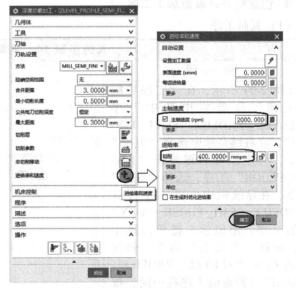 d) 设置进给率和速度 图 2-97　设置刀轨参数（续）

（3）仿真加工

实施步骤13　仿真加工

说　明	图　解
1）生成刀轨。 在"深度轮廓加工"对话框中单击"生成"按钮，显示刀轨，如图2-98a所示。	 a) 生成刀轨
2）仿真加工。 在"深度轮廓加工"对话框中单击"确认"按钮，打开"刀轨可视化"对话框，如图2-98b所示。选择"3D动态"，其余默认，单击"播放"按钮，即可进行仿真加工，最后单击"确定"按钮，返回"深度轮廓加工"对话框，再次单击"确定"按钮，完成仿真加工。	b) 3D仿真加工 图2-98　仿真加工

9. 创建精铣外表面加工工序

（1）复制工序

实施步骤14　复制工序

说　明	图　解
如图2-99所示，在"工序导航器-几何"导航栏中选中工序"ZLEVEL_PROFILE_SEMI_FINISH"，在右键菜单中选择"复制"命令，再用鼠标右键单击"FINISH_FLOOR"工序，选择"粘贴"命令，在导航栏中出现"ZLEVEL_PROFILE_SEMI_FINISH_COPY"复制工序。用鼠标右键单击该工序，选择"重命名"命令，修改其名称为"ZLEVEL_PROFILE_FINISH"（若复制工序在中间，按住鼠标左键拖动该工序到最后一行即可）。	图2-99　复制工序

（2）修改工序参数

实施步骤 15　修改工序参数	
说　　明	图　　解

1）指定切削区域。

在"工序导航器-几何"导航栏中双击工序"ZLEVEL_PROFILE_FINISH"，打开"深度轮廓加工"对话框，如图 2-100a 所示，单击"选择或编辑切削区域几何体"按钮，打开"切削区域"对话框，选择凸模底板以上所有外表面，单击"确定"按钮，返回"深度轮廓加工"对话框。

2）修改刀轨基本参数和切削参数。

如图 2-100b 所示，在"深度轮廓加工"对话框中修改刀轨基本参数设置如下：方法为"MILL_FINISH"、合并距离为"3mm"、最小切削长度为"0.2mm"，最大距离为"0.1mm"。

单击"切削参数"按钮，打开其对话框，单击"策略"选项卡，修改切削方向为"顺铣"、切削顺序为"层优先"。单击"余量"选项卡，修改部件侧面余量为"0"、其他余量为"0"、内公差为"0.01"、外公差为"0.01"。单击"确定"按钮，返回"深度轮廓加工"对话框。

a) 指定切削区域

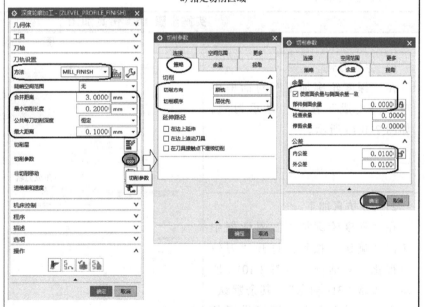

b) 修改刀轨基本参数和切削参数

图 2-100　修改工序参数

说　　明	图　　解
3）修改进给率和速度。 在"深度轮廓加工"对话框中单击"进给率和速度"按钮，打开其对话框，如图 2-100c 所示，修改主轴转速为"2500"、进给率切削为"350mmpm"，单击"确定"按钮，返回"深度轮廓加工"对话框。	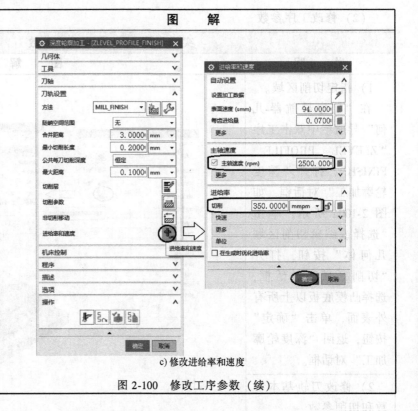 c) 修改进给率和速度 图 2-100　修改工序参数（续）

（3）仿真加工

实施步骤 16　仿真加工

说　　明	图　　解
1）生成刀轨。 在"深度轮廓加工"对话框中单击"生成"按钮，显示刀轨，如图 2-101a 所示。	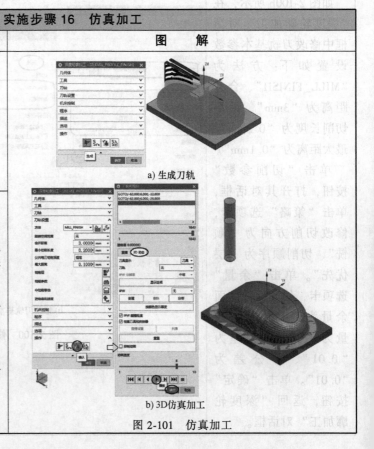 a) 生成刀轨
2）3D 仿真加工。 在"深度轮廓加工"对话框中单击"确认"按钮，打开"刀轨可视化"对话框，如图 2-101b 所示。选择"3D 动态"，其余默认，单击"播放"按钮，即可进行仿真加工，最后单击"确定"按钮，返回到"深度轮廓加工"对话框，再次单击"确定"按钮，关闭对话框，完成仿真加工。	b) 3D仿真加工 图 2-101　仿真加工

10. 创建顶面精加工工序

（1）创建剩余铣工序

实施步骤 17　创建剩余铣工序	
说　明	图　解
单击"主页"选项卡中的"创建工序"命令按钮，打开其对话框，如图 2-102 所示，依次设置类型为"mill＿contour"、工序子类型为"剩余铣"、程序为"NC_PROGRAM"、刀具为"T2D12R2（铣刀-5 参数）"、几何体为"PART"、方法为"MILL＿FINISH"，输入名称为"REST_MILLING"，单击"确定"按钮，弹出"剩余铣"对话框。	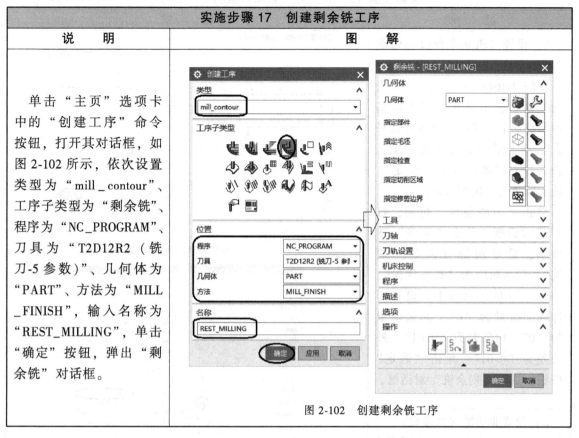图 2-102　创建剩余铣工序

（2）指定切削区域

实施步骤 18　指定切削区域	
说明	如图 2-103 所示，在"剩余铣"对话框中单击"选择或编辑切削区域几何体"按钮，打开"切削区域"对话框，指定鼠标凸模上方圆弧表面为切削区域，单击"确定"按钮，返回"剩余铣"对话框。
图解	图 2-103　指定切削区域

（3）设置刀轨参数

实施步骤 19	设置刀轨基本参数和切削参数
说　明	图　解

1）设置刀轨基本参数和切削参数。

如图 2-104a 所示，在"剩余铣"对话框中依次设置刀轨基本参数如下：步距为"%刀具平直"、平面直径百分比为"20"、公共每刀切削深度为"恒定"、最大距离为"0.05mm"。

单击"切削参数"按钮，打开其对话框，单击"策略"选项卡，设置切削方向为"顺铣"、切削顺序为"深度优先"；单击"余量"选项卡，设置部件侧面余量为"0"，其他余量为"0"、内公差为"0.01"、外公差为"0.01"。单击"确定"按钮，返回"剩余铣"对话框。

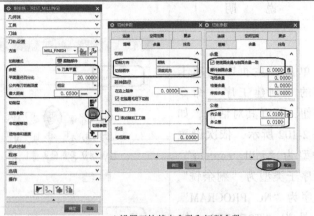

a) 设置刀轨基本参数和切削参数

2）设置非切削移动参数。

如图 2-104b 所示，在"剩余铣"对话框中单击"非切削移动"按钮，打开其对话框，选择开放区域进刀类型为"圆弧"，其余参数默认，单击"确定"按钮，返回"剩余铣"对话框。

b) 设置非切削移动参数

3）设置进给率和速度。

如图 2-104c 所示，在"剩余铣"对话框中单击"进给率和速度"按钮，打开其对话框，勾选"主轴速度（rpm）"，设置主轴速度为"2500"、进给率切削为"250mmpm"，单击"确定"按钮，返回"剩余铣"对话框。

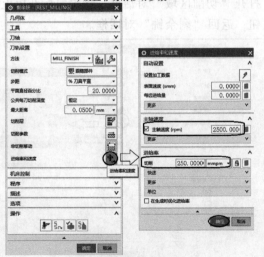

c) 设置进给率和速度

图 2-104　设置刀轨参数

（4）仿真加工

实施步骤20　仿真加工

说　明	图　解
1）生成刀轨。 在"剩余铣"对话框中单击"生成"按钮，显示刀轨，如图2-105a所示。	a) 生成刀轨
2）仿真加工。 在"剩余铣"对话框中单击"确认"按钮，打开"刀轨可视化"对话框，如图2-105b所示。选择"3D动态"，其余默认，单击"播放"按钮，即可进行仿真加工，最后单击"确定"按钮，返回"剩余铣"对话框，再次单击"确定"按钮，关闭对话框，完成仿真加工。	b) 3D仿真加工 图 2-105　仿真加工

11. 创建精铣底面加工工序

（1）设置"创建工序"参数

实施步骤21　设置"创建工序"参数

说　明	图　解
单击"主页"选项卡中的"创建工序"命令按钮，打开其对话框，如图2-106所示，依次设置类型为"mill_planar"、工序子类型为"精加工底面"、程序为"NC_PROGRAM"、刀具为"T3D12（铣刀-5参数）"、几何体为"PART"、方法为"MILL_FINISH"，输入名称为"FIN-ISH_FLOOR"，单击"确定"按钮，弹出"精加工底面"对话框。	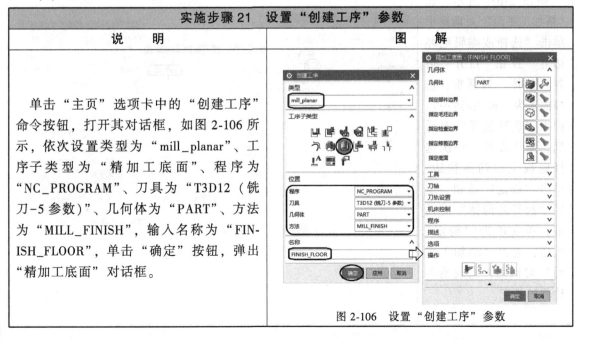 图 2-106　设置"创建工序"参数

（2）指定部件边界

实施步骤 22　指定部件边界	
说　明	图　解
如图 2-107 所示，在"精加工底面"对话框中单击"选择或编辑部件边界"按钮，打开"边界几何体"对话框，选择模式为"曲线/边…"，弹出"创建边界"对话框，默认设置，选择底板与鼠标凸出部分所有交线，单击"确定"按钮，返回"边界几何体"对话框，再次单击"确定"按钮，返回"精加工底面"对话框，完成部件边界的指定。	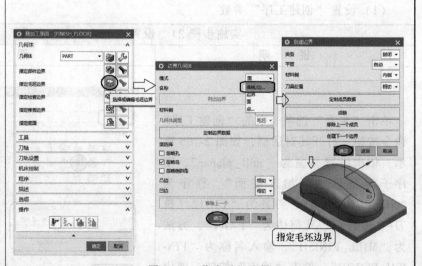 图 2-107　指定部件边界

（3）指定毛坯边界

实施步骤 23　指定毛坯边界	
说　明	图　解
如图 2-108 所示，在"精加工底面"对话框中单击"选择或编辑毛坯边界"按钮，打开"边界几何体"对话框，选择模式为"曲线/边…"，弹出"创建边界"对话框，默认设置，顺次选择底板上面四条棱边，单击"确定"按钮，返回"边界几何体"对话框，再次单击"确定"按钮，返回"精加工底面"对话框，完成毛坯边界的指定。	图 2-108　指定毛坯边界

（4）指定底面

实施步骤24　指定底面	
说　明	图　解
如图 2-109 所示，在"精加工底面"对话框中单击"选择或编辑底平面几何体"按钮，打开"平面"对话框，默认设置，选中底板上表面，单击"确定"按钮，返回"精加工底面"对话框。	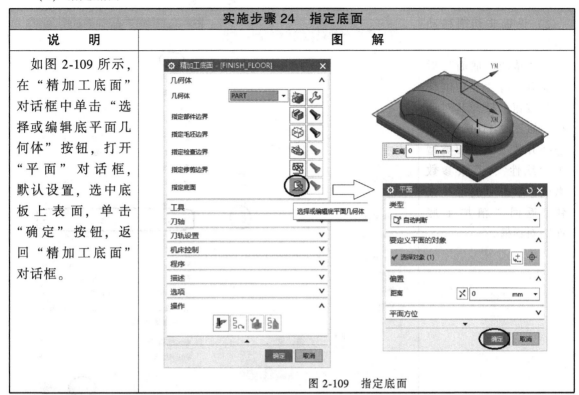 图 2-109　指定底面

（5）设置刀轨参数

实施步骤25　设置刀轨参数	
说　明	图　解
1）设置切削层参数。 在"精加工底面"对话框中单击"切削参数"按钮，打开其对话框，如图 2-110a 所示，单击"策略"选项卡，设置切削方向为"顺铣"、切削顺序为"层优先"；单击"余量"标签，设置所有余量为"0"、内公差为"0.01"、外公差为"0.01"，其余参数默认，单击"确定"按钮，返回"精加工底面"对话框。	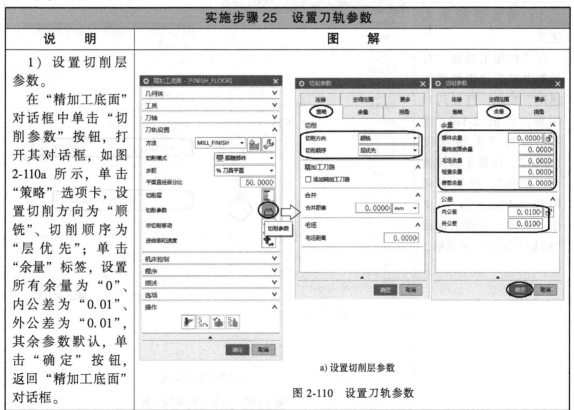 a) 设置切削层参数 图 2-110　设置刀轨参数

说　明	图　解
2）设置非切削移动参数。 在"精加工底面"对话框中单击"非切削移动"按钮，打开其对话框，如图 2-110b 所示，选择开放区域进刀类型为"线性"，其余参数默认，单击"确定"按钮，返回"精加工底面"对话框。	 b) 设置非切削移动参数
3）设置进给率和速度。 在"精加工底面"对话框中单击"进给率和速度"按钮，打开其对话框，如图 2-110c 所示，勾选"主轴速度（rpm）"，设置主轴转速为"2500"、进给率切削为"450mmpm"，单击"确定"按钮，返回"精加工底面"对话框。	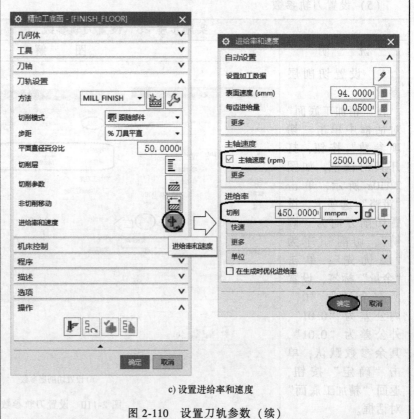 c) 设置进给率和速度 图 2-110　设置刀轨参数（续）

（6）仿真加工

实施步骤26　仿真加工	
说　明	图　解
1）生成刀轨。 在"精加工底面"对话框中单击"生成"按钮，显示刀轨，如图2-111a所示。 2）仿真加工。 在"精加工底面"对话框中单击"确认"按钮，打开"刀轨可视化"对话框，如图2-111b所示。选择"3D动态"，其余默认，单击"播放"按钮，即可进行仿真加工，最后单击"确定"按钮，返回"精加工底面"对话框，再次单击"确定"按钮，关闭对话框，完成仿真加工。	 a) 生成刀轨 b) 3D仿真加工 图2-111　仿真加工

12. 后处理生成 CNC 程序清单

实施步骤27　后处理生成 CNC 程序清单	
说　明	图　解
1）打开后处理命令。 　如图 2-112a 所示，在"工序导航器-几何"导航栏中单击选中"CAVITY_MILL_ROUGH"加工工序，然后单击"主页"选项卡中的"后处理"命令，或者在选中"CAVITY_MILL_ROUGH"工序后，选择右键菜单中的"后处理"命令，即可打开"后处理"对话框。	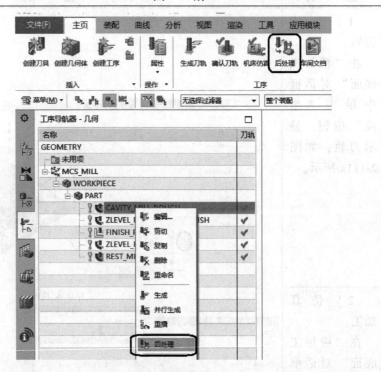 a) 打开"后处理"命令
2）生成程序清单信息。 　如图 2-112b 所示，在"后处理"对话框中选择后处理器为"MILL_3_AXIS"、设置输出文件的扩展名为"CNC"，设置单位为"公制/部件"，其余默认，单击"确定"按钮，弹出"后处理"信息，再单击"确定"按钮，即可生成加工程序清单信息，单击"关闭"按钮，关闭对话框，完成鼠标凸模的 CNC 程序清单。	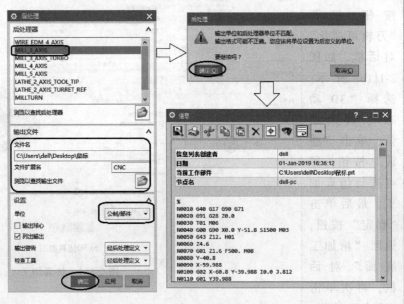 b) 生成程序清单信息 图 2-112　后处理

项目 ⑨

UG数控车

知 识 目 标	能 力 目 标
（1）了解数控车削加工编程流程和加工环境； （2）掌握 UG CAM 数控车削加工基本操作步骤； （3）掌握 UG CAM 数控车削加工工序的创建方法与参数设置； （4）掌握数控车工序后处理的基本方法。	（1）会设置数控车削加工基本环境； （2）具备 UG CAM 数控车削加工工序操作能力； （3）具备 UG CAM 数控车削参数设置及应用能力； （4）具备数控车削零件编程操作、仿真加工及后处理能力。

任务 25　车削阶梯轴

任 务 描 述	图　　解
车削阶梯轴零件，尺寸如图 2-113 所示，材料为 45 钢，要求创建其工序并对零件进行粗精加工、切断。	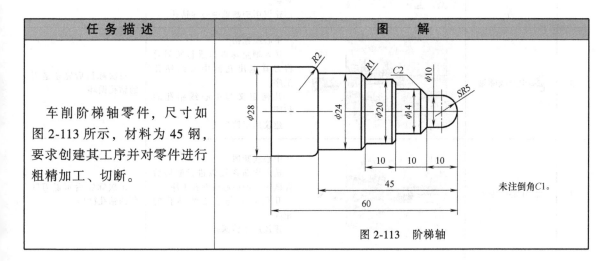 图 2-113　阶梯轴

9.1　知识链接

1. UG 数控车削加工的操作流程

UG 数控车削加工的操作流程与数控铣削加工流程基本一致，见表 2-6，但操作过程中有一定的区别，需慎重对待。

表 2-6　UG 数控车削加工操作流程

步骤	说　明
1	部件建模（一般不需毛坯建模）
2	进入车削加工环境
3	创建刀具
4	设置加工坐标系、创建部件与毛坯几何体、创建避让
5	创建粗加工操作与精加工操作
6	后处理与创建车间文档

2. 数控车削加工主要子类型

数控车削子类型见表 2-7。

表 2-7　数控车削子类型

序号	子类型	图　解	说　明
1	中心线定心钻		中心线定心钻 对后续中心线钻孔工序进行中心线定心钻的车削工序。 部件和毛坯几何体都定义于 WORKPIECE 父对象。产生的边界保存于 TURNING_WORKPIECE 父对象。 在后续中心线钻孔工序中准确查找钻。	浅孔钻循环
2	中心线钻孔		中心线钻孔 中心线钻孔至深度的车削工序。 对于所有车削工序，部件和毛坯几何体都定义于 WORKPIECE 父对象，产生的边界保存于 TURNING_WORKPIECE 父对象。 建议用于基础中心线钻孔。	深孔钻循环
3	中心线啄钻		中心线啄钻 送入增量深度以进行断屑后将刀具退出孔的中心线钻孔工序。 几何定义与中心线钻孔的相同。 建议用于钻深孔。	每次啄钻后完全退刀的钻孔循环
4	中心线断屑		中心线断屑 送入增量深度以进行断屑后轻微退刀的中心线钻孔工序。 几何定义与中心线钻孔的相同。 建议用于钻深孔。	每次啄钻后短退刀驻留的钻孔循环
5	中心线铰刀		中心线铰刀 使用镗孔循环来持续送入送出孔的中心线钻孔工序。 几何定义与中心线钻孔的相同。 增加预钻孔大小和精加工的准确度。	铰孔循环

（续）

序号	子类型	图　解	说明
6	中心攻丝	**中心攻丝** 执行攻丝循环的中心线钻孔工序,攻丝循环会进行送入,反转主轴然后送出。 几何定义与中心线钻孔的相同。 建议用于在相对小的孔中切割内螺纹。	攻螺纹循环
7	面加工	**面加工** 垂直于并朝着中心线进行粗切削的车削工序。 处理中工件确定切削区域。 建议用于粗加工部件底部。	粗车端面（外圆→中心进刀）
8	外径粗车	**外径粗车** 平行于部件和粗加工轮廓外径上主轴中心线的粗切削。 处理中工件确定切削区域。 建议用于粗加工外径,同时要避开槽。	平行于主轴轴线的外径粗车循环,同时要避开槽
9	退刀粗车	**退刀粗车** 除了切削移动方向远离主轴面,粗切削与 ROUGH_TURN_OD 都相同。 处理中工件确定切削区域。 建议用于粗加工 ROUGH_TURN_OD 工序处理不到的外径区域。	与外侧粗车相同,只不过移动方向是远离主轴面
10	内径粗镗	**内径粗镗** 平行于部件和粗加工轮廓内径上主轴中心线的粗切削。 处理中工件确定切削区域。 建议用于粗加工内径,同时要避开槽。	内径粗镗,与主轴轴线平行的内侧
11	退刀粗镗	**退刀粗镗** 除了切削移动方向远离主轴面,粗切削与 ROUGH_BORE_ID 都相同。 处理中工件确定切削区域。 建议用于粗加工 ROUGH_BORE_ID 工序处理不到的内径区域。	与内径粗镗相同,只不过移动方向是远离主轴面

（续）

序号	子类型	图　解	说明
12	外径精车	外径精车 　朝着主轴方向切削以精加工部件的外径。 　处理中工件确定切削区域。可在需要精加工或避开槽的独立曲面处指定单独切削区域。 　建议用于精加工部件的外径。	精车外圆
13	内径精镗	内径精镗 　朝着主轴方向切削以精加工部件的内径。 　处理中工件确定切削区域。可在需要精加工或避开槽的独立曲面处指定单独切削区域。 　建议用于精加工部件内径上的轮廓曲面。	精镗内孔
14	退刀精镗	退刀精镗 　精加工与 FINISH_BORE_ID 相同,除了切削移动远离主轴面。 　处理中工件确定切削区域。可在需要精加工或避开槽的独立曲面处指定单独切削区域。 　建议用于精加工 FINISH_BORE_ID 工序处理不到的内径上的区域。	与精镗内孔相同,只是切削移动远离主轴面
15	示教模式	示教模式 　由用户紧密控制的手工定义运动。 　选择几何体以将每个连续切削和非切削刀具移动定义为子工序。 　建议用于高级精加工。	生成由用户密切控制的精加工切削,对精细加工格外有效
16	外径开槽	外径开槽 　使用各种插削策略切削部件外径上的槽。 　处理中工件确定切削区域。 　建议用于粗加工和精加工槽。	粗加工,切削或插削模式的外侧割槽
17	内径开槽	内径开槽 　使用各种插削策略切削部件内径上的槽。 　处理中工件确定切削区域。 　建议用于粗加工和精加工槽。	粗加工,切削或插削模式的内侧(ID)割槽

（续）

序号	子类型	图　解	说明
18	在面上开槽	在面上开槽 使用各种插削策略切削部件面上的槽。 处理中工件确定切削区域。 建议用于粗加工和精加工槽。	粗加工,切削或插削模式的端面割槽
19	外径螺纹加工	外径螺纹加工 在部件外径上切削直螺纹或锥螺纹。 必须指定顶线和根线以确定螺纹深度。指定螺距。未使用处理中工件。 建议用于切削所有外螺纹。	外侧圆柱螺纹或圆锥螺纹加工
20	内径螺纹加工	内径螺纹加工 沿部件内径切削直螺纹或锥螺纹。 必须指定顶线和根线以确定螺纹深度。指定螺距。不使用处理中工件。 建议在相对较大的孔中切削内螺纹。	内侧圆柱螺纹或圆锥螺纹加工
21	部件分离	部件分离 将部件与卡盘中的棒材分隔开。 在车削粗加工中使用"部件分离"切削策略。 车削程序中的最后一道工序。	切断工件

9.2　车削阶梯轴任务实施

1. 建模

实施步骤 1　建模	
说　明	**图　解**
在建模环境下完成阶梯轴零件三维模型创建，如图 2-114 所示。	 图 2-114　阶梯轴模型

2. 进入加工环境

实施步骤 2　进入加工环境	
说　　明	图　　解
如图 2-115a 所示，单击"应用模块"选项卡中的"加工"命令按钮，或按 < Ctrl + Alt+M >组合键，即可进入加工环境，如图 2-115b 所示。	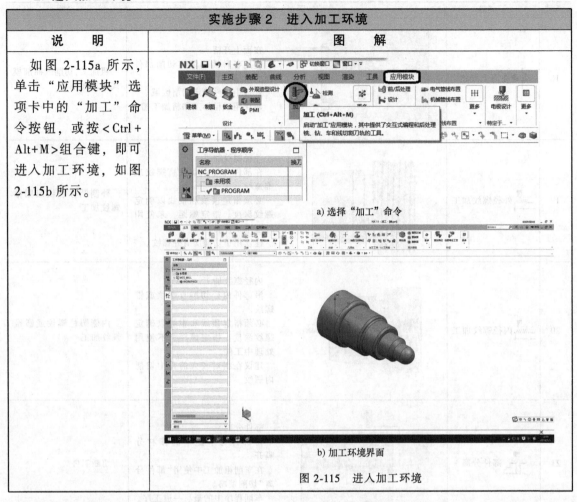　a) 选择"加工"命令 b) 加工环境界面 图 2-115　进入加工环境

3. 创建刀具

实施步骤 3　创建刀具	
说明	单击"主页"选项卡中的"创建刀具"命令按钮，打开其对话框，如图 2-116 所示，参数设置如下：类型为"turning"、刀具子类型为"OD_80_L"、刀具为"GENERIC_ MACHINE"，输入刀具名称为"T1_OD_80_L"（不区分大小写），其余默认，单击"应用"按钮，打开"车刀标准"对话框，输入刀具号为"1"，其余默认，单击"确定"按钮，返回"创建刀具"对话框，完成 1 号刀具的创建。 　　用同样的方法创建 2 号刀具"T2_OD_GROOVE_L"，并修改刀片宽度为 3mm。 　　单击"导航器"工具栏中的"机床视图"按钮，"工序导航器-机床"中即显示创建好的两把刀具。

图解	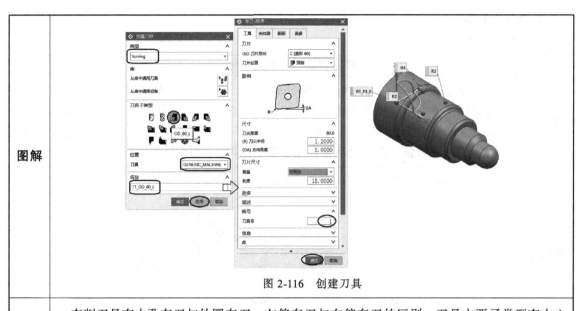 图 2-116 创建刀具
注意	车削刀具有内孔车刀与外圆车刀、左偏车刀与右偏车刀的区别，刀具主要子类型有中心钻、麻花钻、左/右偏刀、内/外槽车刀、内/外螺纹车刀、成形刀等。车刀标准中，ISO 刀片形状有平行四边形、菱形、矩形、圆形等，跟踪点有 P1~P9 共 9 种编号。选用时需根据实际需要进行合理选择，若没有合适的刀具，还可以在创建刀具时从刀库中调用。

4. 建立加工坐标系

	实施步骤 4　建立加工坐标系
说明	单击"主页"选项卡中的"创建几何体"命令按钮，打开其对话框，如图 2-117 所示，依次设置参数如下：类型为"turning"、几何体子类型为"MCS_SPINDLE"、几何体位置为"GEOMETRY"，默认名称为"MCS_SPINDLE"，单击"确定"按钮，打开"MCS 主轴"对话框，默认设置，在模型图中动态坐标系的 X 坐标处输入"60"并按<Enter>键，单击"确定"按钮，关闭"MCS 主轴"对话框，完成车削加工坐标系的创建。此时，"工序导航器-几何"中显示"MCS_SPINDLE""WORKPIECE""TURNING_WORKPIECE"等内容。
图解	图 2-117　建立加工坐标系

5. 创建几何体

（1）指定部件

	实施步骤5　指定部件
说明	在"工序导航器-几何"中双击"WORKPIECE"工序，打开如图2-118所示的"工件"对话框，单击"选择或编辑部件几何体"按钮，打开"部件几何体"对话框，默认设置，指定部件模型为部件几何体，单击"确定"按钮，返回"工件"对话框，再次单击"确定"按钮，关闭对话框，完成指定部件。
图解	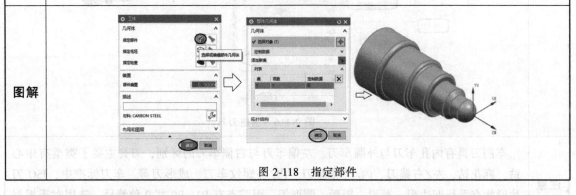

图2-118　指定部件

（2）指定毛坯边界

实施步骤6　指定毛坯边界	
说　明	图　解
在"工序导航器-几何"中双击"TURNING_WORK-PIECE"工序，打开"车削工件"对话框，如图2-119所示，单击"选择或编辑毛坯边界"按钮，弹出"毛坯边界"对话框，选择类型为"棒料"，输入长度为"65"、直径为"30"，单击"点对话框"按钮，打开"点"对话框，默认坐标为（-4, 0, 0），单击"确定"按钮，返回"毛坯边界"对话框，再次单击"确定"按钮，返回"车削工件"对话框，此时，指定毛坯边界后面的"显示"按钮被激活，单击按钮可显示已经指定的毛坯边界。最后单击"确定"按钮，关闭对话框，完成指定毛坯边界。	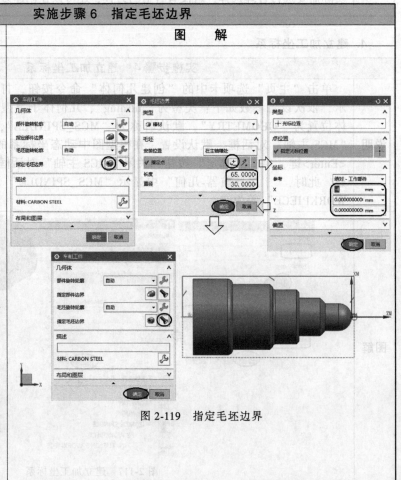 图2-119　指定毛坯边界

（3）创建避让

	实施步骤7　创建避让
说明	单击"主页"选项卡中的"创建几何体"命令按钮，打开其对话框，如图 2-120 示，依次设置参数如下：类型为"turning"、几何体子类型为"AVOIDANCE"、几何体位置为"TURNING_WORKPIECE"，默认名称为"AVOIDANCE"，单击"确定"按钮，弹出"避让"对话框，选择运动到起点（ST）类型为"直线"、点选项为"点"，然后单击"点对话框"按钮，打开"点"对话框，输入"绝对-工作部件"坐标为（160，50，0）（通常设置换刀点坐标为 X100、Z100 即可，一般默认后置刀架模式），单击"确定"按钮，返回"避让"对话框，继续设置运动到进刀起点类型为"轴向-径向"、运动到返回点/安全平面（RT）类型为"径向-轴向"、点选项为"点"，单击"点对话框"按钮，弹出"点"对话框，输入"绝对-工作部件"坐标为（160，50，0）（通常设置返回点与换刀点坐标相同，即 X100、Z100），单击"确定"按钮，返回"避让"对话框，再次单击"确定"按钮，关闭"避让"对话框，完成避让设置。
图解	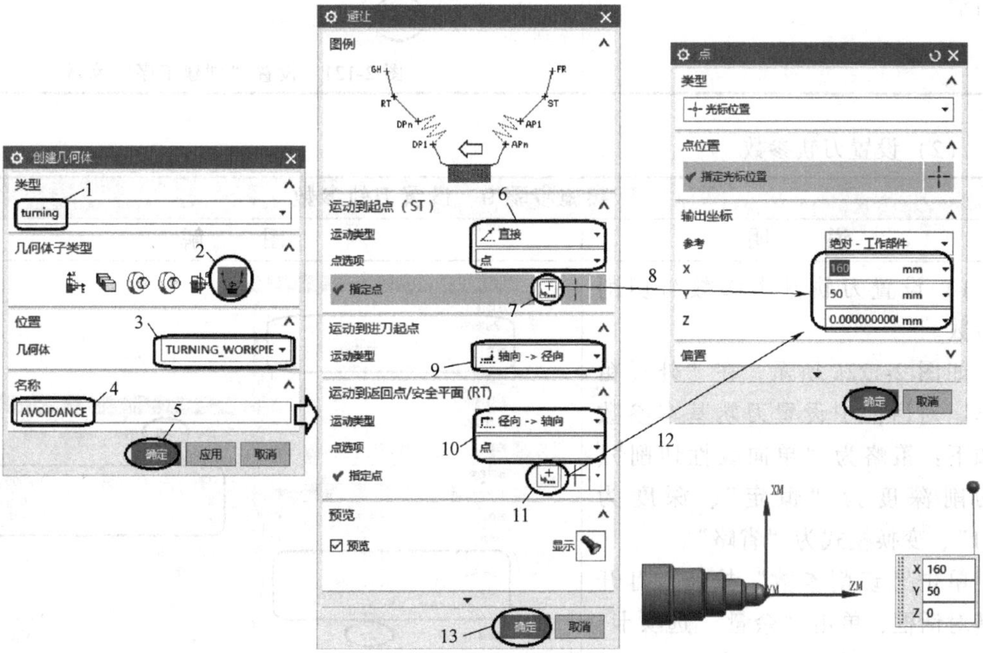 图 2-120　创建避让
注意	创建避让的目的是设置换刀点、运动起始点、进退刀路径等，防止零件、夹具等与刀具发生碰撞，主要针对运动到起点、运动到返回点等路径进行相关参数的设置。运动类型主要有：直线、径向→轴向、轴向→径向、纯径向→直接、纯轴向→直接等。

6. 创建粗车工序

（1）设置"创建工序"参数

实施步骤8　设置"创建工序"参数

说　明	图　解
单击"主页"选项卡中的"创建工序"命令按钮，打开其对话框，如图 2-121 示，参数设置如下：类型为"turning"、工序子类型为"外径粗车"、程序为"NC_PROGRAM"、刀具为"T1_OD_80_L"、几何体为"AVOIDANCE"、方法为"METHOD"，输入名称为"ROUGH_TURN_OD"，单击"确定"按钮，弹出"外径粗车"对话框。	图 2-121　设置"创建工序"参数

（2）设置刀轨参数

实施步骤9　设置刀轨参数

说　明	图　解
1）设置刀轨基本参数与切削参数。 如图 2-122a 所示，在"外径粗车"对话框中设置刀轨基本参数如下：策略为"单向线性切削"、切削深度为"恒定"、深度为"1"、变换模式为"省略"。 单击"切削参数"按钮，打开其对话框，单击"余量"选项卡，设置粗加工余量恒定为"0.25"、面为"0.25"、径向为"0.25"，内外公差默认为"0.03"，单击"确定"按钮，返回"外径粗车"对话框。	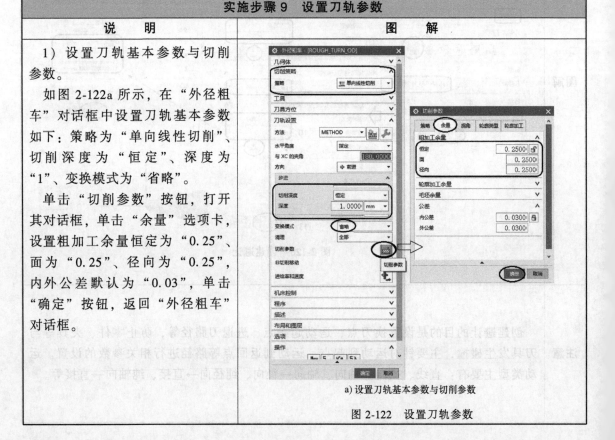 a) 设置刀轨基本参数与切削参数 图 2-122　设置刀轨参数

说　　明	图　　解
2) 设置进给率和速度。 在"外径粗车"对话框中单击"进给率和速度"按钮，打开"进给率和速度"对话框，如图 2-122d 所示，勾选"主轴速度（rpm）"，设置主轴转速为"1500"、进给率切削为"0.1mmpr"，单击"确定"按钮，返回"外径粗车"对话框。	 b) 设置进给率和速度 图 2-122　设置刀轨参数（续）

（3）仿真加工

实施步骤 10　仿真加工	
说　　明	图　　解
1) 生成刀轨。 在"外径粗车"对话框中单击"生成"按钮，显示刀轨，如图 2-123a 所示。	a) 生成刀轨 图 2-123　仿真加工

说　　明	图　　解
2）3D 动态仿真加工。 　　在"外径粗车"对话框中单击"确认"按钮，打开"刀轨可视化"对话框。选择"3D 动态"，其余默认，如图 2-123b 所示，单击"播放"按钮，即可进行仿真加工，最后单击"确定"按钮，返回"外径粗车"对话框，再次单击"确定"按钮，关闭对话框，完成粗车仿真加工。	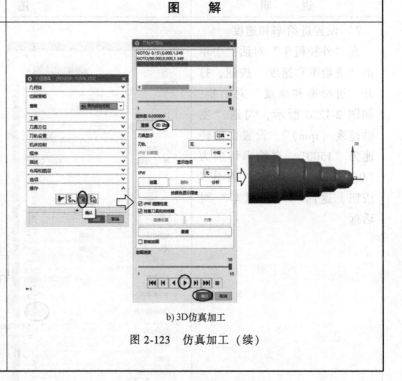 b) 3D 仿真加工 图 2-123　仿真加工（续）

7. 创建精车工序

（1）设置"创建工序"参数

<table>
<tr><td colspan="2" align="center">实施步骤 11　设置"创建工序"参数</td></tr>
<tr><td align="center">说　　明</td><td align="center">图　　解</td></tr>
<tr><td>　　单击"主页"选项卡中的"创建工序"命令按钮，打开其对话框，如图 2-124 所示，参数设置如下：类型为"turning"、工序子类型为"外径精车"、程序为"NC_PRO-GRAM"、刀具为"T1_OD_80_L"、几何体为"AVOID-ANCE"、方法为"METH-OD"、命名为"FINISH_TURN_OD"，完成操作参数设置，单击"确定"按钮，弹出"外径精车"对话框。</td><td>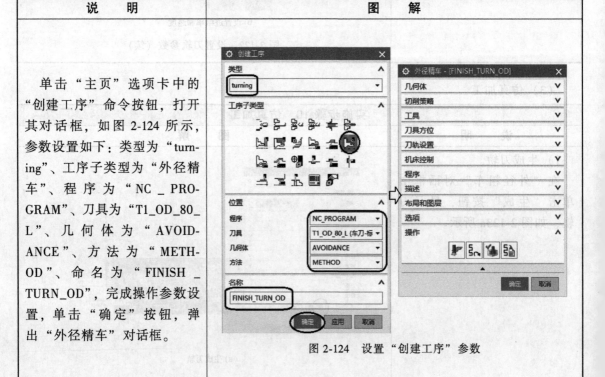
图 2-124　设置"创建工序"参数</td></tr>
</table>

（2）设置刀轨参数

实施步骤 12　设置刀轨参数

说　明	图　解
1）设置刀轨基本参数与切削参数。 如图 2-125a 所示，在"外径精车"对话框中设置刀轨参数如下：策略为"全部精加工"，勾选"省略变换区"。 单击"切削参数"按钮，打开其对话框，单击"余量"选项卡，设置精加工余量恒定为"0"、面为"0"、径向为"0"，设置内外公差均为"0.01"，单击"确定"按钮，返回"外径精车"对话框。	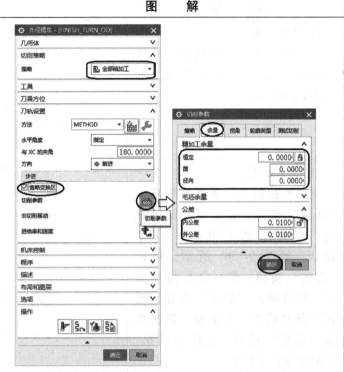 a)"外径精车"对话框
2）设置进给率和速度。 在"外径精车"对话框中单击"进给率和速度"按钮，打开"进给率和速度"对话框，如图 2-125b 所示，勾选"主轴速度"，设置主轴速度输出模式为"2000"、进给率切削为"0.02mmpr"，单击"确定"按钮，返回"外径精车"对话框。	 b)"进给率和速度"对话框 图 2-125　设置刀轨参数

（3）仿真加工

实施步骤 13　仿真加工	
说　　明	图　　解
1）生成刀轨。 在"外径精车"对话框中单击"生成"按钮，显示刀轨，如图 2-126a 所示。	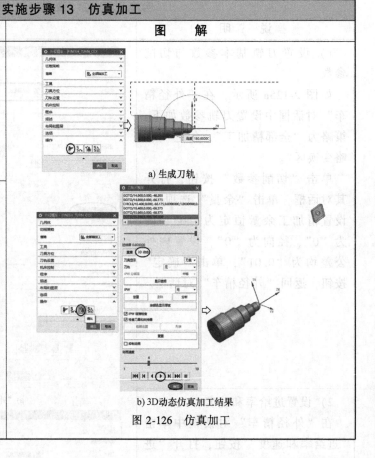 a) 生成刀轨
2）仿真加工。 在"外径精车"对话框中单击"确认"按钮，打开"刀轨可视化"对话框。选择 3D 动态，其余默认，如图 2-126b 所示，单击"播放"按钮，即可进行仿真加工，最后单击"确定"按钮，返回"外径精车"对话框，再次单击"确定"按钮，关闭对话框，完成精车仿真加工。	b) 3D动态仿真加工结果 图 2-126　仿真加工

8. 创建分离工序

（1）设置"创建工序"参数

实施步骤 14　设置"创建工序"参数	
说　　明	图　　解
单击"主页"选项卡中的"创建工序"命令按钮，打开其对话框，如图 2-127 示，参数设置如下：类型为"turning"、工序子类型为"部件分离"、程序为"NC_PROGRAM"、刀具为"T2_OD_GROOVE_L"、几何体为"AVOID-ANCE"、方法为"METHOD"、输入名称为"PART_OFF"，单击"确定"按钮，弹出"部件分离"对话框。	图 2-127　设置"创建工序"参数

（2）设置刀轨参数

实施步骤 15 设置刀轨参数

1）设置切削参数。

如图 2-128a 所示，在"部件分离"对话框中单击"切削参数"按钮，打开其对话框，单击"余量"选项卡，设置粗加工余量及毛坯余量均为"0"，内、外公差为"0.01"，单击"确定"按钮，返回"部件分离"对话框。

2）设置进给率和速度。

在"部件分离"对话框中单击"进给率和速度"按钮，打开"进给率和速度"对话框，如图 2-128b 所示，勾选"主轴速度"，设置主轴速度输出模式（rpm）为"300"、进给率切削为"0.02mmpr"，单击"确定"按钮，返回"部件分离"对话框。

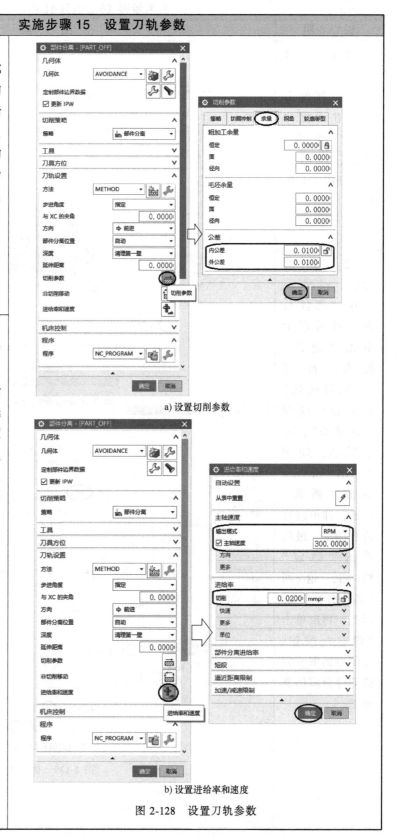

a) 设置切削参数

b) 设置进给率和速度

图 2-128 设置刀轨参数

（3）仿真加工

实施步骤 16　仿真加工	
说　　明	图　　解
1）生成刀轨。 在"部件分离"对话框中单击"生成"按钮，显示刀轨，如图2-129a所示。 2）仿真加工。 在"部件分离"对话框中单击"确认"按钮，打开"刀轨可视化"对话框。选择"3D动态"，其余默认，如图2-129b所示，单击"播放"按钮，即可进行仿真加工，最后单击"确定"按钮，返回"部件分离"对话框，再次单击"确定"按钮，关闭对话框，完成部件分离仿真加工。	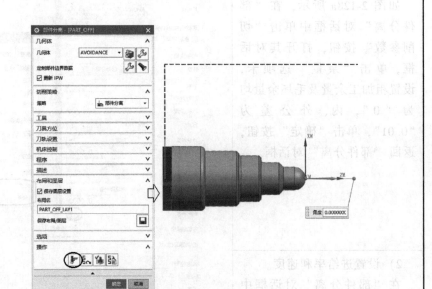 a) 生成刀轨   b) 3D动态仿真加工结果 图 2-129　仿真加工

9. 后处理生成 CNC 程序清单

实施步骤 17 后处理生成 CNC 程序清单	
说　明	**图　解**
（1）打开后处理命令。 如图 2-130a 所示，在"工序导航器-几何"导航栏中单击选中"ROUGH_TURN_OD"加工工序，然后单击"主页"选项卡中的"后处理"命令按钮，或者在选中"ROUGH_TURN_OD"工序后选择右键菜单中的"后处理"命令，即可打开"后处理"对话框。 （2）生成 CNC 程序清单信息。 如图 2-130b 所示，在"后处理"对话框中选择后处理器"LATHE_2_AXIS_TOOL_TIP"两轴车床、设置输出文件的文件名，输入文件扩展名为"CNC"，设置单位为"公制/部件"，其余默认，单击"确定"按钮，弹出"后处理"信息，单击"确定"按钮，即可生成加工程序清单信息，单击"关闭"按钮，关闭程序清单信息，生成 CNC 程序清单。	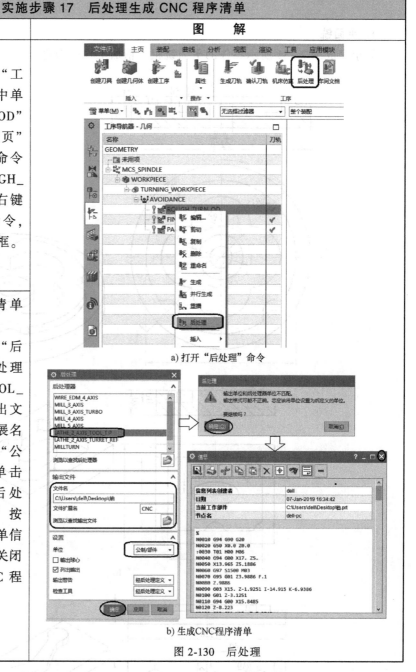 a) 打开"后处理"命令 b) 生成CNC程序清单 图 2-130　后处理

第 2 篇　小　　结

　　本篇主要介绍 UG CAM 数控铣削加工方法、基本操作步骤、铣削加工环境、铣削加工参数的设置及应用，介绍了 UG 数控车削加工操作流程，并结合典型案例详细分析了数控加工工序的操作。本篇结合任务知识与能力目标的要求，优选多个企业的加工典型案例进行讲解，步骤翔实，方便读者进行典型零件编程操作及仿真加工能力训练。

技 能 训 练

1. 平面铣

要求完成图 2-131 所示零件的平面铣粗、精加工程序创建。

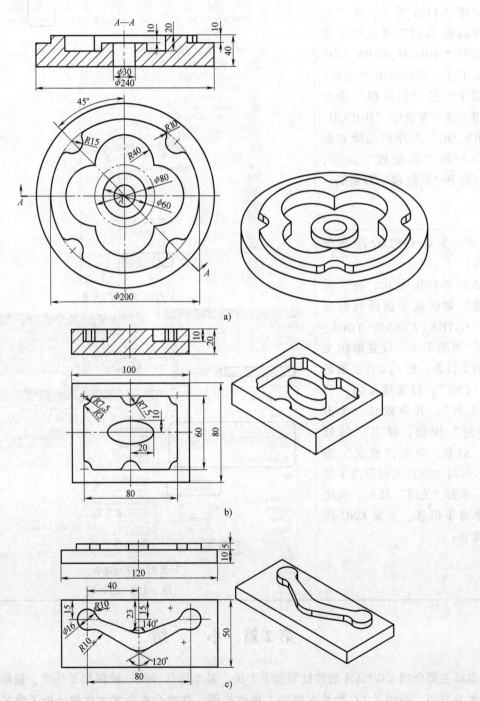

图 2-131　平面铣

2. 型腔铣

要求完成图 2-132 所示零件的型腔铣粗、精加工程序的创建。

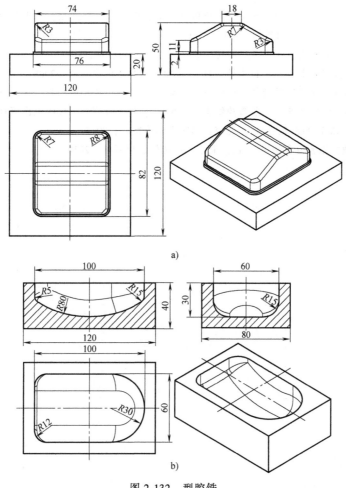

图 2-132 型腔铣

3. 数控车

要求完成图 2-133 所示零件的粗、精加工程序的创建。

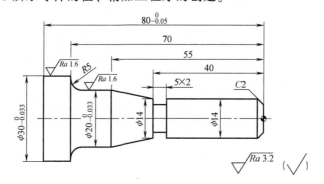

图 2-133 车床编程

参 考 文 献

[1]　张云静，张云杰. UG NX 9 中文版模具设计和数控加工教程 [M]. 北京：清华大学出版社，2014.

[2]　李东君. 机械 CAD/CAM 项目教程 [M]. 北京：北京理工大学出版社，2017.

[3]　杨德辉. UG NX 6.0 实用教程 [M]. 北京：北京理工大学出版社，2011.

[4]　张丽萍. UG NX 5 基础教程与上机指导 [M]. 北京：清华大学出版社，2008.

[5]　郑贞平. UG NX 5.0 中文版数控加工典型范例 [M]. 北京：电子工业出版社，2008.

[6]　杜智敏，韩慧伶. UG NX 5 中文版数控编程实例精讲 [M]. 北京：人民邮电出版社，2008.

[7]　李东君. CAD/CAM 项目教程 [M]. 北京：国防大学出版社，2013.

[8]　付涛. UG NX 数控编程专家精讲 [M]. 北京：中国铁道出版社，2010.

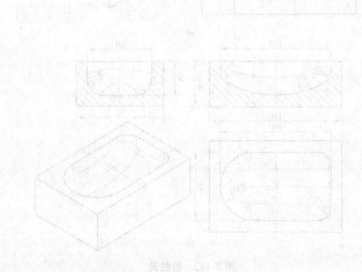